U0354558

研发项目中的控制工程

Control Engineering in Development Projects

[英]奥利斯·鲁宾(Olis Rubin)著

初军田　李元平　池建文　雷子欣　赵巍　卓越　译

国防工業出版社

·北京·

著作权合同登记　图字：军 -2019 -037 号

图书在版编目(CIP)数据

研发项目中的控制工程 / (英) 奥利斯·鲁宾 (Olis Rubin) 著; 初军田等译. —北京: 国防工业出版社, 2022.1

书名原文: Control Engineering in Development Projects

ISBN 978 -7 -118 -12314 -2

Ⅰ. ①研… Ⅱ. ①奥… ②初… Ⅲ. ①武器装备 -研制 -控制系统 -系统工程 Ⅳ. ①E139

中国版本图书馆 CIP 数据核字(2021)第 101584 号

Control Engineering in Development Projects by Olis Rubin.

ISBN 13:978 -1 -63081 -002 -3

※

国防工業出版社 出版发行

(北京市海淀区紫竹院南路 23 号　邮政编码 100048)

北京龙世杰印刷有限公司印刷

新华书店经售

*

开本 710×1000　1/16　印张 13　字数 223 千字

2022 年 1 月第 1 版第 1 次印刷　印数 1—2000 册　定价 95.00 元

国防书店:(010)88540777　书店传真:(010)88540776

发行业务:(010)88540717　发行传真:(010)88540762

内容简介

本书通过介绍若干不同控制系统设计和开发的实践经验，总结归纳了应对复杂控制工程硬件设计问题的一些思路和方法。本书重点介绍一些符合系统工程原则的开发套路：如何组织多学科开展复杂系统分析，如何在产品性能和约束条件之间进行权衡分析，如何在工厂和控制系统之间正确设计接口等。这些内容将有助于控制工程系统工程师在项目开展之前就能掌控全局，确保将来设计的系统能够有效运行。

前 言

本书是在我长期从事各类控制系统设计和研发经验基础上写成的。书中我主要关注描述设计与研发项目中需要完成的“工作”,以传授我的一些实践经验。我希望这样做能让读者对工程师们在硬件工作中遇到的复杂控制工程问题有所了解。本书遵循设计研究的风格,突出系统工程方法。控制系统工程师只有具备全局视野,才能承担研发项目,因而需要贯通多个学科。他们致力于把复杂系统的各个部分综合在一起,以保证系统工作无误。他们作为项目团队成员,要权衡产品性能与约束条件。他们要在实践中学会何处可以让步,何处必须坚守。他们还需懂得,要实现有效控制,必须合理设计装置与控制系统之间的接口。项目团队对控制需求越重视,项目成功的可能性就越大。

控制系统工程师还必须精通数学这门极具智力挑战性的学科。我并不想把注意力放到数学理论上,但即使仅仅为了与读者形成共同语言,也需要进行一些必要的讨论。当然也可以用被控制装置的计算机仿真来进行设计计算。希望读者能建立仿真模型验证自己的研究。第 3 章相关内容有助于读者开展这方面的工作。读者也可以参考所选用的仿真软件包提供的帮助。本书的目的并非阐释特定的仿真技术,而是提供对仿真使用及其不足的见解。一些读者可能会遇到需要用与本书给出的模型全然不同的模型来描述的复杂物理现象。频率响应计算法常用来解释设计师必不可少的权衡折中,读者可以在选用的教材中找到有关权衡的基本准则。所列参考书目提供了部分建议,但这些书目远没有涵盖现有的全部文献。

我在书中尽力展现了研发项目共同的思维过程,以揭示需要用系统工程和控制知识来解决的实际工程问题。有些情况下,需要设计师利用新技术,这已经超出本书范围。

衷心感谢在我工作生涯中遇到的所有同事,他们让我在各式各样的项目中学得知识和技能。在与我共同完成硬件开发任务的工程师、技师同事和为项目实施提供必要资源的项目经理的交往中,我受益匪浅。我要特别感谢“三驾马车”——三位对我完成本书有影响的人,他们的名字里恰好都有一个“车”(van)字:飞利浦·范·罗伊恩,是他把我从死气沉沉的二次退休生活中拉了出来;贝克尔·范·尼凯尔克,给予我最无私的帮助;斯蒂芬·范·德沃尔特,总能在我需要时倾听我诉说。感谢我的孩子们，从他们身上我学会了很多。

还要感谢 Artech House 出版社的艾琳·史特里，因为她的理解、耐心、努力，本书才得以出版。艾琳，我们并肩奋战了很久，我相信这一切都是值得的！感谢那些不知名的评论家，是你们的鼓励和建议促成了这本书最终定稿。

创作是一个很痛苦的过程，也给周围的人带来困扰。最后，感谢我最亲爱的妻子，她最大程度地理解、包容和忍受我的坏脾气，希望未来我们一如既往。

我衷心祝愿所有读者未来成功，希望这本书能够助你成功。

目 录

第1章　导　　论

1.1　本书适用范围

本书适用于已修完控制系统课程且要把这些知识用在工作中的读者。读者需具备基本的概念和知识，比如框图的使用、微分方程、时间响应、频率响应、拉普拉斯变换、闭环反馈响应等，这些知识在很多教材中都有详细的阐释。

刚毕业的工程师们会发现，工业企业的工程问题与他们在课堂上所作的练习有很大不同。课本作业往往给定一个具有特定传递函数或特定状态的装置[①]，而实际的硬件设备不是如此精确定义的，它们的特性不可能被完全预测。硬件设备不能以数学的精确性制造，参数在一定的公差范围内变动。项目早期只能估算硬件设备的性能。

控制工程师通过设计控制器，实现被控制装置的既定性能。然而，被控制装置会对控制系统产生重要影响，因此有可能无法设计出满足要求的控制器。为了达到性能要求，可能需要对被控制装置进行修改。另外，有时在装置设计完成后才告知控制工程师，这就增加了装置设计不合理性以及由此导致的不满足性能要求的风险，大幅增加装置达到合理运行状态的成本。

设计师应特别注意控制硬件、执行器、传感器、数据链路的选择，因为这些器件对系统性能有重大影响。本书旨在为读者提供实际研发项目中可能出现的若干类情况的“虚拟经验”，主要阐述设计活动与权衡，不过分涉及技术细节或数学分析。这样做是故意让读者“眼见为实”。

许多教材涵盖了各式各样的工业控制技术，比如元器件、电路、仪器、校准、控制技术、调谐和工业自动化系统编程。本书没有深究控制系统的技术，而是描述了为了成功研发项目，无论使用何种系统或技术都必须遵循的思维过程。虽然现有的技术将来会过时，但是控制系统设计的基本思维过程是一致的。

---

① 本书原版统一用“装置”(plant)一词泛指被控制对象。为不引起混淆并尊重原文，译本一般用“被控制装置”称之；有时为行文通畅，在不易混淆处，也简称为“装置”。

1.1.1 知识范围

本书所考虑的是控制器研发或多或少与被控制装置研发相结合的项目。在这样的项目中,控制系统设计师作为项目成员,可以获得被控制装置的数据,参与设计权衡,全面涉足系统测试的各个方面。但大部分实际情况并非如此理想,有时控制工程师是在关键设计完成后才参与到项目中;还有不少情况是给已有的装置研发控制器。本书描述的是理想情形,现实中难得一见。如果系统控制专家能更多考虑被控制装置,装置工程师能更多考虑控制器,则系统的性能会得到有效改进。

本书给出的被控制对象都是可以由数理方程合理精确建模表示的装置,由此,我们可以用仿真模型代表真实装置向读者展现控制系统的设计。频率分析是应用广泛的设计工具,通过频率分析,我们可以获得实际装置粗略的频率值,并用这些频率值检验设计方法。但相较于频率分析,我们选择建立仿真模型,因为仿真模型能更好地解释设计中的关键问题。如果没有清晰的装置模型,就难以引入和阐释装置容差的灵敏度等概念。

本书用几种设计工具展示了研发过程的简单逻辑顺序,有助于读者清楚了解设计控制器必须要做的工作,在控制器不合适时怎样调整设计。书中刻意尽可能地简单描述工程过程,以避免分散读者的注意力。

总而言之,在学跑步之前必须先学会走路!

1.1.2 内容设置

本书无意涉猎控制工程众多学科,仅讨论读者在工作中最有可能遇到的问题。

本书只涉及部分非线性现象。第 5 章通过仿真演示了饱和度的影响以及 PID 控制器中的抗饱和方案。第 6 章给出一个齿隙仿真模型,但是没有分析其对系统的影响。第 10 章简单介绍了增益调度。在第 2 章中讨论了通过脉宽调制将开关元器件线性化。附录 A 则对第 2 章的内容进行了扩展,讨论了输入中有高频信号的元器件进行线性化的分析技术。由于目前尚没有统一有效的方法来解决各种装置中出现的大量非线性现象,所以出现非线性现象时需要采取特殊方法加以控制,而控制问题应交由相关专家解决。

同时,本书尽量不涉及多变量控制。第 10 章讨论了设计师在为交叉耦合装置设计独立控制回路时可能遇到的问题,但只是进行了定性阐释,没有提供仿真结果或其他解决途径。第 8 章深入讨论了一种消除两个控制回路间交叉耦合的简单方法,并用仿真、理论分析、频率响应三种方式加以解释,但这种方法仅适用于特定装置,并不具有普适性。附录 A 给出了多变量控制的一般理论分析,并向读者介绍了自动化设计工具,但并没有详细说明在特定装置中如何应用。

书中还部分涉及系统辨识问题。第 6 章描述了如何对特定装置进行阶跃响应试验。我们还阐述了如何通过模型仿真这项试验,以学会调整模型参数使之与实际装置的特性相匹配。附录 A 给出了频率试验的一般原则。第 3 章介绍了如何从特定装置的频率响应图或阶跃响应图中获取该装置的时间常数。然而,这些技术在很多情况下无法应用。不要忘记,1986 年的切尔诺贝利核电站事故就是由一次安全试验引起的。对于很多装置,我们只能从获得的极少数据中提取有效的装置信息。我们还有可能遇到装置模型是十分不靠谱的经验模型的情况。在类似的各种情况下,我们需要大量的努力才能获得一个可靠合理的系统模型。系统辨识本身就是一个专门学科。

本书可以作为有志于控制系统设计但需要了解其他领域更多知识的读者的跳板。

1.2 工程企业的控制工程

一些机构可能承担比较小的项目,只有少数几个工程师,他们要处理各方面的工作;大型机构往往雇佣担负不同职责的工程师。无论怎样的组织形式,要做的事都很多。项目需要签约、计划、组织、管理。系统需要详细确定,然后分解成子系统;每个子系统都需要详细确定、制定预算和进度。要管理整个项目的设计工作,使之满足合同要求,按进度、不超预算达到技术目标。被控制装置可能由机械工程师、空气动力学家、化学工程师等设计,而控制系统则由控制专家设计。

研发项目是团队工作,在研发过程中要确定在不影响系统合格交付前提下所需进行的设计权衡,所能接受的系统性能,是否需要做出必要的让步。控制工程师在项目团队中扮演着重要角色,他们要协助规定系统功能规格和性能要求、确定控制硬件、实施系统集成与试验。

某些企业可能会委托外部公司来设计和提供控制系统,即便如此,这些企业仍有必要了解控制的基本原理。如果被控制装置的设计不符合控制要求,则可能会对其性能造成重大影响。

1.3 研发项目中的控制工程

本书第一部分[①]通过示例给出如何用系统工程方法来设计控制器。首先描述一个特定研发项目的设计和工程过程,然后阐释其控制器设计。这个装置相对简单,由一个电动机驱动一个机械负载。尽管如此,这个示例还是展现了设计和工程的基本原理,揭示了控制工程师通常面临的实际问题。要确定系统的需求,必须要了解系统的运行环境。这个设计研究的例子考虑的是一个惯性负载的稳定性问题。惯性负载被安装在车上,车的不规则运动对负载造成扰动。负载可以是望远镜、相机或天线,被安装在航天器、飞机、船舶或地面车辆上。车俯仰运动会因轴承有摩擦而导致负载上产生转矩;车的侧向加速度也会因负载相对于轴承的不平衡而产生转矩。这样就需要克服这些存在的扰动,按照规定的精度稳定负载。精度范围取决于负载所执行的功能。例如,望远镜或照相机的稳定性是其光学分辨率的函数。

这个示例项目被细分为有些类似官方采购标准的若干研发阶段。本书将分章讨论具体工作。虽然这些工作在项目的各个阶段都有所涉及,但各章大致对应于特定的研发阶段。

1.3.1 技术方案

研发项目机构应为控制团队提供可自由支配的资金,以提高其应对未来项目的灵活度。控制工程师们还应研究执行器、电动机、传感器、控制设备的最新进展,看它们会怎样改进未来产品。他们还要和管理层合作,确保他们的工作符合市场趋势。

第2章中阐述这方面工作的具体任务。其中讨论执行器、传感器、控制器的进展。

1.3.2 方案研究

工程项目机构需要通过深入研究判定用所选定的技术控制特定装置的可行性。控制工程师们可能要用计算机模拟硬件工作,这就意味着他们必须推导描述硬件特性的数学模型。其中可能需要开展一些工作,建立和改进仿真设施。

---

① 原文在若干地方有“本书第X部分”的表述,但全书并没有“部分”划分,译本尊重原文的表述。

第3章阐述这方面工作的具体任务。其中给出建立和调试仿真模型的步骤,还给出将用于示例项目的电动机驱动装置特性的仿真结果。

1.3.3 项目定义阶段

项目研发通常起始于研究以合理的费用在合理的时间内提供所需产品。必须细致估算性能指标,全面调研运行环境,给出硬件的初步选择。仿真研究是这个阶段的主要工作,因为构建仿真模型的速度快于构建硬件样机,而且成本更低。控制工程师需要依靠既有的知识快速构建仿真模型,并且通过模型来确定设计方案的可行性。

第4章阐述项目的这个阶段。其中讨论硬件选择,阐释如何模拟负载扰动,还说明如何给仿真模型添加控制器。

1.3.4 设计阶段

项目批准后,装置设计师将完善其硬件选择并进行实验室试验。随后控制工程师可更新仿真模型,着手设计控制系统。要在仿真运行环境下对"纸上装置"的性能进行大量试验,以确定其设计是否符合规格要求。

第5章阐述项目的这个阶段。其中详细阐释如何设计控制器、如何使用频率响应方法、如何验证仿真模型。

1.3.5 实施阶段

在实施阶段建造硬件。此时,控制工程师参与系统集成与测试以确认系统性能。他们将逐步完成控制系统闭环的闭合并增加控制器增益,同时确保系统与预期性能一致。如果出现故障,必须先解决故障,再向前推进。

第6章阐述项目的这个阶段。其中说明被控制装置所产生的不可预见的效应可能会使装置无法达到设计师所期望的性能;然后说明怎样辨识与模拟这种效应。由此会发现我们无法设计一个足以抑制任何扰动的控制器。用这个例子向读者说明在方案研究阶段应不遗余力地找出可能会迫使我们不得不重新考虑性能指标的陷阱。必须通过经验对潜在的问题采取适当的预防措施。仿真模型可以作为项目方案研究阶段的辅助工具,使之充当研究"不测"的样机,设计团队用之预判可能发生的各种不利情况。

本书没有涉及工程阶段以外的内容。所有问题解决后,设计就是合格且可投产的,然后进行产品制造、验收试验、交付用户。在产品的整个生命周期中,还有可能出现需要设计师解决的问题,对此要慎重对待。经验丰富的设计师在确定性能指标时,会为这些可能发生的情况预留一定的冗余。

1.4 其他应用与挑战

无法用任何一个项目来阐述控制工程师可能遇到的所有挑战。因此,本书给出代表不同挑战的其他一些应用案例。第 7 章 ~ 第 10 章讨论了两个差别很大的装置。它们的特性也可以通过数学模型描述,但是相较于其他章节讨论的案例,这两个装置的数学模型描述的准确性较低。本书不深入探究只能用不可靠的经验模型描述不确定性很高的装置。

1.4.1 飞行控制系统

控制工程的首要原则是了解被控制装置,因此第 7 章为读者提供了空气动力学和飞行控制的基础知识。

第 8 章介绍了小型飞机低成本控制系统研发过程中的工程活动。这会是学生、业余爱好者、入门级企业感兴趣的领域。例如,考虑了使用低成本的微控制器。一个创新型小企业可以使用这种技术与大型僵化公司进行竞争。这一章还讨论了简易自动驾驶仪的设计与仿真,并以第一次飞行试验失败结束。随后的分析提出了一些措施,通过这些措施可以更好地理解问题究竟在哪儿。这个失败的案例是为了让读者深入思考而有意提出的。

1.4.2 核电站

第 9 章同样也为读者介绍了核电站内作为能源的核反应基础知识,还考虑了核反应对反应堆温度的影响。在此基础上给出了一个简单的仿真模型,以加强读者对这类被控制对象的了解。核电站由核反应堆、蒸汽发生器、汽轮机、发电动机组成。

第 10 章考虑了核电站的运行,并通过讨论监督控制器的运行引入过程自动化系统的概念。过程自动化系统在操作员的控制下启动、运行和关闭核电站。还讨论了多控制器组成的复杂系统的设计,通过多控制器来调节反应堆、蒸汽发生器、汽轮机、发电动机,并使用不同层次的仿真模型来阐述系统性能。

1.5 建模仿真

控制工程不仅包括安装和调试 PID 控制器。即使使用了具有超级算力的数字控制器,被控制装置的特性依然会对系统性能产生重大影响。成功的首要条件是控制工程师熟悉被控制装置的特性、运行要求、工作环境。设计师最好能够懂得决定被控制装置特性的物理效应,这样他们就可以构建出在一定程度上复现装置特性的仿真模型。

读者们可能已经注意到了,本书讨论的所有研发项目都依赖于仿真模型。控制工程师应通过研究设计数据、硬件测试结果和类似装置的运行数据来熟悉要研发的工程。他们还应与装置设计师密切合作,研发工程的仿真模型,以便更好地研究运行场景和控制策略。这种模型的构建过程促使人们去深入探究被控制装置的深层次物理原理,形成对装置运行有价值的见解,从而有助于装置设计师和控制工程师的工作。装置设计师往往关注稳态运行,而控制工程师关注动态特性和稳定性。这样一来,作为需要权衡产品性能和约束条件的项目团队,控制工程师是其重要成员。控制工程师由此而深度参与复杂系统各部分的集成,以保证其正常工作。

如果仿真系统是在装置建成之前研发的,则可以在最终设计决策前,用它来设计和验证控制系统。这样做可以免除代价高昂的错误。硬件试验可以在装置建造过程中完成(如果在装置之前研发了这种仿真系统,它们可用于设计并在某种程序上验证控制系统,然后再做出昂贵的设计决策)。通过硬件试验,发现仿真模型和实际装置之间的差异。在这个过程中,可能会对仿真模型进行修改,也可能对硬件进行修改。在项目研发的后期,需要验证在装置运行包线处的系统性能。通过仿真来减少硬件试验,可以大幅降低系统调试与评定的时间和成本。

许多工程公司都有负责控制与仿真的专家组。仿真设施还可用于新方案立项前的可行性验证。可以将仿真系统视为比其等价硬件便宜得多的电子样机或试验平台。

生产用于培训装置操作人员的仿真系统也是目前一个热门产业,飞行模拟器就是该产业的一个典型例子。

1.6 讨论

本书大部分内容描述典型研发项目中可能出现的情况,讨论控制工程师在遇到不利状况时可以采取的措施。书中大部分内容围绕一个特定应用示例展开,这样做能够深入研究与此相关的设计和工程问题。所选择的示例是电动机驱动装置,这种装置广泛应用于工业中,作为原动机或定位设备,事实上本书最后两章所描述的两个项目也用这种驱动装置作为控制执行器。

书中用仿真结果而非硬件来阐述设计的基本原则。硬件试验结果往往不理想,需要对试验结果进行冗长繁琐的解释,不利于读者理解。在工业中,建立装置的仿真模型并用它来设计控制器是十分常见的。模型可以用于验证设计性能,但是仿真结果必须通过硬件试验来验证。设计师常常要耗费巨大的精力使仿真与硬件相匹配。硬件试验结果通常需要进行大量的后期处理,才能产生类似于书中所示的计算机生成图。

如果控制系统设计师将其仿真结果和设计计算结果结合起来,将极大改进工作效果。仿真模型通常可以精确给出系统特性,但是仅仅依靠模拟系统进行设计会带来大量的试错工作。本书的设计计算大量采用频率响应图,这种方法可以减少设计过程中的试错次数。书中使用了大量的波特图,一方面是其图示结果直观易懂,另一方面还有助于帮助读者理解设计中蕴含的思维过程。这些内容在很多教材中都有介绍,但是,它们都将硬件中的非线性效应简化为线性模型近似处理。

1.7 思考题

还没有接触过实际工作的读者可以将下述问题作为未来工作的导向:

· 控制系统在你所在的机构中是关键的、主要的还是一般的?

· 用怎样的理由可以说服管理层同意你的观点?

· 有什么理由让你所在机构中的控制专家们集中到专业小组?

参考文献

Bartelt, T. L. M. , *Industrial Automated Systems: Instrumentation and Motion Control*, Clifton Park, NY: Delmar/Cengage Learning, 2011.

D'Azzo. J. , and C. H. Houpis, *Linear Control Systems Analysis and Design*, New York: McGraw - Hill, 1984.

de Stephano, J. J. , Ⅲ, A. R. Stubberud, and I. J. Williams, *Feedback and Control Systems* (Schaum's Outlines series), New York: Mc Graw - Hill, 1967.

Dorf, R. C., and R. H. Bishop, *Modern Control Systems*, 12th ed., Upper Saddle River, NJ: Pren - tice Hall, 2009.

Doyle, J. C., B. A. Francis, and A. Tannenbaum, *Feedback Control Theory*, Mineola, NY: Dover, 2009.

Franklin, G. F., D. M. Powell, and A. Emami - Naeini, *Feedback Control of Dynamic Systems*, Read - ing, MA: Addison - Wesley, 1991.

Gupta, S. C., and L. Hasdorff, Fundamentals of Automatic Control, New York: John Wiley & Sons, 1970.

Ogata, K., Modern Control Engineering, 5th ed., Upper Saddle, River, NJ: Prentice Hall, 2009. Rubin, O., The Design of Automatic Control Systems, Dedham, MA: Artech House, 1986.

Shearer, J. L., A. T. Murphy, and H. H. Richardson, *Introduction to System Dynamics*, Reading, MA: Addison - Wesley, 1967.

Shinskey, F. G., *Process - Control Systems*, New York: McGraw - Hill, 1967. Smith, O. J. M., *Feedback Control Systems*, New York: McGraw - Hill, 1958.

第2章　技术方案

2.1　引言

一个企业必须拥有核心能力才能进入市场，只有不断提升核心能力才能在市场中立于不败之地。企业要生存下去，采取的首要步骤是：①识别潜在市场；②找到可能用于未来项目的新硬件；③在相关技术领域形成能力。完成上述步骤后，企业便开始启动研发项目。作为项目团队的成员，控制工程师必须对项目中涉及的技术有基本了解，控制系统与硬件的关系就如同大脑与身体的关系，两者相依而存。控制工程师应该特别关注执行器、电动机、传感器、控制设备的最新发展。自从现代工程出现以来，各个领域都取得了重大的技术进步。

本书的主题是梳理某些研发项目的各个阶段。本章探讨项目中可能应用的一些控制技术，利用这些技术控制电动机，以稳定其机械负载，消除扰动，并使其按指定方向转动。

2.2　传感器技术

用传感器测量物体运动由来已久。早在18世纪，人们就用机械离心调速器测量转速，并用来调节风车和蒸汽机的速度。离心调速器的旋转重物的离心力可以通过驱动蒸汽阀的传动机构传递，这套机构可以改变蒸汽机产生的功率。反馈系统中的传感器通过这种方式调节旋转机械的速度。为产生足够的离心力，离心调速器采用大质量物体，因而对速度变化的反应缓慢。后来电力机械出现，使人们可以用发电机作为转速表，因其输出电压随旋转速度改变而变化。这种技术大幅度缩短了时间滞后，并产生了更精确的测量。它们的输出信号可以由电子设备放大并能用于控制电动机功率。

光电编码器、电磁设备等各式各样的传感器已经用于测量轴位置。伺服机构利用传感器信息进行位置控制。诸如光电池、霍尔效应检测器、电磁感应装置等类传感器在轴转动时会产生脉冲，可以用来测量轴速度。发电厂中的汽轮机的速度调节器就综合集成了上述多种技术。

在第8章中我们将会介绍一种低成本的电动机驱动装置,这种装置在转子上安装了磁体,在定子上安装了霍尔检测器。当磁体掠过霍尔检测器时,霍尔检测器产生脉冲,脉冲被传送到微控制器。微控制器根据脉冲频率计算转速,根据转速来控制电动机。这种系统适用于控制电动机以恒定速度运行,也可以通过改进使电动机在两个方向运行。

早期的研究者用磁罗盘来提供方向基准,后来发现用陀螺仪可以得到更精确的结果。用陀螺仪测量惯性转速这类技术已被广泛应用于飞机和航天器的飞行控制与导航系统。早期的机械陀螺仪采用高速旋转的大质量转子,当仪器围绕其灵敏轴转动时,转子产生充足的陀螺转矩,并用扭力杆抑制转矩的影响。这种装置的振荡频率很低且阻尼较小。若干新技术使我们能够生产响应远快于机械陀螺仪的速度陀螺仪。激光和光纤技术的进步促进了灵敏速度陀螺仪的发展,这种陀螺仪对旋转速度的变化能够作出快速响应。低成本的惯性导航系统包含三轴陀螺仪、测量加速度的加速度计、测量相对于地球磁场倾角的磁力计,这种导航系统目前市面有售。第8章介绍的系统就使用了这种低成本的导航系统。

第3章~第6章描述了一种系统的发展,这种系统使用速度陀螺仪的反馈信息来稳定负载的角速度。反馈控制器的目的是驱动被控制装置工作在这样一种状态:速度传感器输出的速度等于其设定速度(强制速度)。通过精确控制,传感器速度将与设定速度严格相等。但这并不意味着负载一定会按照强制速度运行,因为任何测量误差都可能导致被控制装置的实际状况偏离设定状况。传感器通常在专门的试验台上校准以确保其准确性。如果要实现系统的高性能,还必须特别注意传感器的安装,以避免振动、错位等影响。

2.3 电动机技术

使用电动机来稳定各种负载的旋转已取得了相当大的进展。经典伺服电动机系统的转子主要由软铁制成,有很大的惯性,延迟了对控制指令的响应。与换向器滑动接触的电刷提供了流经转子绕组的电流,并可能引起摩擦、磨损、火花以及电力损失。随着磁性材料的高速发展,使无刷电动机生产成为可能,其中的转子由永磁体制成。

为控制电动机供电的设备多种多样。现在许多电动机驱动装置使用了高性能电子开关设备。电动机中添加了探测转子位置的传感器,还用到强制电子开关与电动机旋转同相的控制器。由此可能制造出可以调控变速的无刷电动机。

图 2.1 是电动机电子驱动典型线路，图 2.2 为逆变器和电动机的连接方式。图中三相开关转换桥控制从直流电源流出的电流 i 流经定子三相绕组的方向。

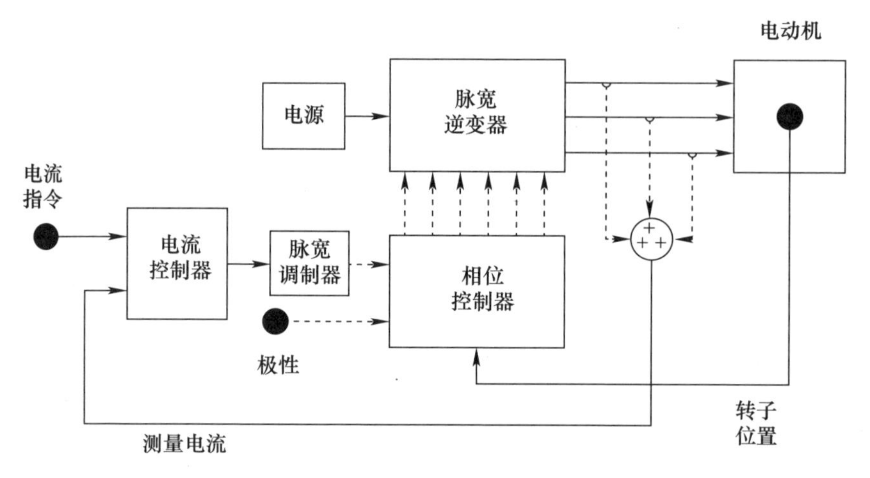

图 2.1　电动机的电子驱动

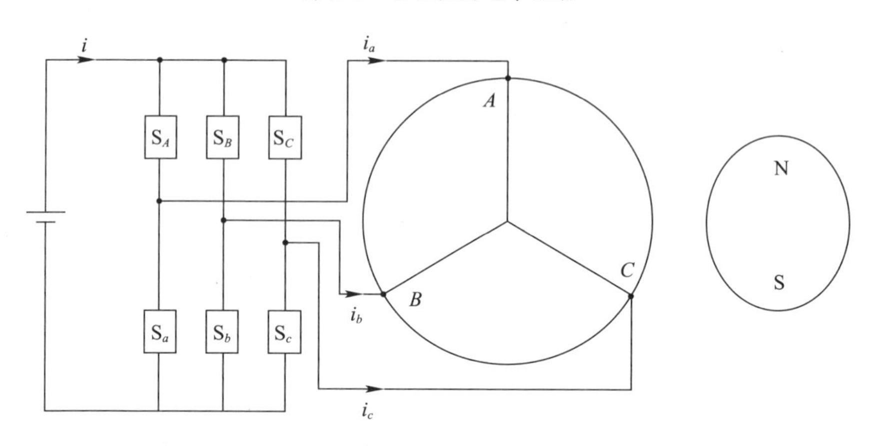

图 2.2　脉宽调制逆变器与电动机

逆变器 S_A、S_B、S_C、S_a、S_b、S_c 含固态开关器件。在圆心相接的 A、B、C 三条径向线代表以星形连接的定子三相绕组。图 2.1 中的相位控制系统操控开关，确保在任何时候三个绕组中有两个跨直流电源串接。例如，如果是 S_A 和 S_b 接通，则电流 i_a 会在 A 点流入定子，并经过 A 相和 B 相，从 B 相中流出，此时 i_b 是负的，有

$$i = i_a = -i_b$$

流经两个定子绕组的电流会产生连绕线圈效应。图 2.2 中标(N S)的圆表示永磁转子。磁体产生梯形磁场,其磁轴在绕组之间旋转时,与定子电流作用而产生近于恒定的转矩 m_{m}:

$$m_{\mathrm{m}} = ki = \text{电动机轴转矩}(\mathrm{N \cdot m})$$

$$k = \text{电动机常数}(\mathrm{N \cdot m/A})$$

如果对逆变器开关 S_b 进行脉宽调制(PMW),使其闭合一小段时间,则平均定子电流将会减少。如果脉宽调制频率很高,则电流中的纹波会被定子的电感滤除。

因此,可以寻求一种切换逆变器的方法,使电动机在转子的所有角度上都获得几乎恒定的转矩。同样的原理还可以用来控制多极电动机或定子绕组三相连接的电动机。

进一步展开,在 S_A 接通期间,可以交替切换 S_b 和 S_c,使流经 A 相的电流在 B 相、C 相之间交替切换。我们可以在电动机旋转中改变电流 i_b 和 i_c 的比率,使电动机在整个旋转过程中产生更平稳的转矩。例如,如果转子磁通随角度正弦变化,可以通过对开关的调制,使三相电流两两之间以 120°的相差正弦变化。根据这个原理,我们据此给出了变速同步电动机的等效电路。

如果电动机定子或转子的磁极是离散的,则当电动机旋转时,可以观察到定子和转子间气隙的显著变动。这种变动产生了一种试图把转子拉回到最佳位置的力,导致电动机转矩发生变化,这种现象被称为齿槽效应。高性能的伺服电动机气隙变化很小,为的是减少齿槽效应。另外,步进电动机有明显的磁极,因此转子向设计好的各个角度转动。这种电动机可以产生很大转矩,即使电动机关闭,负载也被挟持在设计角度上。

2.4 制造公差及其他影响

设计控制系统时,要考虑到执行器和传感器不可能像教材中的模型那样精准地运行。以电动机制造为例,它的定子和转子是由符合规定公差的材料在给定的公差范围内加工而成的。特定尺度的平均值可能是其最小和最大规格范围内的任何值。定子绕组由满足特定规格的导线制成。我们可以计算绕组的标称电阻 R 和电感 L,但材料的物理性质受到温度和其他因素的影响,从而可能随时间发生改变。因此,电阻 R 和电感 L 与制造商数据表中给予的标称值有差别。定子和转子间的气隙可能随转子位置的不同而不同,电感的数值亦随之变化。

传感器也有类似公差。许多企业会定期对照标准设备校准这类测量设备。同样需要记住,传感器在被控制装置中的位置会影响其对装置物理状态测量的准确性。

2.5 试验设施

当控制系统与硬件集成到了一起后,必须正确进行系统和子系统级的试验。某些项目可能需要运动仿真器试验伺服系统在特定工作条件下的性能。可以手工转动电动机,观察其对负载的影响,从而检测伺服传动机构的游隙。系统组件的参数值应由制造商的数据表提供,其中还应包括它们的公差。子系统可以作为一个独立单元进行试验。为了让读者深入了解所要进行试验的类型,我们以专用试验装置进行电动机试验(图 2.3)作为典型试验,加以阐述。第一次试验时,转子由校准扭力杆约束。给定子施加电压 V 后,测量稳态电流 I。由于没有反电动势,定子电阻可以计算如下:

$$R = V/I$$

可以根据扭力杆的挠度推导出电动机的制动转矩 M_s,由此电动机常数计算如下:

$$k = M_s/I$$

第二次试验时,转子可以自由转动。如果施加一个电压 V,电动机以稳态转速 W_o 运行。忽略轴承摩擦,电动机常数计算公式如下:

$$k = V/W_o$$

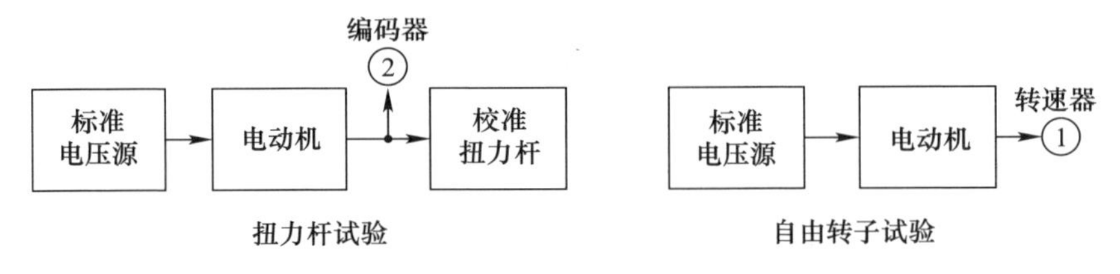

图 2.3　电动机试验

我们可以对安装在被控制装置上的电动机进行类似试验,并通过测量稳态速度来估计摩擦。

设计师通常希望测得装置的频率响应。这类试验可以在试验装置或被控制装置上进行,用振荡器代替电压源。附录 A 第 A.1 节介绍了这种频率检测仪。

2.6 控制器硬件与软件

这里仅讨论电子控制器的实现问题。很长时间内这一领域由模拟控制器主导。模拟控制器接收被控制装置的连续数据,在出现偏差时立即反应予以纠正。这一时期,基于拉普拉斯变换的设计技术得到发展。借助集成电路技术,设计师们制成高增益放大器,使人们可以利用运算放大器、电阻器和电容来设计控制器。虽然输出电压的漂移已经大幅减小,但是依然构成一个问题。硬件的元件变化或单元更替,使模拟控制器不断改进。这些改变要求进行大量配置管理和逻辑调整工作。

数字微处理器技术的出现使控制工程师可以进行更复杂的计算。数字控制器接收被控制装置的采样数据,然后在有限的时间内计算得出控制措施。在微处理器和模数转换器(ADC)相对较慢的时期,采样数据分析和Z变换得到大力发展。从那时起,控制器取得惊人的进步,以至于在许多应用中可以认为数字控制器是一直在不间断发展的。我们可以用拉普拉斯变换设计一个模拟控制器,然后在微处理器上实现其等效离散。传感器输出通常需要加模拟抗混叠滤波器,导致测量值的相位滞后。数字控制器不受漂移的影响,而且模数转换器的偏移量通常很小。

给微处理器加装新软件可以改进数字控制器,但仍需严格控制配置管理,必须避免经不住诱惑改用不规范的软件。

像Windows环境对控制编程有重要影响一样,高性能数字硬件对控制市场也产生了巨大影响。国际电工委员会(IEC)在IEC 61131-3中定义了用于设计可编程逻辑控制器(PLC)的以下语言:

· 结构化文本,语法上类似于Matlab M文件。

· 功能框图,类似于图3.2。

· 时序功能图,类似于Matlab状态流程图,常用于操控装置在各种工作状态下运行的控制器。

· 梯形逻辑,是继电器电路接线图的等效软件。

· 指令集列表,类似于计算机汇编语言指令。

上述前两种语言适用于比例-积分-微分(PID)控制器的反馈回路,比如本书中使用的控制器。更多详情请参阅:https://webstore.iec.ch/publication/4552#additionalinfo.

在过程自动化系统和微控制器两个方向上,研发取得进展。例如,第10章中描述的过程自动化系统,已经被用于运行大型工业装置。它们得到日益复杂的基础设施的支持,包括通信网络和协议在内。被控制装置的操作人员是整个结构中不可或缺的因素,人机交互界面也同样必不可少。系统还包括工程工作站,工作站主要用于维护软件,评估性能历史记录以及执行其他功能。本书不对今天在用而不久就要过时的技术作详细描述。第 8 章中描述的微控制器为兴趣爱好者、学生、专业人员提供了廉价而简便构建复杂控制系统的途径。

2.7 讨论

在接下来的 4 章中,我们将通过研究特定装置的控制器来说明设计的一般原则。虽然我们向读者介绍了一些控制硬件,但还是避免讨论控制技术的细节。许多教材已经涵盖了控制技术的细节内容,而许多项目也会聘用一支技术队伍来处理专业技术方面的工作。尽管如此,控制系统设计师还是必须意识到硬件会对系统性能产生重大影响。

我们花了较多时间来讨论电动机的运行,这是因为读者需要对它有基本认识,以便理解后面的章节。电动机的运行可以被看作是说明设计和工程的基本原则与典型问题的必要的练习题。

即使读者将来不会以电动机驱动装置为专业工作,但是他们很可能在各类系统中用到电动机驱动装置,比如机床中的执行器、飞机的伺服系统、工业装置中的流量控制阀以及核反应堆中的控制棒驱动系统。

读者还将在工作场所中遇到许多其他类型的传感器。其中一部分会在第 8 章和第 10 章涉及,但是不能说它们是本书的主题。

我们仅想强调控制工程师并不是孤立存在的,有关被控制装置的知识是控制系统知识中不可或缺的。我们将不再频繁重申这个观点。

2.8 思考题

考虑一种你熟悉的装置并思考以下问题:

· 你能选择最合适的控制器来控制各种类型的输出吗?

· 装置中是否有检测各种输出的传感器?

· 装置中传感器的数量是否多于执行器?

· 你知道如何使用这些传感器吗?

· 考虑你所在机构作为标准使用的执行器、传感器和控制设备。

· 是否有新技术可以考虑在将来使用?

参 考 文 献

Murphy, J. M. D. , and F. G. Turnbull, *Power Electronic Control of AC Motors*, Oxford: Pergamon Press, 1988.

第3章　方案研究

3.1　引言

为得到研发合同,首先要论证所提出的方案。在这项工作中仿真可以发挥重要作用,因为相比于硬件样机,计算机模型的构建通常所用时间更少,成本更低。控制工程师需要利用他们原有知识快速建立最有可能选用的硬件的临时模型。仿真的依据是描述被控制装置特性的数学模型。

本章继续描述一个控制电动机的项目,这个项目旨在克服扰动、稳定机械负载,并使其按指定方向运动。负载可以被视为刚体。仿真模型构建看似无足轻重,但在后面我们将看到可能会出现无法预料的复杂情况。

本章讨论的仿真案例比较简单,但需要强调的是:其他装置的仿真并不会如本章所讨论的仿真一样简单!第8章和第10章可以让读者对了解装置特征时通常会出现的问题有更好地认识。模型构建往往需要回到近乎纯粹的经验模型,对此,我们希望模型构建更多地依据运行数据而非仅靠"直觉"。我们之所以选择电动机驱动装置作为学习对象,纯粹是因为它可以依据第一原理来分析,从而更好地发挥用仿真工具解释控制工程师工作的优势。

虽然许多读者不会有幸作为团队成员参与正式的自主研发项目,但本章仍不失作为一个基准,提出读者努力的理想方向。

3.2　装置的定义

图3.1是电动机和负载电路示意图。电压源 v 代表向无刷永磁电动机供电的电子驱动单元。定子的三相绕组可以用单一等效绕组近似,其中:

v 为等效驱动电压,单位为V;

i 为等效定子电流,单位为A;

e_b 为等效定子反电动势,单位为V;

R 为等效定子电阻,单位为Ω;

L 为等效定子电感，单位为 H。

这些定量的关系可近似为

$$v \approx e_b + Ri + L\mathrm{d}i/\mathrm{d}t$$

该模型忽略了纹波电流和续流二极管。

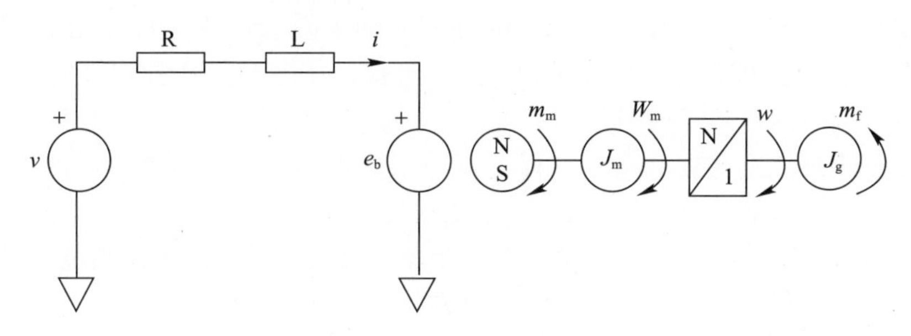

图 3.1　物理变量和参数

电流 i 流过定子绕组，产生磁场。该磁场与永磁转子相互作用产生驱动转子轴的转矩，由图中标记为(N S)的圆圈表示：

$$m_m = ki = \text{转子产生的电动机转矩}(\mathrm{N \cdot m})$$

$$w_m = \text{电动机转速}(\mathrm{rad/s})$$

磁体的运动在定子绕组中产生反电动势：

$$e_b = kw_m = \text{反电动势}$$

$$k = \text{电动机常数}:(\mathrm{V/(rad/s)}):(\mathrm{N \cdot m/A})$$

可以使用带有机械换向器的伺服电动机切换通过转子绕组的电流。这种电动机的构造可能与无刷电动机不相同，但其特性可以用与无刷电动机相同的数学模型来描述。

图 3.1 还显示了电动机和负载之间的机械传动，其中：

w 为负载转速，单位为(rad/s)；

$N = w_m/w$ 为电动机和负载之间的传动比；

$m = Nm_m$ 为通过传动比施加给负载的电动机转矩，单位为(N · m)；

J_m 为电动机的转动惯量，单位为($\mathrm{kg \cdot m^2}$) = ($\mathrm{N \cdot m/(rad/s^2)}$)；

J_g 为负载的转动惯量，单位为($\mathrm{kg \cdot m^2}$) = ($\mathrm{N \cdot m/(rad/s^2)}$)；

m_f 为电动机必须克服的负载转矩，单位为(N · m)。

电动机转矩 m_m 定义为作在转子上对传动有影响的转矩，影响取决于传动比：

$$m = Ki = \text{传输给负载的电动机转矩}(\mathrm{N \cdot m})$$

$$K = kN:(\mathrm{V/(rad/s)}):(\mathrm{N \cdot m/A})$$

3.2.1 建立微分方程

控制工程师既关注装置的稳态运行,也关注装置的动态特征。现在,我们用微分方程建立描述电动机和负载动态特征的仿真模型。这些模型对为理解被控制装置而进行的试验很有用,且特别便于用来研究瞬态特性。因此,在研发过程中可以用这些模型来检验控制方案。构建仿真模型本身是一种很好的方式,可以促进我们更深入地了解被控制装置。

根据物理法则建立的微分方程可以用来模拟(仿真)电动机驱动装置的运动。这种运动可能含有非线性效应,如摩擦与游隙。

通过改变驱动单元的输出电压来控制驱动器的运动。这个控制过程对定子电流的影响可以由定子电压平衡的微分方程来计算:

$$v = e_b + iR + L(\mathrm{d}i/\mathrm{d}t)$$

由此得到

$$L(\mathrm{d}i/\mathrm{d}t) = v - e_b - iR = v - Kw - iR$$

定子电流在负载上产生转矩 m,转矩带来的角速度可以由绕轴转矩平衡微分方程计算:

$$\begin{aligned} m - m_f &= J_g(\mathrm{d}w/\mathrm{d}t) + NJ_m(\mathrm{d}w_m/\mathrm{d}t) \\ &= J_g(\mathrm{d}w/\mathrm{d}t) + NJ_m \cdot N \cdot (\mathrm{d}w/\mathrm{d}t) \end{aligned}$$

由此得到

$$J(\mathrm{d}w/\mathrm{d}t) = Ki - f(w)$$

式中:$J = J_g + N^2 J_m$ 为负载轴的综合惯量;$f(w)$ 为负载转矩 m_f,表达为角速度的非线性函数处理。

还可以作出如下定义:

$$J = J/N^2 = \text{电动机轴的组合惯量}$$

上述微分方程可用图 3.2 给出的通用框图直观表示。图中使用了增益模块▷、积分器∫、非线性函数 $f(u)$。因此,电动机的转矩 m_f 减去负载转矩 m 即可算得加速负载惯量的转矩。这类框图有助于直观表达系统内部交互关系。工程师初次使用仿真时,应当绘制框图作为构建模型的蓝图,用模型中的机械或电子器件执行框图中各个模块的功能,以后再用框图作为编写仿真程序的蓝图。现在有现成的仿真程序包,通过其界面编程绘制框图。Scilab®就是这类仿真程序包的一个例子①。在本书的其他部分,我们将展示在 MATLAB®软件中运行的 Simu-

① Scilab®获得 CEA、CNRS、Inria 的 CeCILL 许可证。

link®模型框图①。

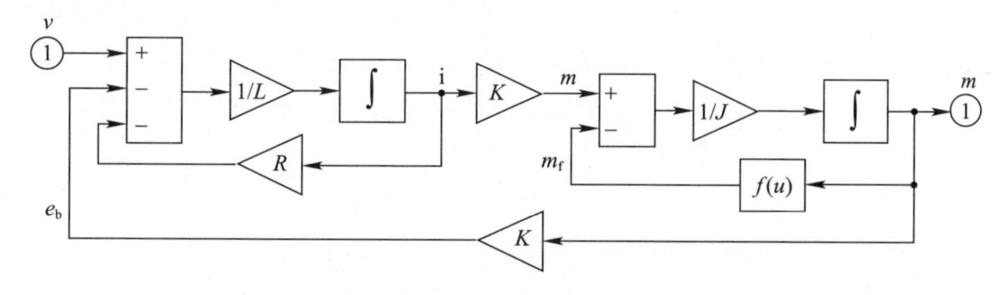

图 3.2 电动机带负载框图

需要对被控制装置的物理参数进行量化,以便完善计算机仿真模型。电动机的参数值应该由制造商数据表提供,理想的情况是,数据表还包括电动机运行的环境条件。但需注意,在一条生产线上生产的电动机也会存在差异。假设数据表中包含类似"所有参数误差值为 ±10%"的注释,则其中可能包括制造公差、极端环境条件引起的变化,另加老化的影响。比如,绕组电阻会随着温度变化而变化。

电动机常数 k 可能明确载于数据表,也可能需要由转矩 – 速度数据计算得出。电动机和负载之间的传动机构设计取决于装置的应用与设计师。传动机构可能包括变速箱、齿轮齿条副、丝杠、曲柄等。如果电动机通过变速箱驱动负载,我们将传动比 N 设定为常数。如果是其他传动机构,传动比可以由它们的几何尺度计算,比如丝杠的螺距或曲柄的长度。传动装置几何尺度的变化引起传动比的变化。由于这个原因,我们需要确定下面两个最大值和最小值:

$$K_{max} = N_{max} k_{max}$$
$$K_{min} = N_{min} k_{min}$$

我们将在如下假设条件下考虑特定电动机驱动装置的研发:

$R = 0.15\Omega \pm 10\%$

$L = 0.5\text{mH} \pm 10\%$

$K_{max} = 20\text{V}/(\text{rad/s}), (\text{N} \cdot \text{m/A})$

$K_{min} = 15\text{V}/(\text{rad/s}), (\text{N} \cdot \text{m/A})$

负载惯量可以通过 CAD 程序计算。惯量会由于制造公差而有所不同。在某些应用中,负载可能包含运动部件,会使不同运行阶段的惯量不同。我们假设:

$$J_{min} = 300\text{kg} \cdot \text{m}^2$$

① MATLAB®和 Simulink®是 MathWorks 公司的注册商标。

$$J_{max} = 400\text{kg} \cdot \text{m}^2$$

实际工作、摩擦、质量不平衡或外力等因素都可能产生负载转矩。因此，更精确的仿真需要考虑具体传动机构的惯量和摩擦。

一旦硬件选定，我们可以通过实际转动电动机测量负载的运动来确定整体传动比：

$$N = w_m / w$$

通过测量负载开始运动前电动机必先转过的角度，可以得到这个驱动装置的游隙。

可以利用电动机向负载施加转矩，这个转矩可以由定子电流算得：

$$m = Ki = Nki$$

这个等式提供了估算其他负载参数的方法。例如，我们可以通过测量产生恒定速度的电动机转矩来推算负载上的摩擦，还可以通过测量给定速度下产生给定加速度的电动机转矩推算负载惯量。摩擦的特性多变，通常是被控制装置参数中最难测量的参数。我们会看到摩擦会依负载位置的不同而不同，也会随着温度变化而变化。后者是由于不同金属的膨胀特性不同，以及润滑剂在低温环境下变黏稠而引起的。因此，我们将在规定的最大和最小值之间用线性模型来逼近真实摩擦值：

$$m_f = Fw$$

$$F_{min} \leqslant F \leqslant F_{max}$$

这里假设：

$$F_{min} = 250\text{N} \cdot \text{m}/(\text{rad}/\text{s})$$

$$F_{max} = 450\text{N} \cdot \text{m}/(\text{rad}/\text{s})$$

3.3 构建仿真模型

我们将按照一定的步骤建立仿真模型。首先将被控制装置分解成易于把握的子系统。包括描述定子电路的电气子系统和含惯量和摩擦效应的机械子系统。首先对各子系统分别构建、单独试验，最后再集成为电动机驱动装置的仿真系统。在建模的各个阶段，还要通过仿真结果与其他计算结果的比较进行交叉校验。

3.4 电气子系统

考虑图 3.3 所示的定子子系统，它的微分方程由 Simulink 软件仿真，其中▷

为增益，⊕为和，$1/s$ 为积分模块。图中的输入 u 为驱动电压 v 和定子反电动势 e_b 之差。

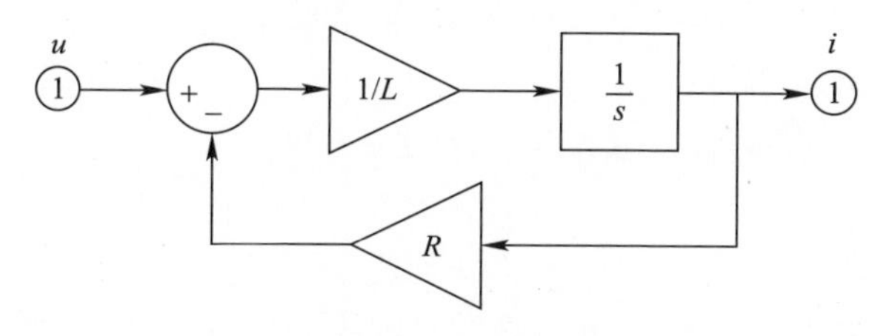

图 3.3　定子子系统

首先验证这个仿真模型是否满足基本物理原理，使用物理量采用同一单位制（V、A、Ω、H），仿真时间以 s 为单位。参数 L 和 R 的标称值设置在第 3.2.1 节中确定的公差范围内。

我们用 10V 的阶跃输入试验子系统。图 3.4 证实子系统执行了负反馈，因为电流以指数方式从初始值零到达稳态。在稳态，电阻上的电压降必须等于驱动电压，因此，电流为

$$I_s = U/R$$

其中，I_s 为图 3.4 中水平线的位置。

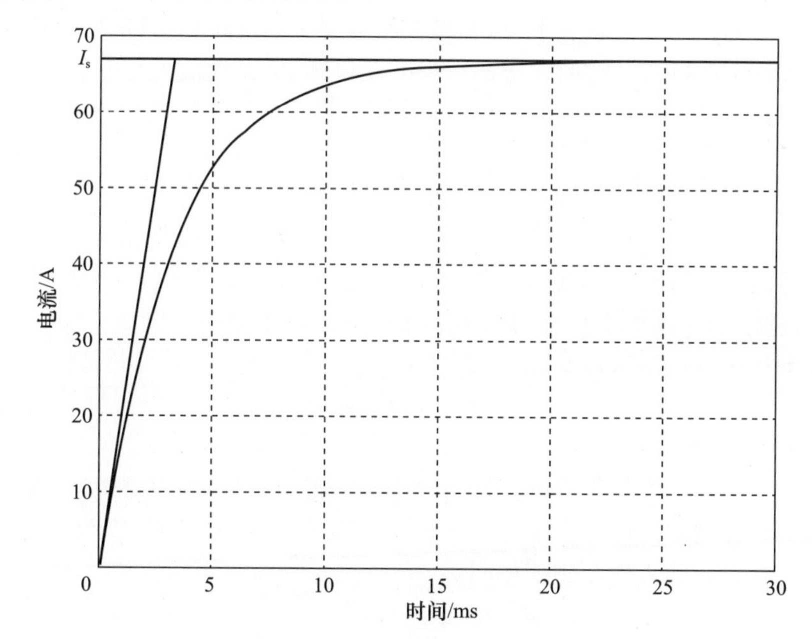

图 3.4　定子子系统的阶跃响应

图 3.4 给出的几何图形,可以用来估算电流稳定时间常数。曲线在时间 0 点的切线与稳定电流 I_s 水平线相交,交点处的时间(T_s)即为定子时间常数,以 s 为单位。

$i(t)$在 0 时的斜率为

$$\mathrm{d}i/\mathrm{d}t\,|_0 = U/L = I_s/T_s$$

其中

$$T_s = L/R$$

可以找到模拟瞬态特性的解析函数对图 3.4 进行交叉校验。考虑由如下无限级数定义的时间指数函数:

$$x(t) = \exp(\sigma t) = 1 + \sigma t/1! + \sigma^2 t^2/2! + \sigma^3 t^3/3! + \cdots$$

如果对这个级数进行微分并将得到的系数与原函数系数对比,可以证明 $x(t)$满足下列微分方程:

$$\mathrm{d}x/\mathrm{d}t = \sigma x(t)$$

令参数 σ 等于 $-R/L$,就可以用 $x(t)$描述定子的特性:

$$\mathrm{d}x/\mathrm{d}t = -(R/L)x$$

指数函数 $x(t)$是 $i(t)$瞬态特性的分量。可以看到下面函数适用于图 3.4:

$$i(t) = I_s(1 - \exp(-t/T_s))$$

在转子轴处于锁定状态下,给驱动电压施加一个阶跃,通过这种方式可以在硬件上进行类似试验。此时定子没有反电动势 e_b,可以近似为纯阻抗,可以根据阶跃响应计算定子参数。

3.4.1 正弦输入响应

频率响应分析是设计线性控制系统的重要工具。可以使用附录 A 第 A.1 节所描述的试验仪检测装置的频率响应。我们考虑转子锁定的电动机的频率响应试验,即给定子施加正弦驱动电压。这种试验可以通过给图 3.3 所示的定子子系统施加正弦电压来仿真。

$$u(t) = U\sin(\omega t)$$

式中:ω 单位为 rad/s。

图 3.5 给出最终稳定的正弦振荡定子电流,其频率与输入电压频率相同。

图 3.6 说明如何用解析函数复现仿真电流 $i(t)$,$i(t)$由两部分组成。其中正弦响应频率与输入电压频率相同:

$$R(t) = I_R\sin(\omega t - \phi_s)$$

系统的初始条件造成一个时间常数为 T_s 的瞬态指数函数:

$$T(t) = I_T\exp(-t/T_s)$$

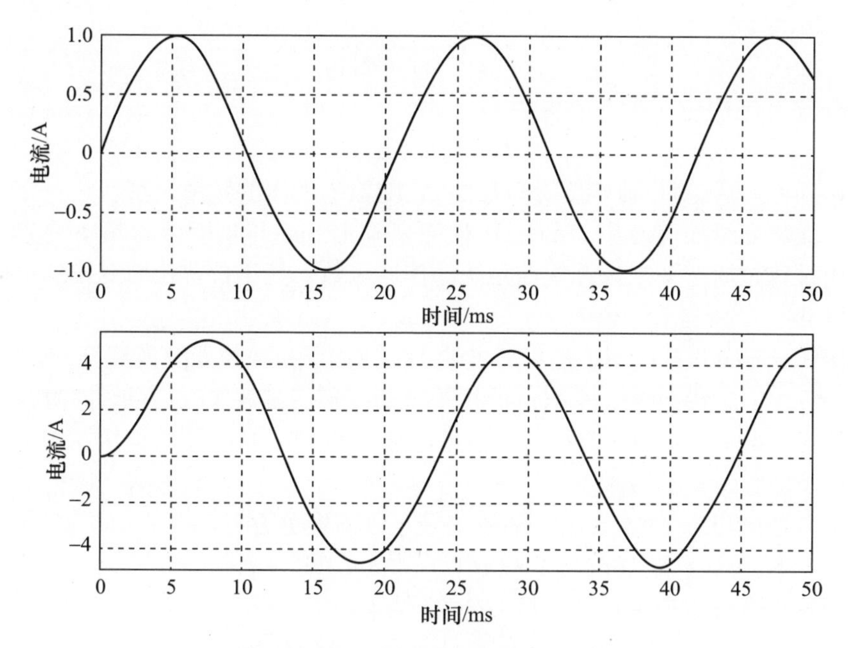

图 3.5　定子电流对正弦输入的响应

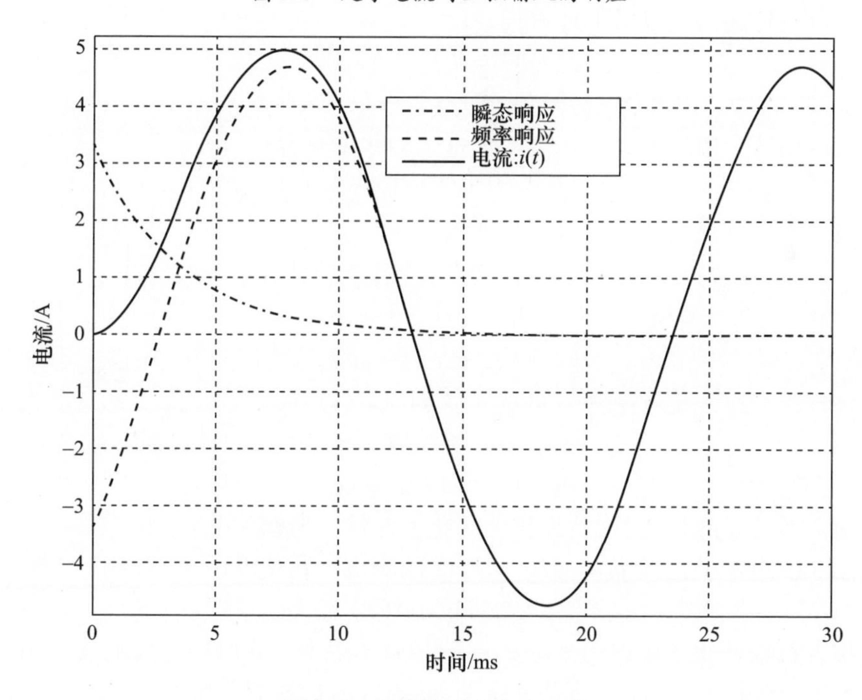

图 3.6　正弦输入的复合响应

定子电流为

$$i(t)=T(t)+R(t)$$

初始电流为 0,决定了瞬态的振幅为

$$I_T=I_R\sin(\phi_s)$$

达到稳态后,对电流响应进行测量,它随输入电压的频率振荡。

下文将介绍如何使用 MATLAB 软件来确定 Simulink 模型的频率响应。其中利用拉普拉斯变换来计算线性系统的传递函数。关于拉普拉斯变换理论可见诸教材。

图 3.3 Simulink 模型中的积分模块 $1/s$ 使用了拉普拉斯变换算符,其中 s 为复变量 $\sigma+j\omega$。我们将信号 $x(t)$ 的拉普拉斯变换用函数 $X(s)$ 表示,同时在设计计算假设导数 dx/dt 的拉普拉斯变换是函数 $s.X(s)$。这个算符也用在 MATLAB 软件中。

一旦达到稳态,图 3.3 给出的模型满足以下微分方程:

$$(di/dt)+(i/T_s)=(u/L)\sin(\omega t)$$

对这个微分方程进行拉普拉斯变换,结果为

$$sI(s)+(1/T_s)I(s)=(1/L)U(s)$$

可以用传递函数表示上述方程,有

$$I(s)=H_s(s)U(s)$$

$$H_s(s)=(1/R)/(1+sT_s)\,(A/V)$$

可以由这个传递函数确定定子子系统的频率响应:

$$H_s(j\omega)=(1/R)/(1+j\omega T_s)$$

可以据此计算电流的增益和相位变化:

$$H_s(j\omega)=|H_s|\exp(-j\phi_s)$$

$$\tan(\phi_s)=\omega T_s$$

$$|H_s|=(1/R)/(1+\omega^2 T_s{}^2)^{\frac{1}{2}}$$

这样就可以确定频率为 ω 处的正弦响应 $R(t)$:

$$I_R=|H_s|U$$

$$R(t)=I_R\sin(\omega t-\phi_s)$$

由于系统是线性的,增益和相位变化都与输入振幅无关。

图 3.5 为定子在频率 ω 等于 $1/T_s$ 时的响应。相位滞后 ϕ_s 为 45°,振幅为

$$(U/R)/\text{sqrt}(2)$$

拉普拉斯变化还可以用来分析一般的动态特性。例如,指数函数 $\exp(\sigma t)$ 的导数是 $\sigma\exp(\sigma t)$。这个结果对应于 $j\omega$ 为零时的拉普拉斯变量 s。一般情况下,我们关注 s 等于 $j\omega$ 时的频率响应分析,但是我们仍要用形式更简洁、采用拉

普拉斯变量 s 的算子描述传递函数。

3.4.2 其他分析

电气工程师可能会通过电路分析来计算定子中的交流电 AC。电路的阻抗由电感 L 和串联的电阻 R 确定，即

$$Z(\mathrm{j}\omega) = R + \mathrm{j}\omega L$$

电流为

$$I(\mathrm{j}\omega) = U(\mathrm{j}\omega)/Z(\mathrm{j}\omega) = H_{\mathrm{s}}(\mathrm{j}\omega)U(\mathrm{j}\omega)$$

附录 A 第 A.2 节具体说明了如何用指数函数表示回路中的正弦电压和电流。电压和电流也可以表示为复平面中的矢量(也称为向量)，即

$u(t) = U\cos(\omega t) = U\mathrm{Re}(\exp(\mathrm{j}\omega t))$ = 定子上的正弦驱动电压

$i(t) = I\cos(\omega t - \phi_{\mathrm{s}}) = I\mathrm{Re}(\exp(\mathrm{j}\omega t - \phi_{\mathrm{s}}))$ = 通过定子的正弦电流

$V_{\mathrm{R}} = Ri(t) = RI\cos(\omega t - \phi_{\mathrm{s}}) = RI\mathrm{Re}(\exp(\mathrm{j}\omega t - \phi_{\mathrm{s}}))$ = 电阻两端的电压降

$V_{\mathrm{L}} = LI\mathrm{Re}[\mathrm{j}\omega\exp(\mathrm{j}\omega t - \phi_{\mathrm{s}})$ = 电感两端的电压降

第 A.2 节还说明，代表 V_{L}的向量相位超前于代表 V_{R}的相量 90°。

当反电动势为零时，驱动电压严格等于电阻和电感两端的电压降之和：

$$u(t) = V_{\mathrm{R}} + V_{\mathrm{L}}$$

可以通过图 3.7 所示的向量三角形将上述公式直观化。这个三角形使我们可以使用简单的几何计算获得频率响应 $H_{\mathrm{s}}(\mathrm{j}\omega)$的增益和相移。

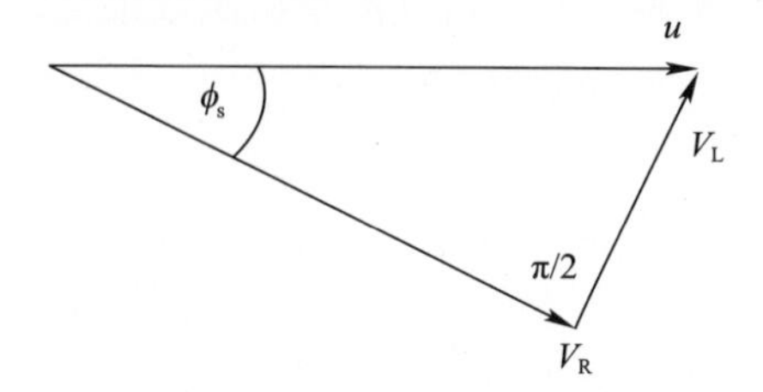

图 3.7 电压三角形

控制工程师们会看到图 3.3 包含了一个反馈回路，其中输入电压为 u，反馈信号为 V_{R}，总和输出为

$$V_{\mathrm{L}} = u(t) - Ri(t)$$

附录 B 第 B.3 节将说明如何用向量三角形来解释控制回路的特性。

3.5 机械子系统

图 3.8 所示的机械子系统与图 3.2 所示的机械子系统类似，但摩擦被线性

系数取代。同时还增加了一个输入 $w_v(t)$ 来仿真安装了负载的车辆(或基座)的运动,它产生负载摩擦力。可以验证这个模型是否满足基本物理原理,物理量采用统一单位制(转矩单位为 N·m;惯量为 kg·m²;角速度为 rad/s;摩擦系数为 N·m/(rad/s),角加速度为 rad/s²)。仿真时间以 s 为单位。残余扭矩会在负载上产生角加速度:

$$a = \mathrm{d}w/\mathrm{d}t = (m - m_f)/J(\mathrm{N \cdot m/(kg \cdot m^2)})$$

角加速度单位为(rad/s²)。最终的组合 J/F 以 s 为单位,由它规定机械子系统的时间常数。这里假设基座没有发生位移,因此 w_v 为零。

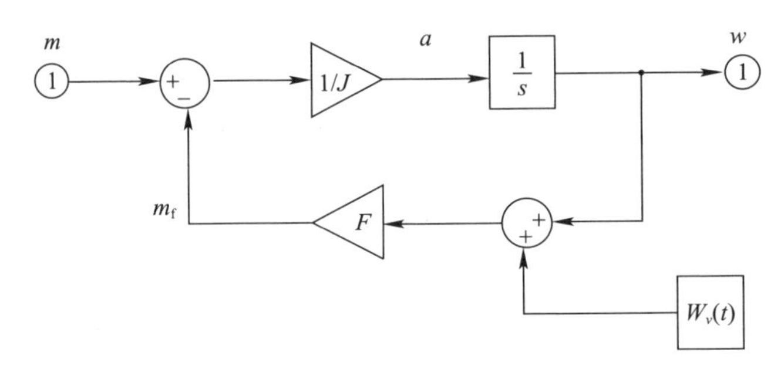

图 3.8 机械子系统

可以通过阶跃输入 $m(t)$ 来试验子系统,验证当摩擦与电动机转矩平衡时,负载达到平衡速度 w,表明我们给系统用上了负反馈。

可以找到描述机械子系统瞬态特性的解析函数来交叉对照阶跃响应。该子系统对电动机转矩变化的传递函数为

$$W(s) = H_f(s)M(s)$$

$$H_f(s) = (1/F)/(1 + sT_f)((\mathrm{rad/s})/(\mathrm{N \cdot m}))$$

$$T_f = J/F$$

3.6 系统集成

两个子系统被逐步集成为图 3.9 所示的整个系统,其中 $H_s(s)$ 是定子子系统,$H_f(s)$ 是机械子系统。我们将再次验证它们的相互连接满足基本物理原理。电动机常数 K 单位也必须为(V/(rad/s)),才能使角速度 w 单位为 rad/s,并产生单位为 V 的反电动势 e_b。常数 K 单位必须为(N·m/A),才能使单位为 A 的电流 i 产生单位为 N·m 的电动机转矩。输入电压 v 单位必须为 V,才能与反电动势 e_b 相匹配。同样,我们再次假定 w_v 被设置为零。

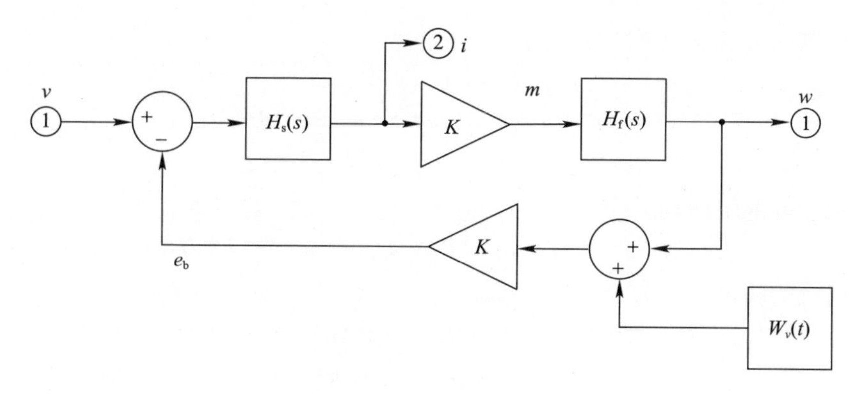

图 3.9　子系统仿真模型

连接各模块，但不把反电动势 e_b 接在加法器上，则反电动势的开环传递函数为

$$E_b(s)=L_b(s)V(s)$$

$$L_b(s)=KH_f(s)KH_s(s)=K_b/((1+sT_f)(1+sT_s))$$

$$K_b=K^2/(F\cdot R)$$

通过交叉检验可以看到，输入 V 产生的稳态反电动势为 $V\cdot K_b$。

如果将反电动势 e_b 连接到加法器上，就形成一个闭环的反馈回路，这时可以通过施加 10V 的阶跃输入来试验系统。使用 3.2.1 节中定义的公差范围内的标称参数值，得到的响应将类似于图 3.10。这表明角速度 $w(t)$ 稳定到了平衡状态，由此确认负反馈已经实施。

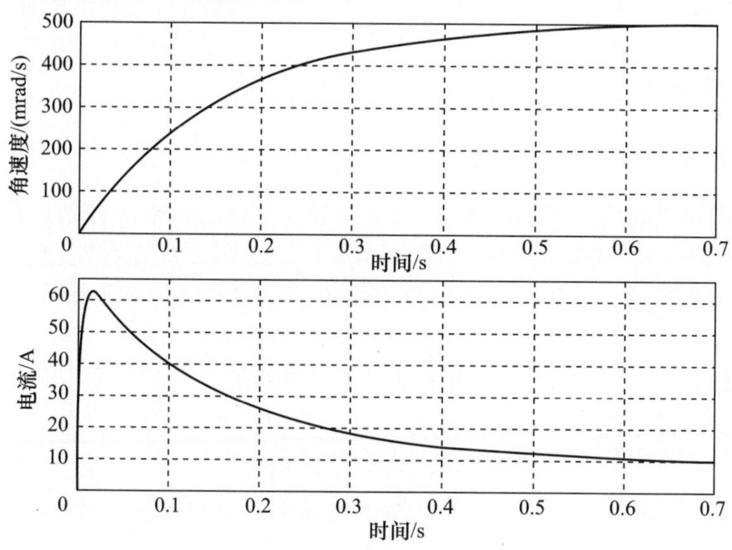

图 3.10　带负载电动机响应的仿真结果

反电动势对输入 v 的变化的闭环响应为

$$E_b(s) = Q_b(s)V(s)$$

$$Q_b(s) = L_b(s)/[1 + L_b(s)] = K_b/D(s)$$

$$D(s) = K_b + 1 + s(T_f + T_s) + s^2(T_f T_s)$$

角速度的闭环响应为

$$H_w(s) = W(s)/V(s) = (1/K)Q_b(s) = (K_b/K)/D(s)$$

电流的闭环响应为

$$H_i(s) = I(s)/V(s) = (1/K)H_w(s)/H_f(s) = K_i(1 + sT_f)/D(s)$$

$$K_i = K_b F/K^2 = 1/R$$

据此可以找到描述 $w(t)$ 和 $i(t)$ 瞬态特性的解析函数。这个分析有点费劲，因此我们止步于上述瞬态特性给出定性解释。考虑电流 i 在开始 10ms 内上升。因为电动机转速很低，所以电流的瞬态可以近似为图 3.4。再考虑电流随后的下降情况。转子转速 w 呈指数增长，产生反向电动势 e_b 来抗衡驱动电压，因此定子电流几乎呈指数级下降。由于我们不能估算时间常数，无法对仿真结果进行交叉校验。在确定定子电流的频率响应之后，我们再讨论这个问题，并进一步进行交叉校验。

至此，已经建立了电动机及其负载的仿真模型，还通过一定步骤解释了系统内部的交互作用。在反电动势尚未相抗衡驱动电压的起初阶段，驱动电压使电动机增大转速。电流有一个快速上升过程，从而产生加速负载所需的转矩。系统稳定在一个恒定的速度，这时的时间常数由负载惯量和电动机参数决定。系统以稳态速度运行时，电流也将保持在一个稳定值，以克服系统中的摩擦。需要注意的是，电动机旋转时，电流在定子绕组之间切换。

3.6.1 部分验证

可以通过进行无定子电阻 R、无负载摩擦 F 的试验，来部分验证仿真模型。如果施加 10V 的阶跃输入电压 v，可以得到图 3.11 所示的振荡响应。然后可根据下述的分析进行交叉校验。此时反电动势回路的开环传递函数减少至：

$$L_b(s) = K^2/(s^2 LJ)$$

对于输入电压 v 的变化，反电动势的闭环响应则为

$$Q_b(s) = L_b(s)/(1 + L_b(s)) = \Omega^2/(s^2 + \Omega^2)$$

$$\Omega^2 = K^2/(LJ)$$

检验仿真生成的频率，可以验证所获增益的正确性。电流振荡响应对应的正弦函数为

$$i(t) = I\sin(\Omega\tau)$$

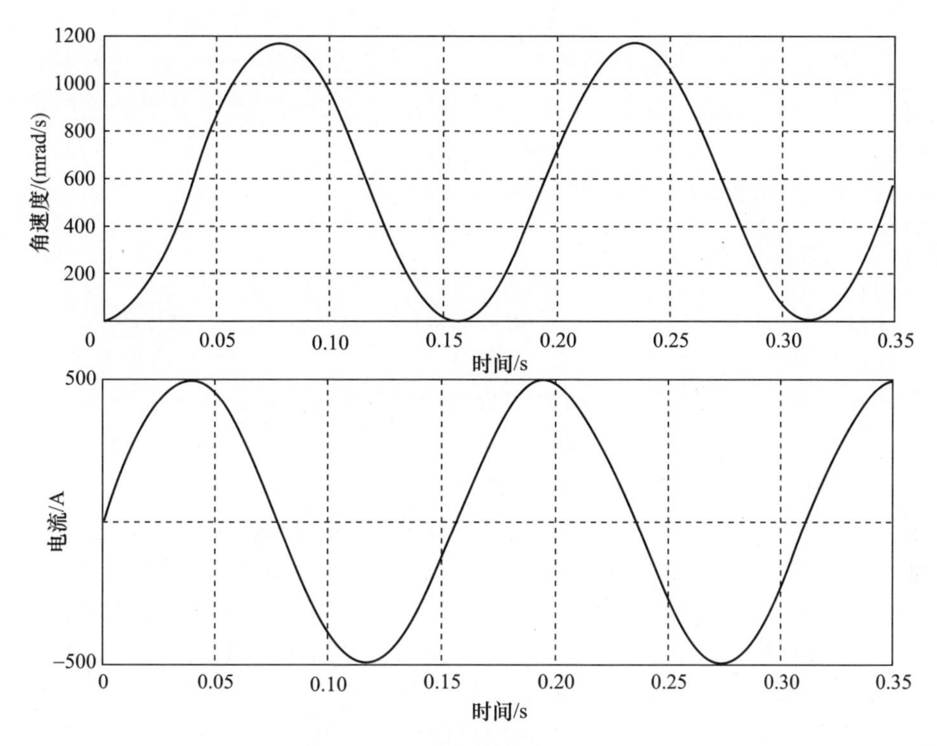

图 3.11 无摩擦和低定子电阻

该函数的二阶导数为

$$d^2i/dt^2 = -\Omega^2 I\sin(\Omega\tau) = -\Omega^2 i(t)$$

进行拉普拉斯变换，得如下代数方程：

$$s^2 I(s) = -\Omega^2 I(s)$$

该方程与传递函数 $Q_b(s)$ 在频率 Ω 处的虚极点相对应。

可以通过逐渐增加定子电阻来验证从持续振荡转变到图 3.10 所示瞬态的过程，同时检验这个过程对电动机的阶跃响应的影响。阻滞振荡的电阻非常小时，电流函数有如下形式：

$$i(t) = I\exp(-\Sigma t)\sin(\Omega t)$$

对该函数求导可得

$$di/dt = I\exp(-\Sigma t)(\Omega\cos(\Omega\tau) - \Sigma\sin(\Omega t))$$

$$d^2i/dt^2 = -I\exp(-\Sigma t)(\Omega^2\sin(\Omega t) + 2\Sigma\Omega\cos(\Omega t) - \Sigma^2\cos(\Omega t))$$

因此

$$d^2i/dt^2 + 2\cdot\Sigma\cdot di/dt + (\Sigma^2 + \Omega^2)\cdot i = 0$$

对这个微分方程进行拉普拉斯变换，可以得到一个具有复数根的多项式：

$$D_b(s)=s^2+2\cdot\Sigma\cdot s+\Sigma^2+\Omega^2$$

如果电阻增加至其标称值的25%，则振荡消失；若增加至100%，瞬态几乎与图3.10完全相同。这表明摩擦对电动机的响应影响很小。这里必须向读者说明，上述过程是驱动单元对定子施加了指令电压的情况。后文将会看到，当给电动机施加电流控制回路时，情况会大不相同。

3.6.2 配置管理

随着项目不断推进，系统不可避免地会发生变化。在一个有序发展的项目中，我们期望发生的改变是数量性的而非结构性的。本章给出的框图属于Simulink文件，其中参数（如电动机常数 K）代表 MATLAB 工作区的变量。我们可以在 MATLAB 的 M 文件中定义数值数据。例如，参数 K 可以通过以下指令进行数值定义：

$K=17.5$;（% V/（rad/s））, N · m/A；电动机常数（加载时）

同时，我们还可以通过函数（回调函数）进行 Simulink 模型编程并执行这些 M 文件，以便在进行仿真之前给出变量。这些在 MATLAB 用户文件中描述。在项目推进过程中，可以给同一 Simulink 模型赋予不同的数值数据。可以利用 M 文件中的注释来跟踪其头部的版本号，还可以标注设计变更的原因，等等。仿真模型建立后，可以将其封装在库文件中以便将来使用。

可以用这些文件来试验控制参数，研究被控制装置的参数变化的灵敏度。可以用 MATLAB 中的“ureal()”函数设定标称值在一定范围变化的参数。将这些参数导入 Simulink 的 Uncertain State Space 模块，然后运行模型，可以显示该被控装置的变化对控制系统的影响。对于具有不同需求的读者而言，可以在这些方法中选取最合适的方法。

第8章将介绍用于控制器编程和构建控制器硬件的研发环境。这种软件还可以使用配置管理下保存的参数文件。

3.7 频率响应计算

假设图3.3给出的定子的 Simulink 模型保存在名称为“Sim.mdl”的文件中，附录A第A.5节将阐述如何通过下述 MATLAB 函数寻找系统状态方程的系数：

[A, B, C, D] = linmod（‘Sim’）

附录A.6.1节将阐述如何通过下述 MATLAB 函数寻找描述系统的传递函数的系数：

[Num, Den] = *ss2tf*(A, B, C, D)

定子模型将给出以下形式的结果：

$$\mathrm{Num}=[\mathrm{n}_0]$$

$$\mathrm{Den}=[\mathrm{d}_1,\mathrm{d}_0]$$

其中

$$H_s(s)=n_0/(d_1 s+d_0)=I(s)/U(s)$$

在3.4.1节中已经导出了该传递函数的解析形式：

$$H_s(s)=(1/R)/(1+sT_s)$$

可以通过验证下列等式，对结果进行交叉校验：

$$d_o/n_0=R$$

$$d_1/d_0=T_s=L/R$$

附录A.6节将阐述如何用MATLAB函数绘制系统频率响应的波特图①。图3.12为图3.3给出的定子模型的波特图。该图是定子被锁定在静止状态时的定子电流$i(t)$对驱动电压$v(t)$的响应。可以由传递函数$H_s(s)$计算频率响应，来交叉校验图3.12。

附录A第A.1节将阐述如何使用频率检测仪来测取实际装置的响应。假设图3.12是在硬件上进行这种试验而绘制的，则可以在相位滞后45°左右的位置寻找频率Ω_s，以此推断系统时间常数T_s，T_s为$1/\Omega_s$。我们还可以绘制增益曲线的切线来确定T_s，因为它们应在频率Ω_s处相交。

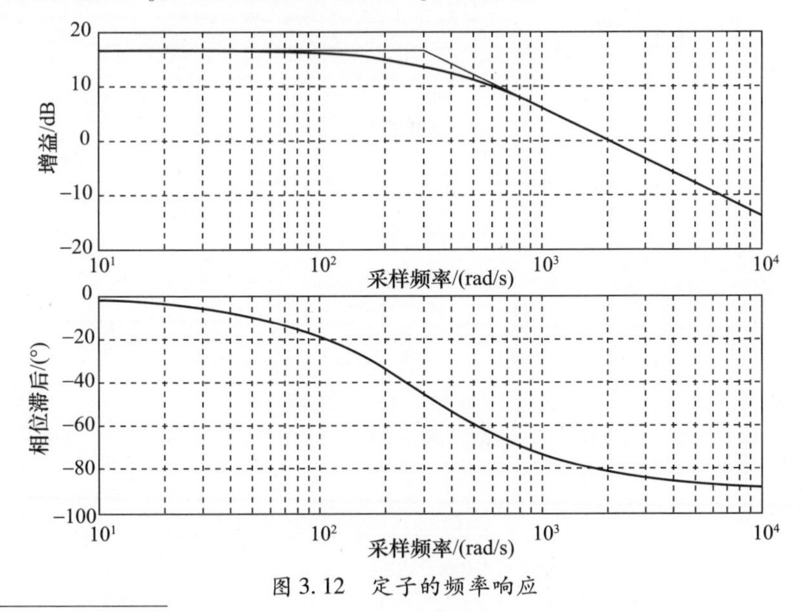

图3.12　定子的频率响应

① 本书将用波特图阐述设计。波特图的优点在附录A第A.6节讨论。

3.7.1 定子电流的频率响应

如果想给电动机设计一个电流反馈回路，则需要知道电动机转动而产生反电动势时定子电流 $i(t)$ 对驱动电压 $v(t)$ 的频率响应。图 3.13 是图 3.9 给出的模型的波特图。这个图也是用附录 A 第 A.5 节和 A.6 节介绍的程序绘制的。其传递函数具有以下形式：

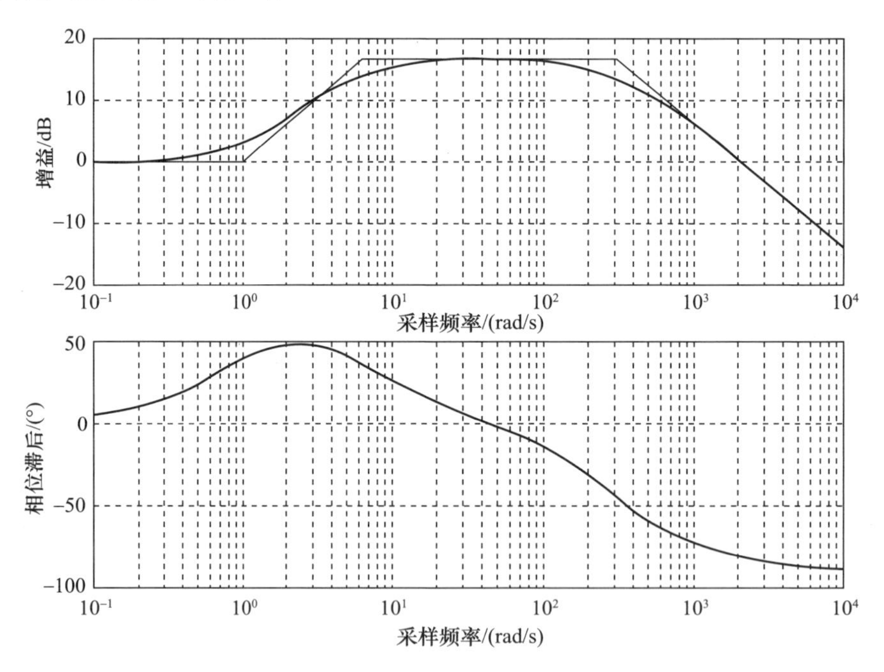

图 3.13 定子电流的频率响应

$$\text{Num} = [n_1, n_0]$$
$$\text{Den} = [d_2, d_1, d_0]$$

其中

$$H_i(s) = (n_1 s + n_0)/(d_2 s^2 + d_1 s + d_0)$$

可以使用 MATLAB 函数进行分母的因式分解：

$$R = \text{roots}(\text{Den})$$

得到

$$R = [r_1, r_2]$$
$$H_i(s) = (1/d_2)(n_1 s + n_0)/[(s - r_1)(s - r_2)]$$

在 3.6 节中已导出这个传递函数的如下解析形式，可以用来进行交叉校验：

$$H_i(s) = (1/R)(1 + sT_f)/D(s)$$

$$D(s)=K_b+1+s(T_f+T_s)+s^2(T_fT_s)$$

我们假设图 3.13 是根据实际装置的试验结果绘制的。可以绘制增益曲线的四条切线，斜率分别为 0dB/10、20dB/10、0dB/10、-20dB/10。

它们相交于三个频率：

$$\Omega_1<\Omega_2<\Omega_3$$

据此，电流的传递函数可以写成如下形式：

$$I(s)/V(s)=K(s+\Omega_1)/(s+\Omega_2)(s+\Omega_3)$$

式中：K 可以根据低频增益计算，该低频增益大致为 0dB(1A/V)。

图 3.13 部分解释了为什么图 3.10 中所示的电流开始时陡增，然后随反电动势的建立而回落。电流初始峰值对应于频率 Ω_2 和 Ω_3 之间的高增益区，而缓慢回落对应于低于频率 Ω_1 的低增益区。

3.7.2 控制回路

后文将讨论给被仿真装置添加控制回路。控制器将被作为子系统来仿真，并在集成到更大仿真系统前进行单独试验。我们将用仿真模型作为试验装置来评估控制系统的性能。我们将在频域设计控制器以减少试错的次数。被控制装置的频率响应可以用附录 A 第 A.1 节所阐述的试验系统获得，而仿真模型可以用 A.6 节给出的方法进行计算。设计这种类型的控制回路时，我们将参考其开环响应的波特图来设计这种控制回路，因为这能使我们观察回路的相位裕量（或其增益裕量）。由此，我们开发了一种采用直观的控制回路来满足我们需要的方法。

需要注意的是，这个过程未必总是给出正确的结果！

3.8 讨论

在还没有硬件系统可用之前，计算机仿真模型是一种非常有价值的系统样机设计与试验工具。可以用它形成最终获取研发合同的方案标书。

我们通过下述三个步骤建立了电动机驱动装置的仿真模型：①确定支配其运动的物理效应；②用微分方程表述物理效应；③在计算机上运行微分方程。前两个步骤是自上而下的过程，在这个过程中先对整个装置形成基本的了解，然后将整个装置分解，建立起分量方程。第三步是自下而上的过程，在这个过程中，先对各个组成部分进行仿真试验，然后将它们集成为一个完整的装置。虽然是针对一个特定装置进行的分析，但是对其他应用，原理是相同的。

本书通过研究特定装置的控制器来说明控制器设计和研发的一般原则。稍后使用仿真模型来评估控制器的性能。必须认识到，这种评估是针对标称对象的。对设计方案的全面验证需要研究确认系统对装置每个参数变化的敏感性。对设计方案的敏感性的全面研究是一项艰巨任务。一种方法是蒙特卡罗方法，其中参数随机变化，经过大量运行难以获得统计数据。即使这样，结果也可能是错误的，因为装置不同参数的变化可能不是相互独立的。例如，定子绕组的电阻会随着温度的升高而增加，而轴承润滑剂的黏度随温度增加而降低。最有效的敏感性研究在很大程度上依赖于经验和常识。我们未必指望系统性能在“寿命末期最坏情况下”仍处于规格范围内，但若此时仍能运行则表明其性能依旧正常。

设计计算在很大程度上依赖频率响应图，后者也是依据标称参数值绘制的。第6章的6.5.1节给出一个例子，说明装置对其两个参数变化的敏感性。

读者可以通过用装置标称参数建立装置模型来学习如何处理公差。在此基础上设计一个控制器，然后让装置的参数在公差范围内变化，进行仿真。在仿真过程中绘制响应的敏感性图，以决定使设计被接收所需要的验证工作。

本书描述的研发项目包括硬件调试的工程阶段。这个阶段更多的是依靠仿真而非硬件实际试验。由于项目的各个阶段都常用到仿真模型，这种做法并非不现实。首先，较之项目的硬件，仿真模型建立所需的费用与时间通常要少，能在装置建造之前加以研发。可以在仿真模型上进行“假设”研究，了解不同选项与潜在风险。利用仿真可以试验极限运行条件（有可能损坏硬件的条件）下装置的性能，从而降低装置调试的风险。

对于仿真结果应保持怀疑态度，需尽可能通过硬件试验来验证。调试装置时必须小心谨慎，因为建模误差可能会导致装置动态特性出现偏差，从而影响控制系统的成败。对装置内部的物理效应越了解，越可以将仿真模型作为样机研制和试验的工具。如果一个装置的物理特性不能简化为常微分方程，则很难对它进行仿真。如果没有充分理解装置的物理特性，则建模会存在问题。建模的误差可能会恶化控制器设计的问题。要谨记这样一句话：

适用于现实的数学法则是不确定的，当它确定时则不适用于现实。

——阿尔伯特·爱因斯坦

3.9 练习

1. 开始一个仿真项目：

（1）考虑模拟电动机旋转的微分方程。

在3.2.1节中给出的范围内选择系数的标称值。

给电动机施加 10V 的驱动电压,则生成的稳态速度、电流、转矩分别是多少?

当系数在 3. 2. 1 节给出的范围内变化时,请计算速度偏差。

找出上述公差范围的速度极值。

(2) 用本章介绍的方法建立一个电动机仿真模型。仿真模型在形式上应如图 3. 9、图 3. 3、图 3. 8 所示,且最好在单独文件中定义模型的数值。在 3. 2. 1 节给出的范围内选择标称值。

计算 10V 阶跃电压输入的响应,并校验(1)中得到的稳态速度、电流、转矩。

(3) 进行参数敏感性研究。参数在 3. 2. 1 节给出的公差范围内变化。

请思考,是否有办法减少这项工作的工作量?

(4) 计算定子电流对输入电压的频率响应。进行参数敏感性研究。参数在 3. 2. 1 节中给出的公差范围内变化。

(5) 根据频率响应图计算电动机参数。

2. 考虑你知道的任何直流电动机驱动装置(不一定是无刷永磁电动机)。

你能为它的微分方程填入数值吗?

你所填数值的公差是多少?

用你选择的输入电压重复上述计算。

3. 你是否在使用引起控制中时间严重滞后的传感器?

你可以用微分方程或其他方法对传感器建模吗?

4. 如果你正在使用一个驱动系统,你是否可以对其进行实际试验来估算摩擦? 你是否能通过物理方法确定游隙? 你是否能感觉到游隙?

轴承制造商是否给出摩擦值?

参 考 文 献

de Stephano J. J. , Ⅲ, A. R. Stubberud, and I. J. Williams, *Feedback and Control Systems* (Schaum's Outlines series), New York: McGraw - Hill, 1967.

Franklin, G. F. , D. M. Powell, and A. Emami - Naeini, *Feedback Control of Dynamic Systems*, Reading, MA: Addison - Wesley, 1991.

Rogers, A. E. , and T. W. Connoly, *Analog Computation in Engineering Design*, New York: Mc - Graw - Hill, 1960.

第4章　项目定义阶段

获得合同后,可以开始定义研发项目。我们将主要关注装置的控制系统,装置由一台电动机和其驱动机械负载组成。这要用到第3章提出的仿真模型。负载安装在车上,当车辆在起伏不平的地势上行驶时,会出现加速和俯仰运动。我们计划设计一个控制系统,当车辆运动受到加速和俯仰扰动时,能将负载稳定到规定的精度范围内。本章阐述的过程能够比较恰当地代表项目的初始阶段,这个阶段几乎没有硬件可用,设计师必须依靠仿真来代替实际装置。我们将定义控制要求和运行环境,还要关注硬件的选择,并进行一些控制系统设计工作。项目在此阶段和下阶段要完成设计工作的技术内容通常有很大的重复。4.1.3节解释了如何区分本章与第5章的工作。

从事这类项目的控制工程师要有大视野,他们需要将一个复杂系统的各个部分集成在一起,并使系统符合众多准则从而正常运行。在这个阶段,控制工程师作为项目团队成员,应该已经参与到项目研发中,与团队一起权衡产品的性能和约束条件。如果这个阶段出现差错,就可能导致代价很高的后续补救工作。

4.1　起始工作

这可能是项目最模糊和最复杂的工作。如果一开始就弄错了,那所有的后续工作可能都是浪费。这个过程的起点是考虑控制要求及其背后的原因,然后关注装置的运行环境及其可能引起的问题。在开始设计控制器前,还要考虑控制选项、执行器和传感器。

4.1.1　控制要求

控制要求必须按照研发合同给出的规定值进行量化。量化值可以通过多种方式确定,其中一种方法是分析控制误差对系统整体性能的影响。这种分析通常涉及系统各组成部分的设计目标之间的权衡。还须牢记,性能要求可能是在项目早期设定的,而此时尚未验证系统许多组成部分的性能。下面例子的一个用途是说明因系统组成部分性能尚未确定而导致控制要求复杂化的原因。

考虑天文望远镜的稳定性。由于大气扰动，地面望远镜的角分辨率被大约限制在2.5μrad。我们可以规定太空望远镜的分辨率是地面望远镜的10倍。这种望远镜配备图像传感器，图像传感器需要从天体（或恒星）接收一定量的辐射能量，才能在背景噪声中探测到天体。图片的曝光时间必须足够长，才能接收到足够的辐射能量。虽然可以利用多次曝光进行后期处理来提高图像质量，但是仍然存在一个最小曝光时间，使图像信噪比满足后期处理的基本要求。如果望远镜的光轴在曝光过程中发生移动，恒星的图像将在传感器上移动，导致图片模糊。因此，尽管有太空飞行器的运动，我们仍然需要一个稳定器来保持望远镜的静止。系统设计师必须在各种设计选项中进行权衡。比如，望远镜的主镜收集并聚焦来自恒星的辐射。增加主镜直径，可以在给定时间内收集更多的能量，但是有若干实际制约因素支配着最终选择，包括有效载荷质量、可用的制造设备和光学质量等因素。传感器的灵敏度决定了探测恒星需要收集多少辐射能量，但也需要通过权衡作出最终选择。现在回到稳定天文望远镜的问题。稳定器的性能受到诸多因素的限制，比如运动传感器的性能和太空环境中反作用轮轴承的特性。再如，图像处理的效能等其他因素也需纳入考虑范围。

飞机、船舶、车辆搭载的相机系统的设计也涉及类似的权衡折衷。它们的相机系统所需的光学分辨率可能比较低，但是运动的变化幅度也相对较大，因而它们的图像稳定器的设计有不同的难点。

现在考虑一个单脉冲跟踪雷达。设计师可能并不直接关注雷达图像的分辨率，而是关注来自单脉冲接收器的信号。可以比较接收的信号来确定回波的离轴角。系统设计师要求以足够的精度来测量这些信号以满足跟踪要求。

可能因为完全不同的原因得出关于控制要求的规定值。比如，客户可能会提出确定不变的要求。另外，营销团队也可能会提供规定值。这种规定值建立在新技术应用的基础上，为的是使自己的产品比市场上的同类产品“更好”。

考虑我们假想的研发项目的俯仰稳定要求。假设被控制装置操作者关注由负载扰动引起的角度偏差，控制器用来限制俯仰速度的偏差。这两个量通过它们的谱相互关联。这样，稳定性要求可以用以下形式表示：

$$\text{角度误差(rad)} < \theta_R$$

$$\text{角速度误差(rad/s)} < w_R$$

确定定量稳定性要求时，为了避免复杂计算，我们简单地假设速度的均方根精度被设定为优于0.5mrad/s。现在阐述可供参考的设计过程，但需要强调的是，应当在项目的方案研究阶段完成初步设计，通过初步设计得到满意的规定值。所有这些工作都应当在确定控制要求之前完成。实际上需要为规定值留下余量，因为如果不能达到规格会产生合同和财务问题。

4.1.2 运行环境

应对车辆进行试验以确定其基本运动，可以据此用测量轴承摩擦和其他影响因素初步计算值来估算扰动转矩。工程师必须储备用以估算控制系统抑制扰动的经验；不可预见影响可能会大幅降低系统性能，参见第6章。关于扰动与扰动抑制规格数值的进一步阐述见4.2节。

4.1.3 控制选项

项目团队要决定可满足要求的马达类型。气动机可能很快就会遭到质疑，因为它缺乏必要的固有刚度抗衡负载上的外部扰动。电动机要比液压装置更受欢迎，因为车辆上已有大量的供应其他设备的电源，同时供电线路发生损坏造成的危害比液压线路发生损坏造成的危害小。基于上述考虑，我们的第一选择为无刷电动机驱动。

图4.1所示的俯仰运动控制方案依据的是先前的设计。操作人员向控制系统发送外部速度指令 r，驱动负载按要求方向运动。控制器将这些指令与安装在负载上的陀螺仪测量的速度结果进行比较，陀螺仪同时还测量负载的惯性旋转速度 w。这样就在测量结果与指令之间形成了一个反馈回路，校正两者之间的误差。附录B第B.3节和B.4节讨论了反馈的一般原则。图4.1中还包含一个电流反馈回路，这在无刷电动机驱动装置中很常见。同时还有一个测量车辆俯仰度的前馈陀螺仪。我们将在电动机驱动单元中利用反馈信息来产生转矩，以平衡车辆俯仰引起的扰动。通过这种方式，可以抵消电动机自身引起的会使被控制装置偏离其期望的俯仰角的力矩。电流反馈回路同样也可以抵消电动机自身引起的转矩。

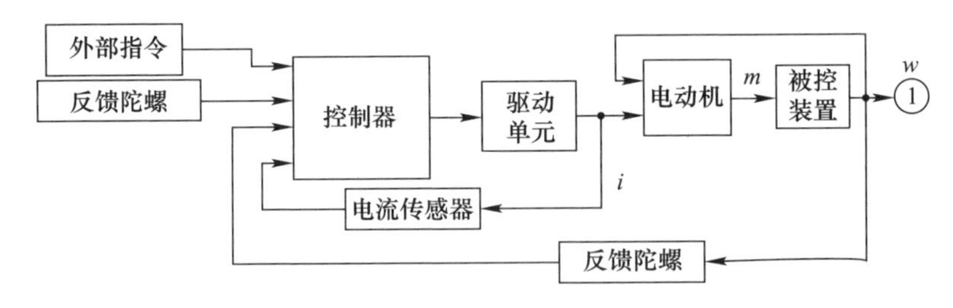

图4.1 电动机驱动装置配置

我们十分确信需要负载上的速度陀螺仪的反馈信息，用它来抵消由质量不平衡、摩擦等因素引起的负载扰动，但并不十分确信需要在车辆上安装前馈陀螺仪，因为已经有了电流反馈回路。所以，我们应该在项目定义阶段详细研究前馈系统的性能,以便决定是否需要这个前馈陀螺仪。在 4.3 节我们会详细讨论这个问题。

第 5 章将专门阐述反馈回路的设计。前馈系统的研究可能涉及反馈回路的设计,它们之间存在大量交互。本书为了简化阐述分先后研究它们。

4.1.4 电动机选择

除了跟踪精度,电动机驱动还要在合理的时间内将负载转动到指定的位置。项目合同中将对该要求进行量化和规定。我们将考虑为以下形式的转动要求:

$$角速度(\mathrm{rad/s}) > W_{\mathrm{R}}$$

$$加速度(\mathrm{rad/s^2}) > (\mathrm{d}w/\mathrm{d}t)_{\mathrm{R}}$$

电动机驱动装置将会产生足够的转矩来满足加速度要求。

这个转矩还要用来克服负载转矩。

由于负载存在静摩擦,若初始状态为静停,则需要电动机产生更大的转矩。

满足加速要求的转矩(N·m) $= M_{\mathrm{A}}$

负载摩擦转矩(N·m) $= M_{\mathrm{F}}$

负载其他所有不平衡转矩(N·m) $= M_{\mathrm{U}}$

参见第 3 章的图 3.2,可以推导出以下稳态关系。

假设电动机驱动装置处于静停状态,因而反电动势为零。输入电压 v 后产生以下稳态电流:

$$i_{\mathrm{s}} = v/R$$

式中:R 为定子电阻。

这样,电动机驱动装置在负载上产生的稳态转矩为

$$m_{\mathrm{s}} = Ki_{\mathrm{s}} = Kv/R = 驱动装置的制动转矩$$

$$K = 电动机驱动装置常数(\mathrm{V/(rad/s)}),(\mathrm{N\cdot m/A})$$

现在假设电动机驱动装置为空载,摩擦转矩为零。这样,当它运行到稳态速度时,电动机的反电动势 e_{b} 等于输入电压 v。稳态速度为

$$w_{\mathrm{o}} = v/K = 电动机空载转速$$

电动机驱动装置硬件约束着电压和电流,即限制了可达到的最大转矩和速度,如图 4.2 所示。

驱动单元对来自电流控制器的电压指令作出响应,但是施加到电动机上的电压 v 的大小受到电源电压 V 的客观限制。由此确定了驱动装置最终的限制条件为

最大可实现的制动转矩(N·m) $= KV/R = M_{\mathrm{s}}$

最大可实现的空载转矩(rad/s) $= V/K = W_{\mathrm{o}}$

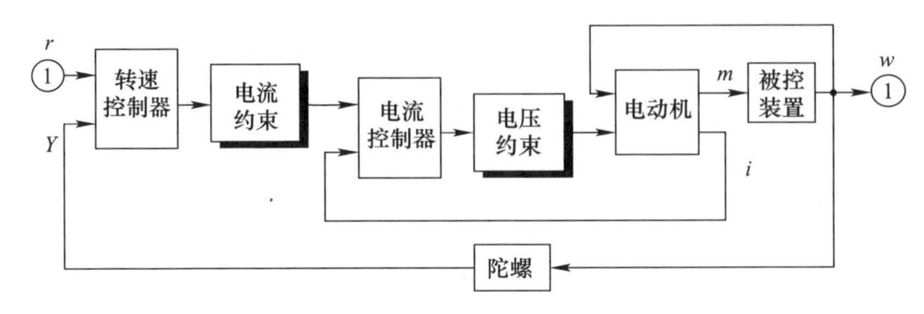

图 4.2　电动机驱动装置的限制条件

回到第 3 章的 3.2 节，电动机驱动装置常数 K 由所选择的电动机以及电动机和负载之间机械传动形式共同决定：

$$K = kN(\mathrm{V/(rad/s)}),(\mathrm{N \cdot m/A})$$

式中：k = 电动机常数(V/(rad/s)),(N · m/A)；N = 电动机和负载之间的传动比。

上述推导的假设是电动机引起负载角运动。需要注意的是，其他装置可能存在机械传动机构引起负载线性运动的情况。

选择好电动机后，还可以选择传动机构的传动比 N。增加 N 将增大可获得的转矩，但会降低可达到的速度。假设选择了一个标称传动比，则给定了电动机常数 K_{nominal}。可获得的最大转矩和可达到的最大速度分别为

$$M_s = K_{\mathrm{nominal}} V/R$$

$$W_o = V/K_{\mathrm{nominal}}$$

图 4.3 给出这个驱动装置定子上施加全电压 V 时的转矩－速度曲线。坐标轴已经相对于 M_s 和 W_o 进行了归一化处理。实直线是标称设计的转矩－速度曲线。推导过程如下：

在任意速度 w 下，反电动势为

$$e_b = K_{\mathrm{nominal}} w$$

在等式的右边乘以$(V/K_{\mathrm{nominal}})/W_o$，可得

$$e_b = V(w/W_o)$$

在给定的反电动势下，可产生转矩：

$$m = K_{\mathrm{nominal}} \cdot i = (K_{\mathrm{nominal}}/R)(V - e_b)$$

等式两边同除以 M_s，得

$$(m/M_s) = (V - e_b)/V$$

将 e_b代入上式，得出图 4.3 给出的实直线：

$$(m/M_s) = 1 - (w/W_o)$$

K_{nominal}所对应的转矩－速度曲线经过点$(w/W_o = 1/2, m/M_s = 1/2)$，该点处电动

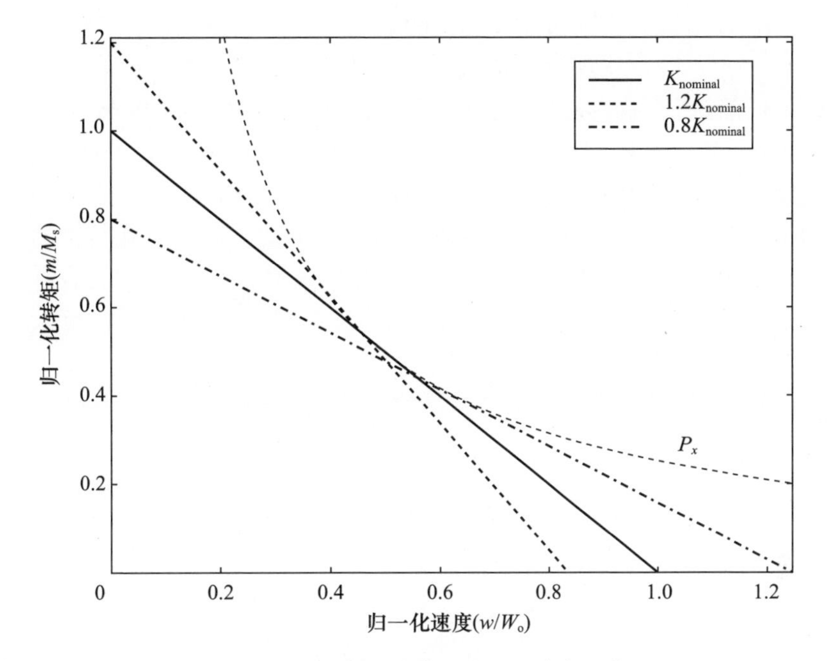

图 4.3 电动机驱动装置转矩－速度曲线

机功率为

$$P_x = W_o M_s / 4$$

可以在图 4.3 中画出一条直角双曲线表示恒定电动机功率(P_x):

$$m \cdot w = P_x (\mathrm{W})$$

该曲线与 $K_{nominal}$ 的转矩－速度曲线相切。

现在来研究传动比 N 变化带来的影响。如果给 N 乘以一个因子 1.2,可获得的最大制动转矩将乘以 1.2,电动机驱动装置常数也将增加至 $K_{nominal}$ 的 1.2 倍。可达到的最大空载转速将减少至原来的 1/1.2。这种情况下的转矩－速度曲线为图 4.3 中的虚线。因为我们使用的是相同的电动机,所以该虚线也与电动机恒定功率曲线 P_x 相切。

如果我们将 N 按乘以 0.8 减少,可获得的最大制动转矩将乘以 0.8,电动机驱动常数也将减少至 $K_{nominal}$ 的 80% 。可达到的最大空载转速将增加至原来的 1/0.8。这种情况下的转矩－速度曲线为图 4.3 中的点划线。同样的,因为使用相同电动机,该曲线也与电动机恒定功率曲线 P_x 相切。

除了施加到电动机上的电压 v 有客观限制条件,通常还会限制流经定子绕组的持续电流。这是为了避免过热可能对电动机造成的损害。回到图 4.2,可以看到指令中有一个由速度控制器向电流控制器施加的限制指令。将指令限制

值设定为 I_L,就可以约束通过定子绕组的电流。由此进一步限制了驱动值：

$$转矩作用限值[N \cdot m] = KI_L = M_L$$

图4.4给出一个标称转矩-速度曲线的例子,并以虚线标出典型负载需求。负载转矩 M_U、M_F、和 M_A已由前文定义,这里假设它们不随速度变化。在这个例子中,电动机在低转速时要提供足够大的转矩。图中的小方块代表典型转矩,它是以先前定义的恒定速度 W_R转动所需的转矩。驱动装置的空载转速超过 W_R。我们假设实施电流限制,使转矩 M_L大于 $M_A + M_F + M_U$。这种情况符合静停状态时的加速度要求和急转要求 W_R。但是,当速度超过 W_o 的60%时,负载的加速度将会降低。

这个例子说明选择合适的电动机需要进行合理的设计考虑。

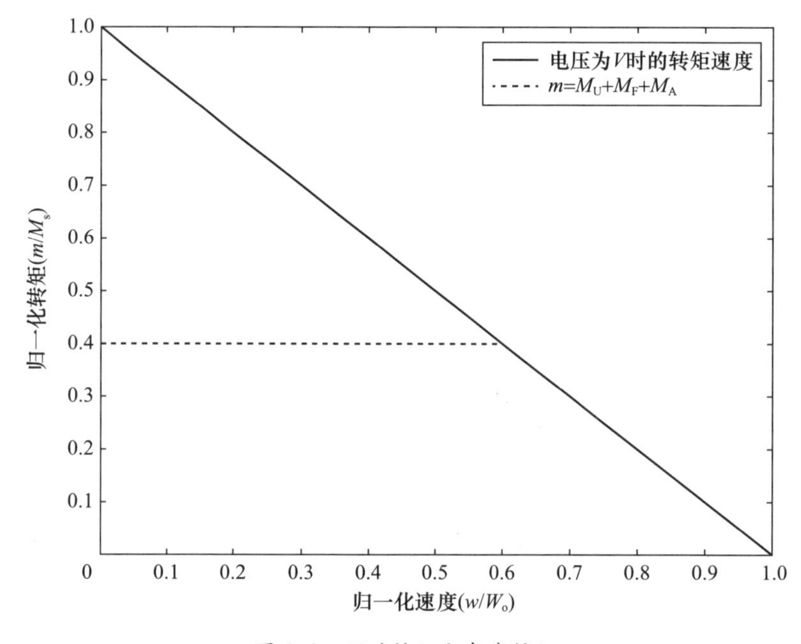

图4.4 驱动转矩和负载转矩

4.2 负载扰动

系统性能可以通过在典型地形上驾驶车辆来进行试验。图4.5记录了车辆在典型地形上行驶时的俯仰速度 $w_v(t)$变化。可以用改图数据来驱动运动模拟器,这样就可以在实验室条件下进行系统试验,总体控制性能可以用均方根误差或统计方差表示。

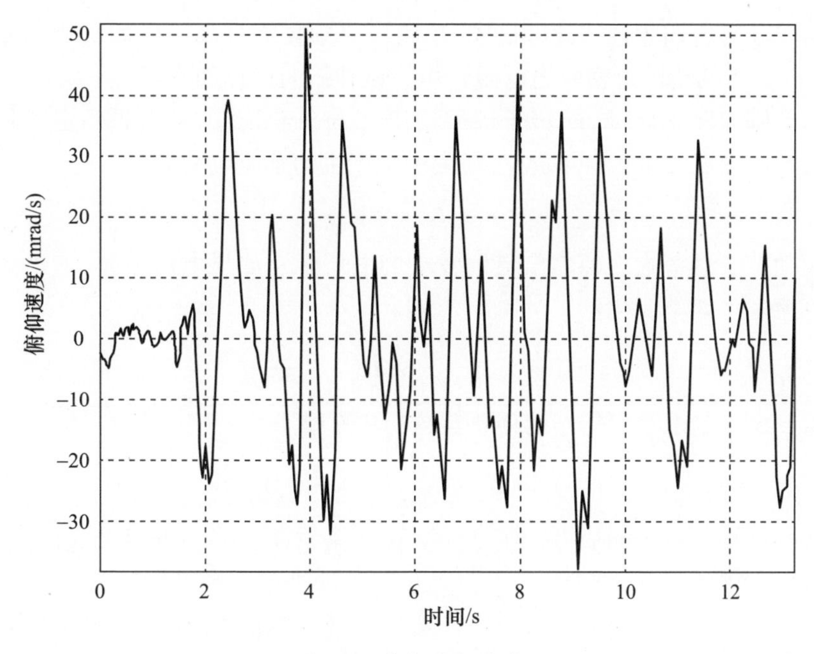

图 4.5　车辆俯仰速度

图 4.6 为俯仰速度信号的频谱。可以看到，大部分能量都聚集在 1.3Hz(8rad/s)左右的频带内。附录 A 第 A.4 节对此进行了一些讨论。

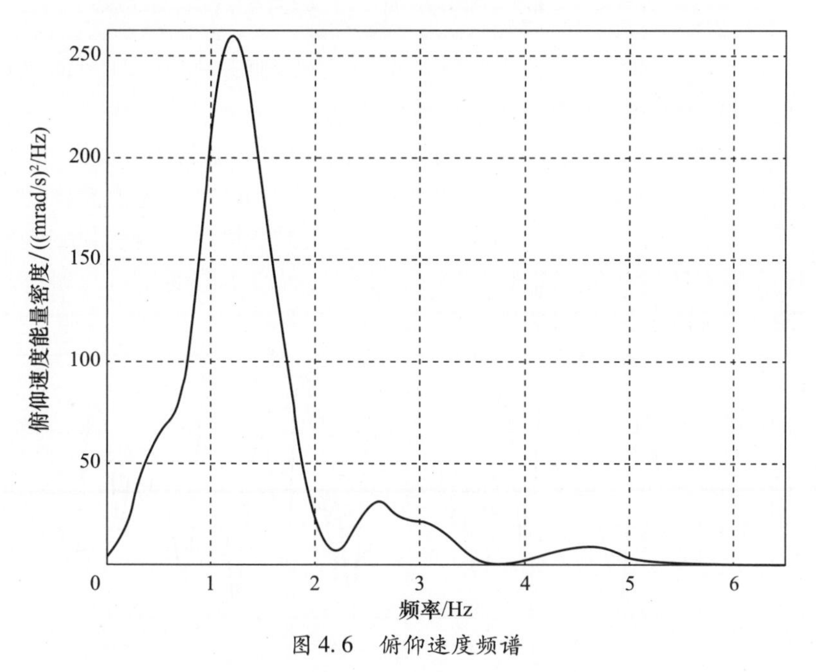

图 4.6　俯仰速度频谱

由于项目后期才进行硬件试验，现阶段必须依靠计算。比如车辆的俯仰运动 $w_v(t)$ 会在电动机内感应出电磁转矩。该转矩的计算如下：

定子随着车辆转动，而转子按传动比 N 与负载连接，可以看到定子相对于转子的转动速度为 $N\cdot(w-w_v)$，在定子上产生的感应电动势为

$$e_b = K(w-w_v)$$

驱动电子设备为一种输出阻抗较小的电压源。如果电压恒定，电动势会使定子电流发生如下变化：

$$i = e_b/R$$

由此产生的电动机转矩将使负载落后于车辆：

$$m = Ki = (K^2/R)(w-w_v)$$

我们已经讨论了如何设计驱动装置使之满足转矩和速度要求；设计决定驱动装置常数 K 和定子电阻 R。这样，车辆俯仰运动引起的转矩扰动 m 就由先前的设计来确定了。使用3.4节给出的装置参数估算值，由负载扰动引起的电动机转矩在下述范围内：

$$K_{max}^2/R_{min} = 2900(\mathrm{N\cdot m/(rad/s)})$$

$$K_{min}^2/R_{max} = 1360(\mathrm{N\cdot m/(rad/s)})$$

负载扰动带来的影响远大于摩擦带来的影响。通过图3.9所示的电动机仿真可以得出电动机感应转矩对车辆俯仰的影响。

K^2/R 为 2000(N·m/(rad/s))时，电动机的感应电流 $i(t)$ 如图4.7所示。该图还给出了驱动装置无控制回路时负载被扰动量 $w(t)$。这个被扰动量是典型运行误差规格值的40倍。因此我们必须建立提高扰动抑制的控制策略。增加摩擦(F)后对车辆俯仰的影响如图3.8所示，所产生的变化可忽略不计。现阶段研究中我们将忽略这种影响。

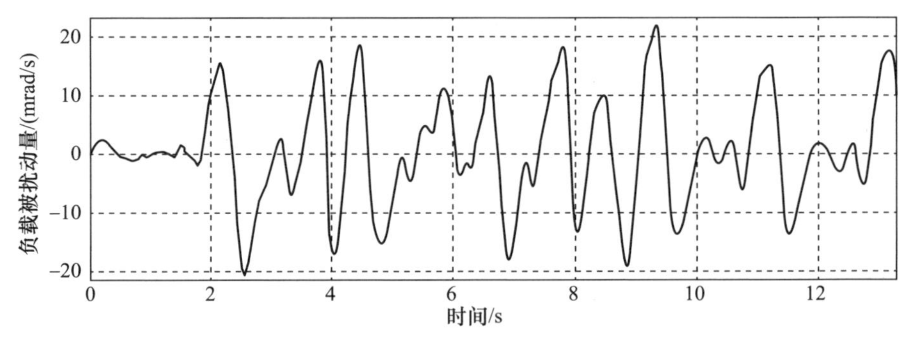

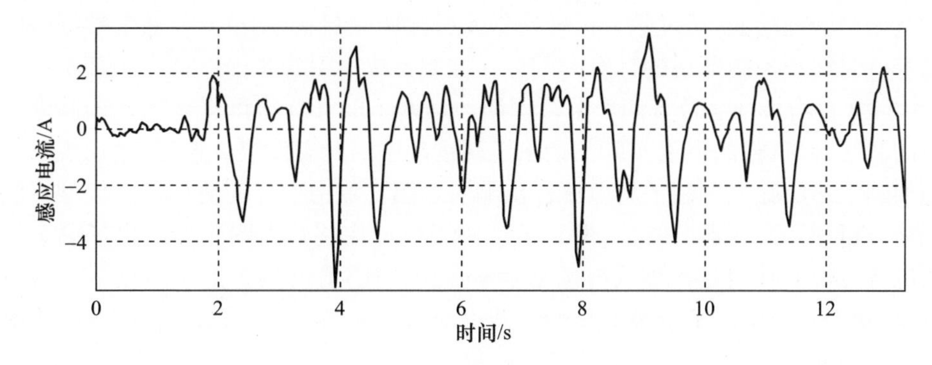

图 4.7 电流和俯仰速度的被扰动量

4.3 陀螺前馈

图 4.1 所示为前馈陀螺测量车辆的俯仰速度 $w_v(t)$。图 4.8 给出一个前馈方案，由零阶保持模块按时间间隔 T_s 以增益 K_{ff} 采样，然后反馈给定子一个延迟模块，该模块在定子上反馈电压 v''。

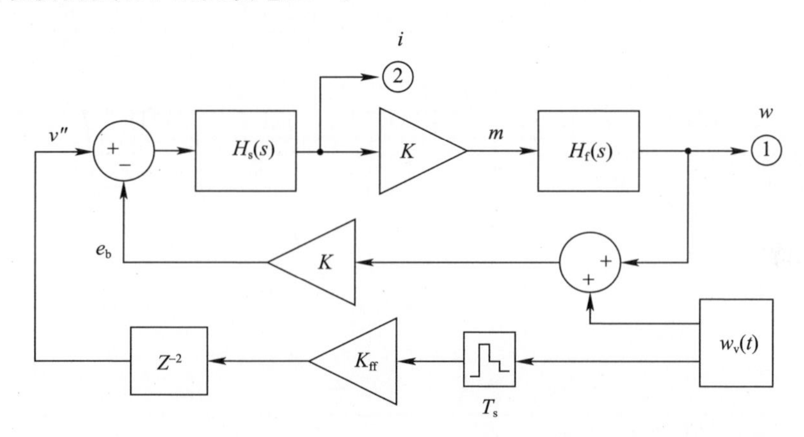

图 4.8 陀螺前馈

为了获得完美的补偿，需要准确抵消由车辆运动引起的反电动势 e_b：

$$v''(t) = K \cdot w_v(t) = e_b$$

为了给电动机的制造公差留下余量，我们模拟了增益 K_{ff} 和 K 之间 15% 的建模误差。同时还增加了陀螺仪信号的采样模块，采样周期 T_s 为 0.2ms。这模拟了作为数字控制器输入的模数转换器。驱动单元通过对固定直流电源 V 进行脉宽调制，向定子施加电压。数字控制器带有脉宽调制的算法，这个算法执行脉宽调制器的功能，通过数－模转换器发送脉冲，控制驱动单元。数字数据链中的等待时间和控制算法的计算时间会在控制系统中引起延迟。这个机理由模块 z^{-2} 模拟，它给指令 v'' 带来两个采样周期的延迟。定子电感将衰减脉宽调制电流中的波纹，而负载的惯量实际上消除了其运动中的所有波纹。这样，电动机只对施加到定子的脉宽调制平均电压作出响应。第3章中推导的简单仿真模型不能用来分析固态逆变器的特性，但它足以用于设计控制器。图4.9给出了剩余扰动电流 $i(t)$ 及其引起的负载被扰动量 $w(t)$。它的值仍然5倍于典型运行规格要求，我们已经忽略了摩擦对车辆俯仰运动的影响，还需寻求新的控制策略来改进对扰动的抑制。

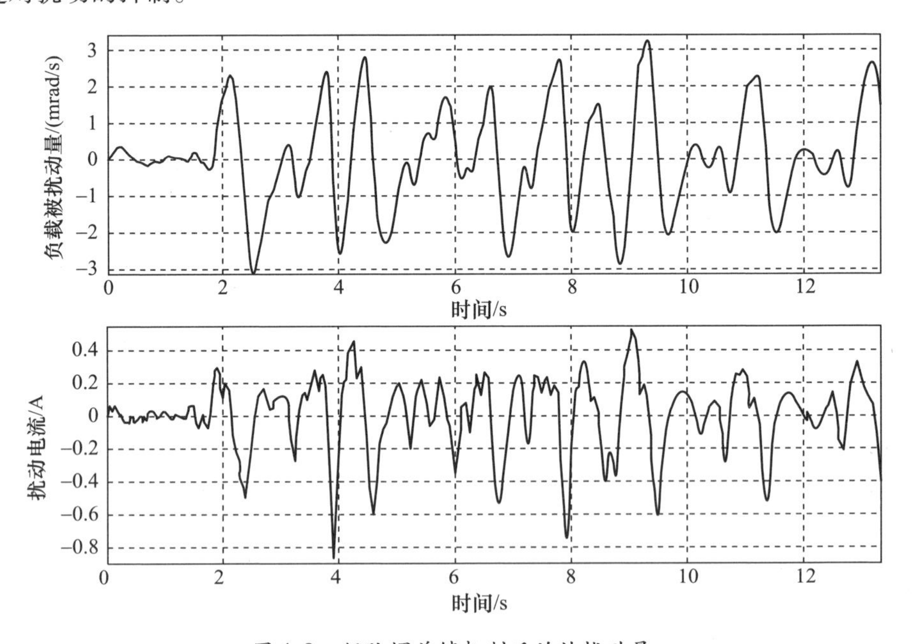

图4.9　经陀螺前馈抑制后的被扰动量

4.3.1　采样的不利影响

如果前馈陀螺信号的采样频率太低，会对控制系统产生不利影响。我们用图4.10所示的正弦信号 $x(t)$ 来说明这种不利影响。图中的正弦信号 $x(t)$ 由模数转换器以间隔 T_s 采样并存储在数字控制器的存储器中。采样值可以用离散时间级数来描述：

$$x_i = x(iT_s)$$

假设控制器将该信号发送给一个模数转换器，模数转换器周期性地在相同的时刻 iT_s 更新其输出，输出将为图4.10所示的连续阶越信号 $x\_(t)$。

图中还给出了 $x(t)$ 延迟 $T_s/2$ 的影响。如果忽略采样引起的波纹，会发现两个信号几乎是一样的。因此，可以认为 $x(t)$ 的采样级数近似于延迟 $T_s/2$ 后的 $x(t)$：

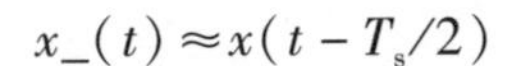

$$x\_(t) \approx x(t - T_s/2)$$

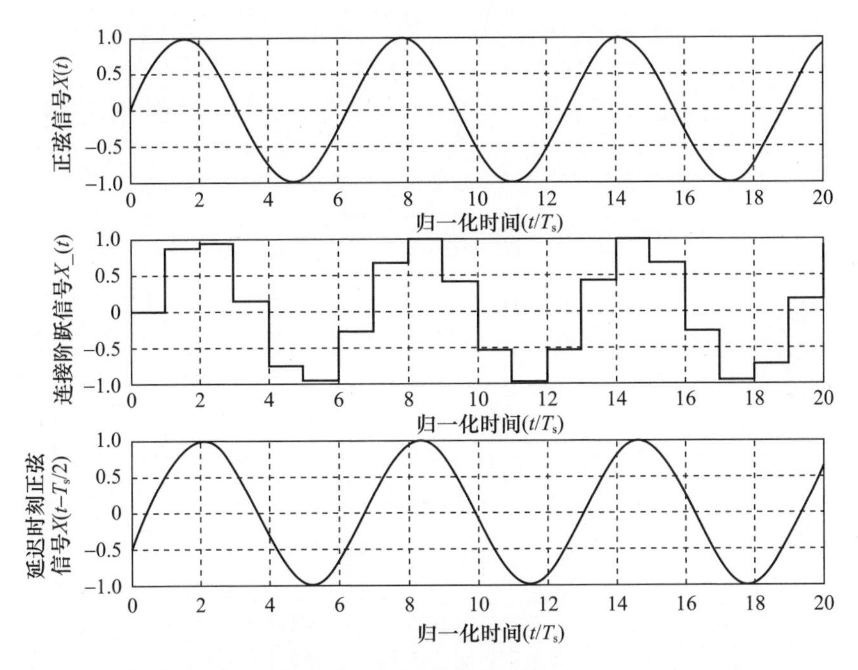

图 4.10　正弦信号采样时延

图 4.6 指出车辆的俯仰运动频率在 1.3Hz 左右，因此在一个周期内将进行数千次采样，采样延迟的影响就可忽略不计。

现在考虑图 4.11 中的正弦信号 $x(t)$，再次用模数转换器进行采样。因为这次信号的频率更高，仍以间隔 T_s 采样，在信号的 4 个周期内只采到 6 个样本，在此期间模数转换器的最终输出 $x\_(t)$ 仅经历了两个周期。如果采样率进一步降低，则 $x\_(t)$ 的频率会减慢得更多。

这种现象称为频率混叠。测量物理量的传感器通常会给测量值带来高频噪声。当以相对较低的频率采样这种噪声时，控制器观察到噪声频率降低。图 4.12表明，对采样得到的前馈陀螺仪高频率噪声输出 $w_v(t)$ 变成低频率噪声 $w\_(t)$。这就是数字控制器观察到的信号。频率混叠会加剧系统中的问题。在传感器的输出端加入模拟式抗混叠滤波器，可以避免频率混叠。通常应当明确规定数字系统要比控制回路的带宽快，并确保模数转换器的采样频率大于滤波器带宽的 5 倍。在这个阶段，陀螺仪噪声尚不清楚，所以设计师应在技术计划中设定一个测量程序。

我们选择了相对较高的采样频率（$T_s=200\mu s$）来避免此类不利影响。

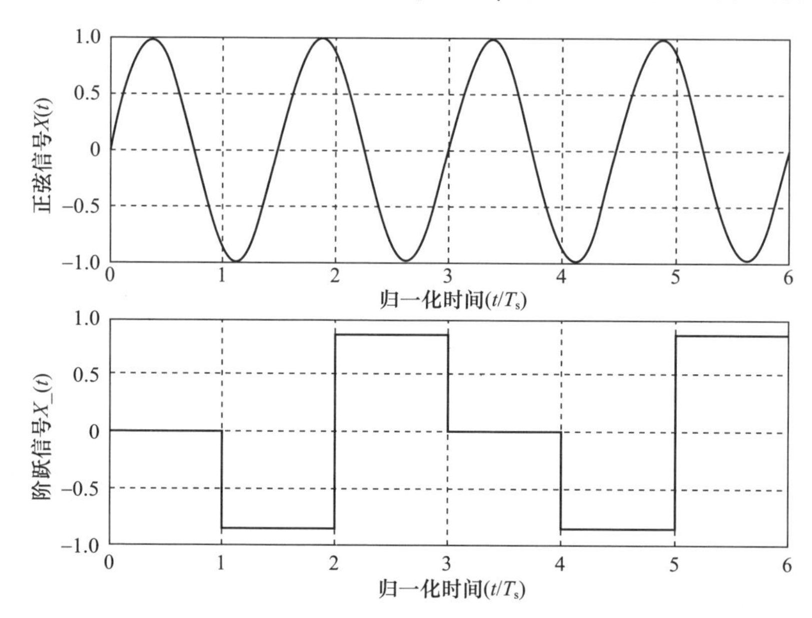

图 4.11　正弦信号高频采样

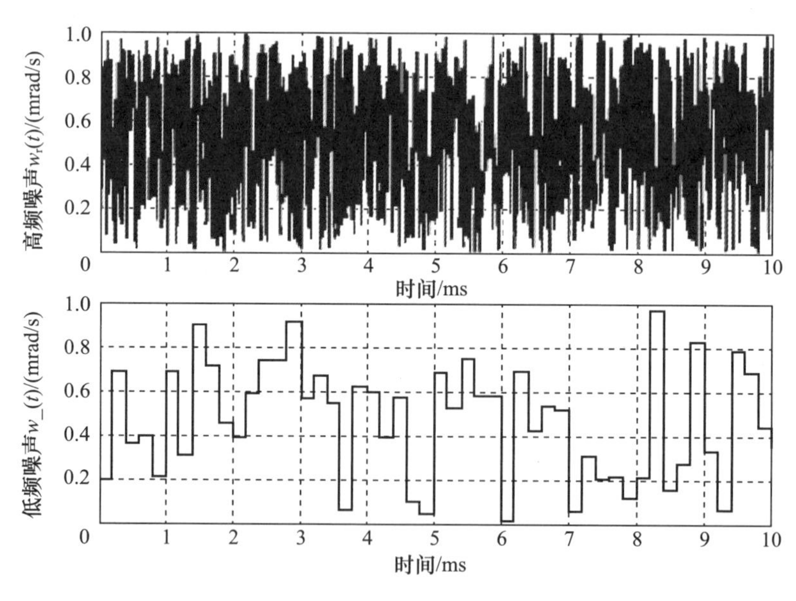

图 4.12　陀螺噪声采样

4.4 讨论

关于项目定义的研究，我们从几个不同角度考虑了系统。除量化了性能要求和运行扰动外，还规定了伺服电动机并设计了电动机与负载之间的变速箱与传动机构。前文已详细考虑了伺服电动机技术，传感器技术和控制电子技术也必须同样加以考虑。控制系统的各个组成部分都对性能有直接影响，它们都是设计不可分割的部分。

我们分析了由车辆俯仰产生的电动机感应电流引起的扰动，考察了通过设计速度前馈来减少这种影响，并表明，通过减少对定子电流的感应扰动可以抑制由车辆俯仰引起的对负载的扰动。由此请思考：增加抑制感应电动势效应的电流反馈回路是能否进一步改进系统。控制器的采样周期 T_s 会对回路的性能产生重大影响。下一章我们将考虑电流反馈回路设计，这项工作贯穿于整个项目设计阶段。在实际项目中，随着系统的细化，要进行大量的迭代，工作分配将不那么泾渭分明。

4.5 练习

1. 继续进行 3.9 节第 1 题的仿真项目练习：

（1）为电动机模型施加如下扰动，观察角速度 $w(t)$ 所受的扰动。

$$w_v(t) = 0.02\sin(8t)\ (\text{rad/s})$$

（2）增加图 4.8 所示的前馈系统（增益为 K_{ff}）并观察 $w(t)$ 的变化。

在 3.2.1 节中容差范围内改变电动机参数 K，观察对 $w(t)$ 的影响。

如果 K_{ff} 符号相反，会有什么影响？

降低前馈系统的采样率或增大延迟，会有什么影响？

2. 如果给 1Hz 信号上添加 60Hz 干扰信号，会看到怎样的变化？假设干扰信号的幅值为真实信号幅值的 1/2。如果以 17 次/s 的速度采样，会观察到什么？现在用 10s 时间常数过滤组合信号，将获得什么？失去什么？

3. 你是否处于项目的方案研究、设计或工程阶段？能梳理出在以前阶段就应当解决的不确定性问题吗？

4. 在你当前的项目中，能找出被控制装置受扰动的原因吗？能找到可以独立测量这种扰动的传感器吗？能设计一个前馈系统来降低被扰动的结果吗？

第5章 设计阶段

本章进入控制系统的详细设计。我们在第4章选择了合适的电动机并设计了一个前馈方案来减少由车辆运动引起的被扰动量。上述过程中用到了方案研究阶段建立的仿真模型,本章将继续利用这种模型。因为得到的负载被扰动的结果仍然远大于典型运行指标的要求,所以我们将进一步设计反馈控制器,以更好地提高系统的性能。

5.1 电流反馈

我们已经证明,可以通过降低定子电流的感应扰动,抑制由车辆俯仰运动引起的负载被扰动量。这就需要回答一个问题,即是否可以通过增加对抗感应电动势效应的电流反馈回路来改进系统。图5.1给出一个带PID控制器 $C_c(z)$ 的电流反馈回路,这个PID控制器比较电流 $i(t)$ 与外部指令 i_c,通过改变定子电压 v 来抵消观测到的偏差。许多电动机驱动装置可以测量单独或三相电流。我们将研究是否可通过测量电源电流来获得想要的效果。仿真模型包括一个由于车辆俯仰 w_v 引起的电动势扰动,以与图4.8相同的方式为这个扰动建模。电流反馈应当可以调节电流来抵消这种扰动。

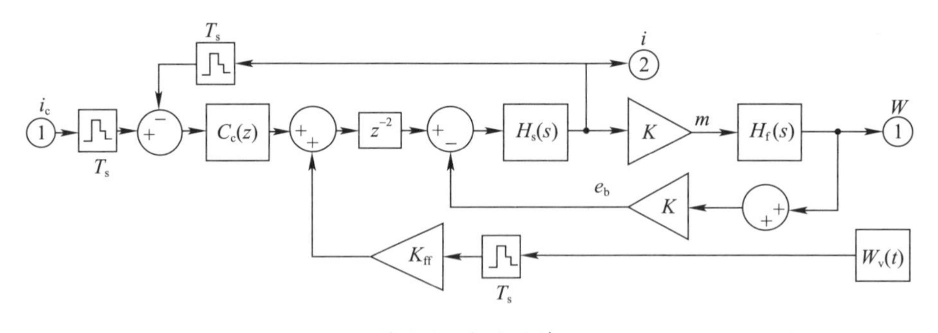

图5.1 电流反馈

控制器 $C_c(z)$ 是附录B中图B.1所示类型的数字控制器。可以省略其微分项,从而成为PI控制器。图B.8给出 $C_c(z)$ 的另一种实现方式。它包括了采样

模块 T_s，每 T_s 秒工作一次。在上一章，我们假设数字控制设备对前馈信号进行采样，采样周期为 200μs。现在要研究这个采样速度是否足够快，能否满足反馈控制要求。还有一个延迟模块 z^{-2}，用于模拟数据链路中的延迟时间和控制算法花费的时间。

我们将通过在频域中设计控制器来减少试错次数。采样速度足够快，使我们能够通过类似附录 B 中图 B.6 所示的等效连续控制器来近似 $C_c(z)$，其中我们添加了时间延迟来模拟采样效果。我们将使用 0.5ms 的总时间延迟 T_D，包括了硬件中的延迟，并用弧度来表示相位滞后 ωT_D。图 5.2 为相位滞后图，以(°)为单位。

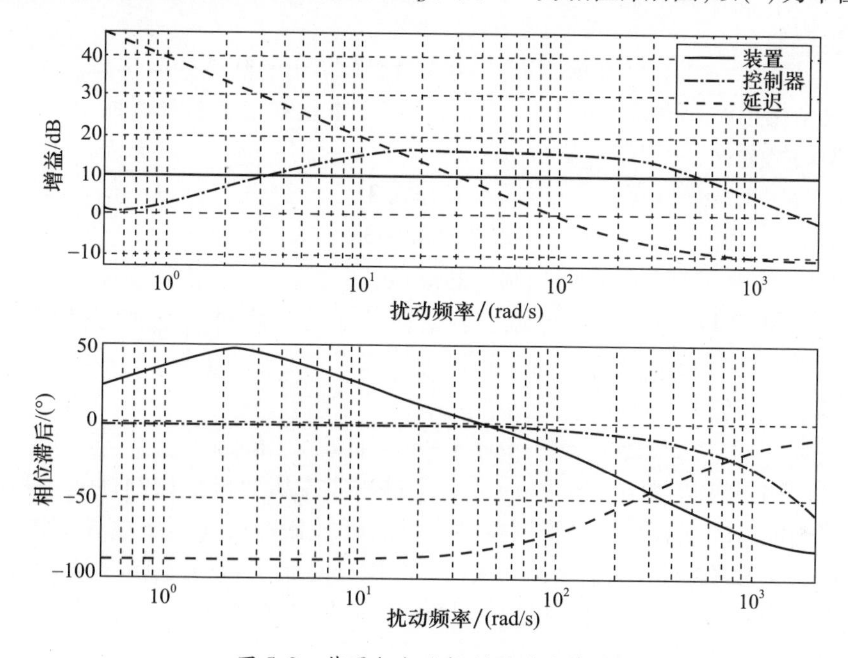

图 5.2　装置与电流控制器的波特图

图 4.6 给出负载扰动集中在频率 ω_d 为 1.3rad/s 左右。要求控制器将扰动抑制为原来的 1/10。根据附录 B 第 B.3 节给出的推理方法，可以证明为实现上述要求，电流回路在 1.3rad/s 时必须有大约 20dB 的增益。为了避免反馈造成的过度共振，我们还将设计满足一般准则的反馈回路，即在增益交叉点的相位裕度应至少为 50°（见图 B.13 所示的向量三角形）。我们假设读者熟悉频率响应分析，相关知识可参考其他教材。

被控制装置的频率响应（图 5.2）为

$$H_i(j\omega)=I(j\omega)/V(j\omega)\,(\mathrm{A/V})$$

这个等式已经由 3.7.1 节中的仿真模型所确定。在那里解释过，因为电动机反电动势的反作用会降低其低频增益，所以在扰动频率 ω_d 处的增益几乎与频率 1000rad/s 处的增益相同。这是提高回路的低频增益时会遇到的典型情况。我们使用 PI 控制器来提高增益，这个控制器的传递函数为

$$\underline{C}_c(s) = K_p(1 + 1/(sT_i))(\mathrm{V/A})$$

注：建立控制系统的仿真模型时，可以用一个数据文件定义其参数，这个数据文件在 MATLAB 工作区设定参数。如果这个系统的 PID 控制器不止一个，必须区分不同控制器的参数（如 K_p、T_i 等）。做法之一是对不同控制器的参数，定义不同的 MATLAB 结构。例如，可以用下面的 MATLAB 指令为电流控制器定义一个结构：

$$C_c = \mathrm{struct}('K_p', \{0 \cdot 3\}, 'T_i', \{1/300\});$$

这个结构的元素是 MATLAB 变量，这些变量能够定义图 B. 6 所示类型的仿真模型的增益：

$$C_c K_p = 0.3$$
$$C_c T_i = 0.0033$$

但是，本书不会区分不同控制器的参数，因为读者一般清楚正在讨论哪个控制器。例如，5. 1 节讨论的是电流控制器，5. 2 节之后将讨论速度控制器。在必要时会添加适当的注释文字予以解释。

电流回路的开环频率响应为

$$L_a(\mathrm{j}\omega) = \underline{C}_c(\mathrm{j}\omega) \cdot \exp(-\mathrm{j}\omega T_D) \cdot H_i(\mathrm{j}\omega)$$

下面阐述控制器设计过程，通过这个过程实现所要求的控制性能。利用控制回路的波特图很容易预测控制器的影响。PI 控制器的比例增益 K_p 对控制回路的增益交叉频率 ω_c 具有支配性影响，而积分时间 T_i 决定了频率 ω_d 和 ω_c 之间的平均增益斜率。控制器的这些参数之间存在交互作用，因此需要对参数进行迭代以选择合适的参数值。

如果选择 $1/T_i$ 为 300rad/s，则控制器在扰动频率 1. 3rad/s 处的增益将比在 1000rad/s 处的高频增益高 44dB，因而扰动抑制能力就足够强。这一点可由图 5. 2所示的频率响应证明。图 5. 2 还表明控制器在 1000rad/s 处会产生 17°的相位滞后。图 5. 2 显示，在 1000rad/s 处，被控制装置和延时带来 103°的组合相位滞后，因此在这个频率下新增控制器产生了可以接受的 60°的相位裕量。注意：需要记住，仿真模型中使用的被控制装置的参数是容差很大的标称值，因此应留有一定的相位裕量。

如果选择比例增益 K_p 为 0. 3V/A，则控制回路的最终增益将如图 5. 3 所示。增益交叉频率为 620rad/s，其中装置、延时、控制器的组合相位滞后为 108°，相位裕量为 71°。扰动频率 1. 3rad/s 下的回路增益为 40dB，所以扰动减至约 1% 。

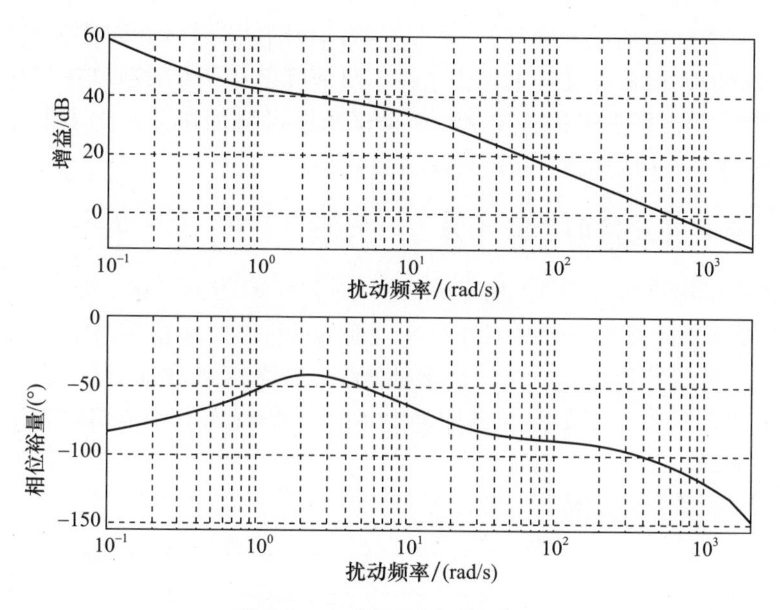

图 5.3　电流开环回路波特图

在图 5.1 中，$C_c(z)$ 被作为数字 PI 控制器，对应于下述 Z 传递函数：

$$C_c(z) = K_p + K_p(T_s/T_i)/(z-1)$$

图 5.4 表明车辆运动引起的闭环被扰动量很容易符合规格要求。设计师可能会在容差范围内改动装置参数时重复这些试验。

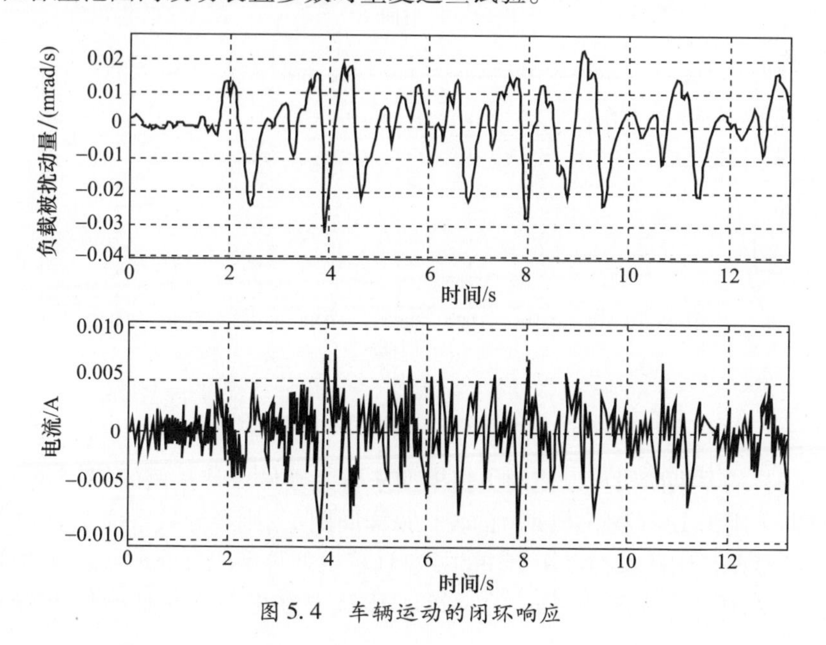

图 5.4　车辆运动的闭环响应

如果要通过增加比例增益 K_p 来改善扰动，相位裕量将会降低，因为增加比例增益也会增大增益交叉频率。为了在不显著降低相位裕量的情况下提高回路的低频增益，我们增加了积分控制。如果试图通过增加积分控制中积分项的增益 $1/T_i$ 来进一步抑制扰动，相位裕量将会减小。

5.1.1 带电流反馈的阶跃响应

图 5.5 给出电流 i 对 1A 阶跃指令 i_c 的响应的仿真结果。电流在 6ms 时（图 5.5(b)）的过冲可以忽略不计。这说明 60°的相位裕量所对应的特性是可以接受的。负载的角速度 w 的时间常数为 1s，最终达到 50mrad/s 的稳定状态。第 3 章中图 3.10给出了 10V 阶跃驱动电压的电流响应，其中电流随着反电动势的增加而下降。图 5.5 为对阶跃指令电流 i_c 的响应，其中电流控制器通过增加驱动电压来抵消反电动势。

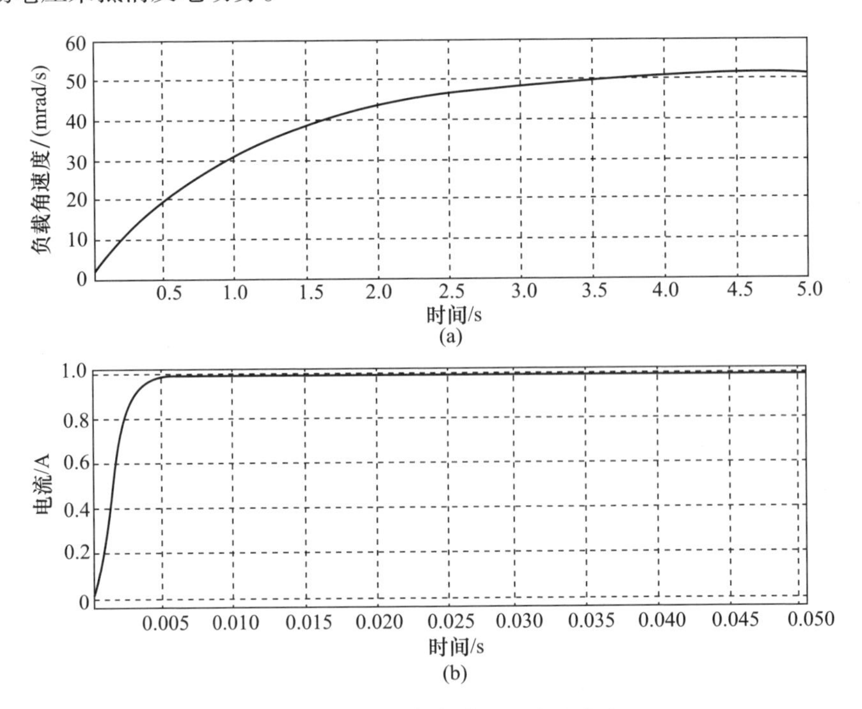

图 5.5　对指令电流的闭环阶跃响应

在项目的早期阶段可以使用仿真模型来研究硬件设计。例如，图 5.6 表明控制硬件若采用 1.1ms（图 5.6(b)）的较长采样周期 T_s，则会导致系统处于不稳定的边缘。这是项目团队选择使用更快的控制计算机如数字信号处理器的有力论据。

图 5.2 中已经表明，0.5ms 的时间延迟 T_D 会在增益交叉处产生 20°的相位

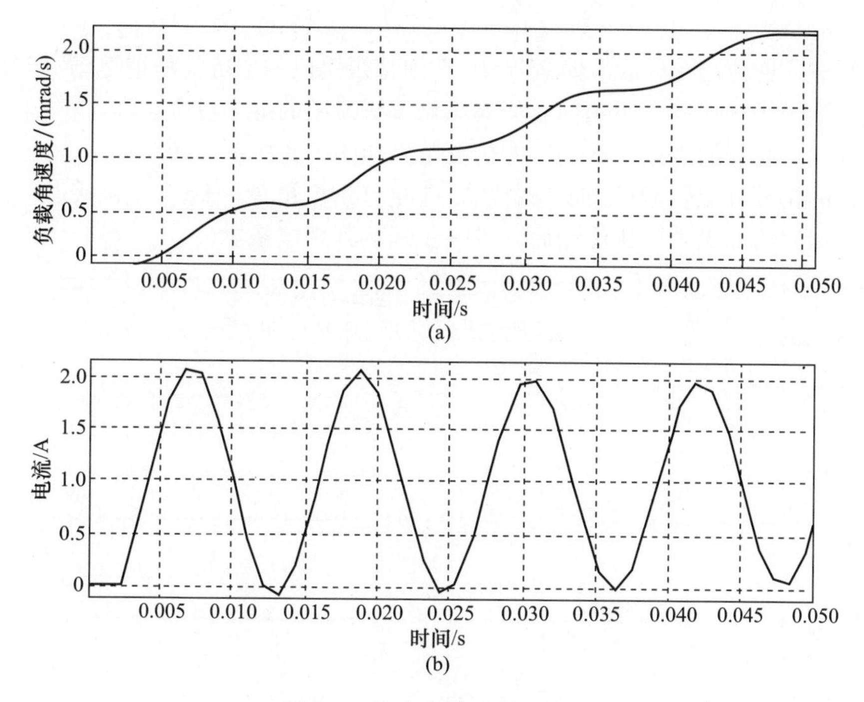

图 5.6　较长采样周期的影响

滞后,如果降低控制硬件的速度,则该相位滞后会迅速增加。

纹波电流(由驱动电压的脉宽调制所引起)多被定子过滤了,通常情况下不会在回路中引起扰动;但是我们仍需要在硬件上确认。控制指令中的纹波已经被 PI 控制器中的积分项显著过滤。请注意,我们依旧忽略了车辆俯仰运动通过摩擦产生的影响。

电流回路设计完成后,即可转入对其闭环响应的连续仿真。可以从连续的 PI 控制器(图 5.7 中的 $C_c(s)$)开始仿真。采样的影响按 $T_s/2$ 的延迟时间来建模。将图 5.1 所示的两个采样周期的数据延迟添加到此,总延迟 T_D 为 0.5ms。图 5.7 使用一阶帕德(Padé)近似来模拟这个延迟:

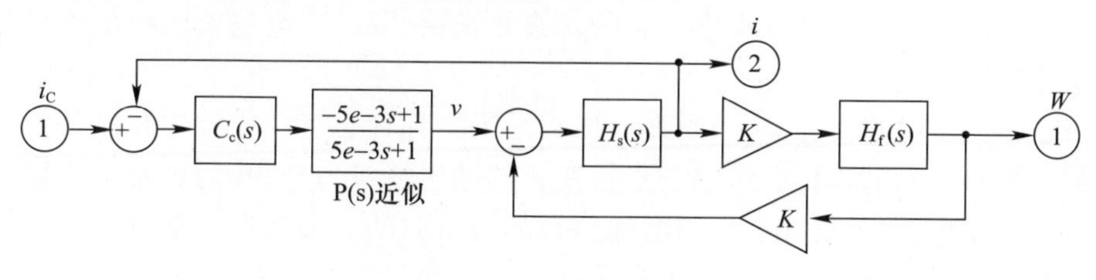

图 5.7　连续电流回路

$$P(s) = (1 - sT_D/2)/(1 + sT_D/2)$$

我们或许使用 Simulink 延迟模块，它用管线模拟一个量的物理运动，但通常会大幅拖慢仿真速度。用帕德近似能简化解析模型的推导过程。

连续控制下的模拟阶跃响应的仿真结果如图 5.8 所示。初始负瞬态是由时间延迟的帕德近似引起的，而 4ms 处的过冲与相位裕量一致。增大延迟 T_D 会给电流回路增加更大的相位滞后并进一步降低其相位裕量。

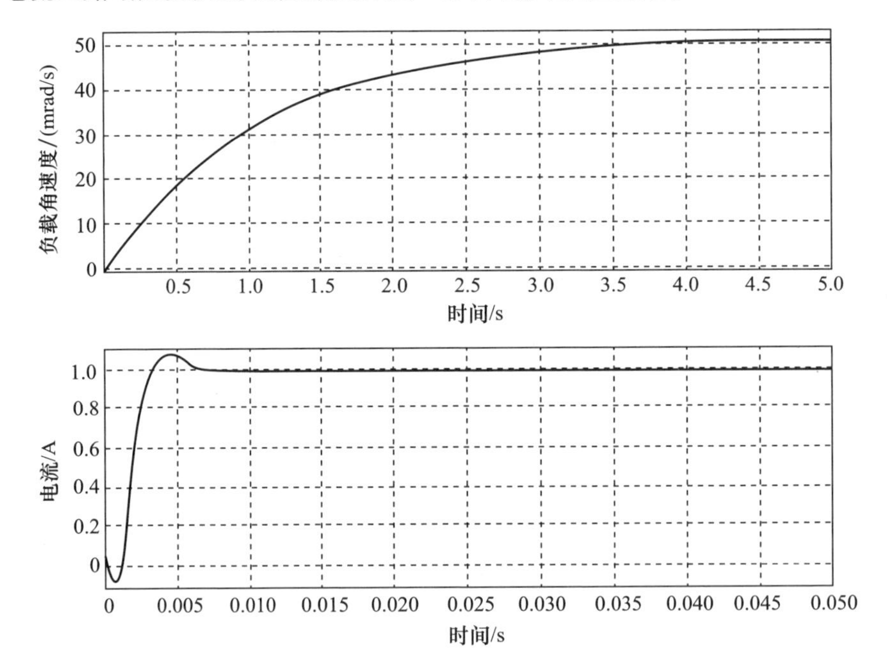

图 5.8 连续模型的阶跃响应

必须意识到数字仿真是通过离散运算来执行的，因此受制于采样速度。Simulink 模型“最大步长”可以用其菜单中“仿真”(Simulation)功能栏的“Max step size”来设置(参见 MATLAB 用户文件和帮助)。

如果步长过长，仿真可能会遇到问题。图 5.9 说明了这一点，展现了不可预料的不稳定性。进一步分析发现它的仿真步长为 3ms，结论是采样频率不满足这个快速回路。

这个例子说明，我们应该始终对仿真结果持怀疑态度。校验仿真结果有效性的一种方法是试验它们对仿真步长变化的敏感性。另外，我们也不能希望采用过短的步长，因为这样会大幅增加仿真的运行时间。最初在早期计算机上进行仿真时，步长过短还会产生其他问题，例如，当计算机字符长度导致舍入误差时。

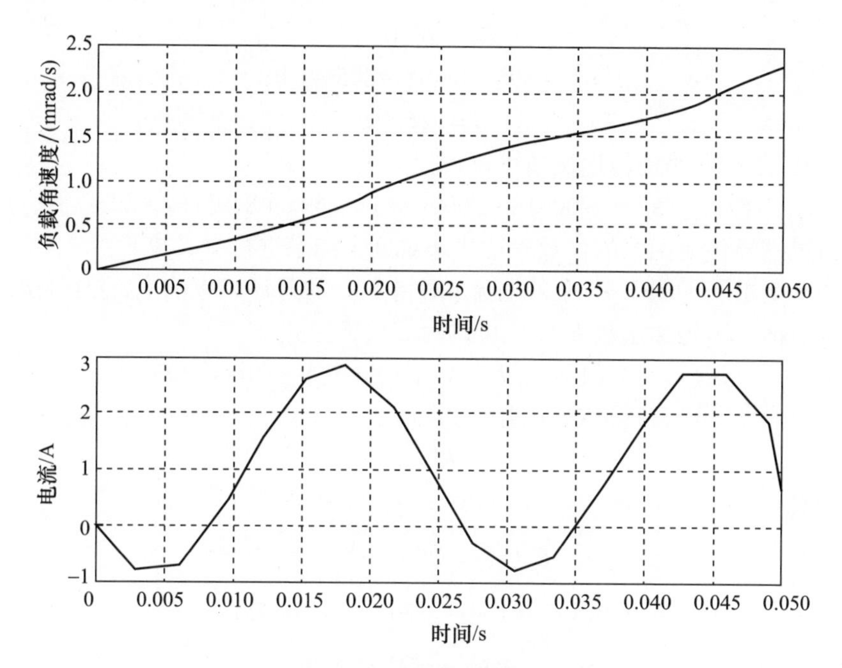

图 5.9　仿真步长的影响

有经验的工程师不会仅仅采取一两次迭代便完成上述设计过程。完整的设计需要花费更多时间来认识硬件的特性。电流控制器与硬件的集成尚未实现……

5.1.2　闭环频率响应

电流控制的电动机(也称为转矩电动机)常被作为执行器来控制装置中的其他变量。定子电流服从控制指令,而电动机转矩与电流成比例变化。

电流 i 对指令 i_c 的闭环频率响应由图 5.10 给出,对应于图 5.8 的 $i(t)$ 的时间响应。这个频率响应是对图 5.7 的连续 Simulink 模型的计算结果,是用 MATLAB 中的 linmod 函数按照附录 A 第 A.6 节中所述的步骤计算的。

回路 ω_c 附近的轻微共振是由时间延迟(由帕德近似表达)导致的相位滞后引起的。高频增益的斜率为 20dB/10,而相位滞后趋近于 270°。这表明在频率 $2/T_D$rad/s 的区域内存在非零最小相位零点。

用 MATLAB 中的 linmod 函数可以算得系统状态方程的系数 A,B,C,D,通过以下函数可以计算其极点和零点:

$$[Z,P,G]=\mathrm{ss2zp}(A,B,C,D,1)$$

得到的主导极点和零点:

$$Z = [2000];$$
$$P = [-695+840i, -695-840i];$$
$$G = -600;$$

因此,闭环回路的传递函数可以近似为

$$H_a(s) = I(s)/I_c(s) \approx -600(s-2000)/((s+695+840j)(s+695-840j))$$

通过推导传递函数的代数表达式来对这个结果进行交叉校验。

图 5.2 重复了图 3.13 中的电流 i 对指令 i_c 的开环频率响应,这个响应对应于 3.7 节推导的传递函数 $H_i(s)$,可以写成如下形式:

$$H_i(s) = K_i(1+s \cdot T_f)/[(1+s \cdot T_1) \cdot (1+s \cdot T_2)]$$

其稳定状态增益接近 0dB,由此

$$K_i = 1$$

同时还有

$$\underline{C}_c(s) = K_p(1+sT_i)/s$$

$$P(s) = (1-sT_D/2)/(1+sT_D/2)$$

将它们组合,给出了电流反馈的开环传递函数:

$$L_a(s) = \underline{C}_c(s)P(s)H_i(s) = (1+sT_i)(1-sT_D/2) \cdot$$
$$(1+sT_f)/[s(1+sT_D/2)(1+sT_1)(1+sT_2)]$$

$L_a(s)$可以改写为

$$L_a(s) = \underline{L}_a(s) \cdot \sim L_a(s)$$

其中

$$\underline{L}_a(s) = K_p(1-sT_D/2)/(s(1+sT_2)) \cdot$$
$$\sim L_a(s) = ((1+sT_i)(1+sT_f))/((1+sT_1)(1+sT_D/2))$$

注意$\underline{L}_a(s)$有一个额外的极点,其增益斜率为 20dB/10。图 5.3 中的 $L_a(j\omega)$ 的增益斜率接近该增益斜率。$L_a(j\omega)$ 在 100rad/s 之前的相位滞后约为 90°,所以我们可以考虑用$\underline{L}_a(s)$来近似 $L_a(s)$。

使用这个近似来计算闭环传递函数,得到

$$\underline{H}_a(s) = L_a(s)/(1+\underline{L}_a(s)) \approx K_p(1-sT_D/2)/(K_p - sK_pT_D/2 + s + s^2T_D/2)$$

这个频率响应$\underline{H}_a(s)$对应于图 5.10 给出的波特图。它有一致的稳态增益,高频增益斜率为 20dB/10,高频相位滞后趋于 270°。因此,交叉校验验证计算结果正确。

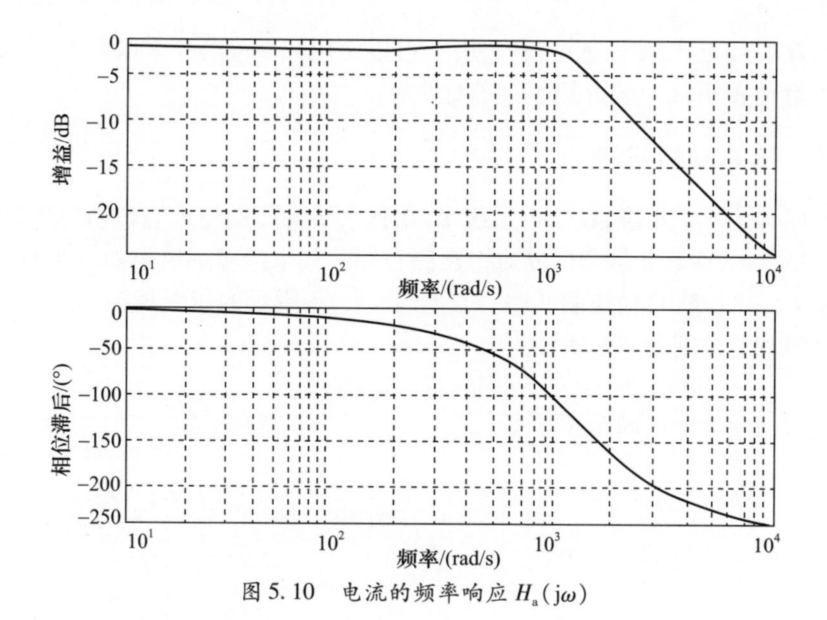

图 5.10　电流的频率响应 $H_a(j\omega)$

5.1.3　负载的频率响应

我们还计算了角速度 $w(t)$ 对指令 $i_c(t)$ 的频率响应,如图 5.11 所示,它与图 5.8 给出的 $w(t)$ 的时间响应相对应,以时间常数(T_f)滞后于 $i(t)$。当频率低于 100rad/s 时,响应主要由时间常数决定。

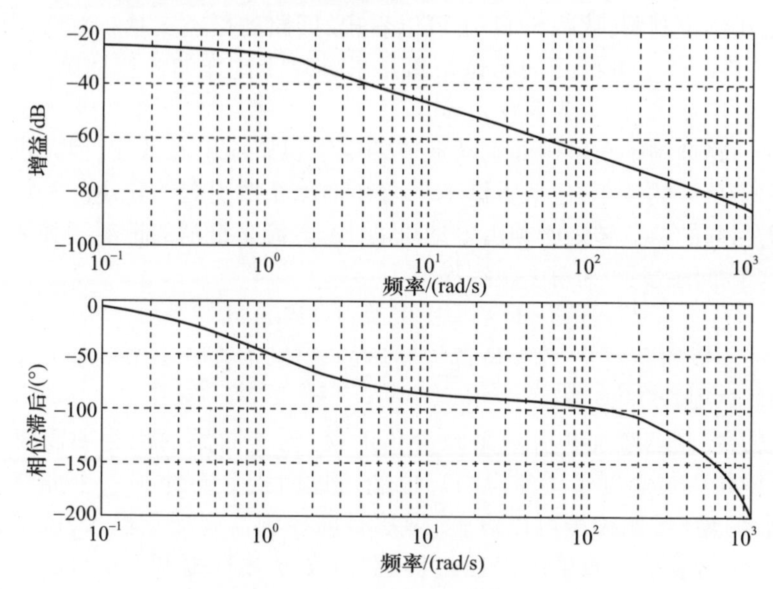

图 5.11　角速度的频率响应 $H(j\omega)$

随着项目推进，硬件逐渐投入使用，可以使用频率检测仪来探测实际设备的响应。附录 A 第 A.1 节介绍了这部分内容。

5.1.4 位置控制问题

下面考虑一个系统，在这个系统中，操作人员向驱动望远镜转动的转矩电动机发出指令 i_c，使其光轴角度 θ 对中观测目标。如果给望远镜附加一台相机，则可以建立一个位置自动控制回路，对应于图 5.12 所示的位置反馈回路，其中转矩电动机和负载间的传递函数为

$$H(s) = W(s)/I_c(s)$$

该模型频率响应同图 5.11。

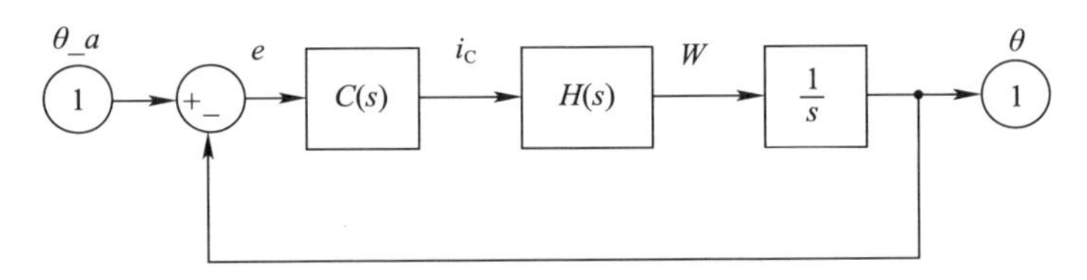

图 5.12 位置控制回路

这个响应直接取决于负载摩擦，不同运行条件，不同设备，响应会有很大的不同。

角度 $\theta(t)$ 是角速度 $w(t)$ 的积分。这在回路上又增加了 90° 的相位滞后。如果使用比例控制器，从图 5.11 中可以看出，回路的增益交越频率必须限制在 1rad/s 左右，以产生可接受的相位裕量。采样对于这样的慢速回路影响很小。相应的控制增益 K_p 大约为 300A/rad。

电流回路抑制了车辆俯仰运动造成的电动机感应电磁效应，但并没有抵消直接作用于负载的转矩，包括质量不平衡和轴承摩擦引起的转矩。考虑负载的质量平衡引起的持续转矩必须由电动机的 1A 电流来抵消的情况。如果由控制器产生这个抵消指令，其角度跟踪误差为

$$e = 1/K_p = 0.033\text{rad} = 33\text{mrad}$$

注意，这里的参数 K_p 代表位置控制器的参数，而在 5.1 节的前几小节中代表的是电流控制器的参数。

可以为控制器添加积分项来减少角度误差，然而添加积分项需要手动控制，要求操作人员高度集中注意力。也能通过向指令 i_c 添加一个偏移量来调整控制器的输出，偏移量可以设置，做法是向控制器施加零输入，调整偏移量直到漂移达到最小。如果可以通过传感器（如速度陀螺仪）来测量负载的角速度，就可以实现调整过程的自动化。下面研究能否用陀螺仪的速度反馈来

获得更好的性能。

5.2 速度反馈

图 5.13 所示的速度反馈回路抵消负载角速度 $w(t)$ 和外部速度指令 $r(t)$ 之间的观测偏差 $e(t)$。控制器 $C(s)$ 通过向转矩电动机发送指令 $i_c(t)$ 来执行这个控制过程。电动机和负载的传递函数 $H(s)$ 由 $H_a(s)$、K、$H_f(s)$ 三个模块模拟，它们组合产生了图 5.11 所示的频率响应。首先要进行连续控制器的仿真，实际上这个控制器被当作数字设备来运行。只要回路的增益交越频率远低于数字采样速度，这个假设便是合理的。我们将使用 $H_a(s)$ 的近似，其中包括了电流回路中采样和延迟的影响。

第 2 章涉及了速度传感器从 18 世纪的离心调速器到今天的电子设备的使用历史。第 8 章将阐述低成本传感器在电动机驱动装置中的使用。我们还可能使用顶级的惯性导航系统。

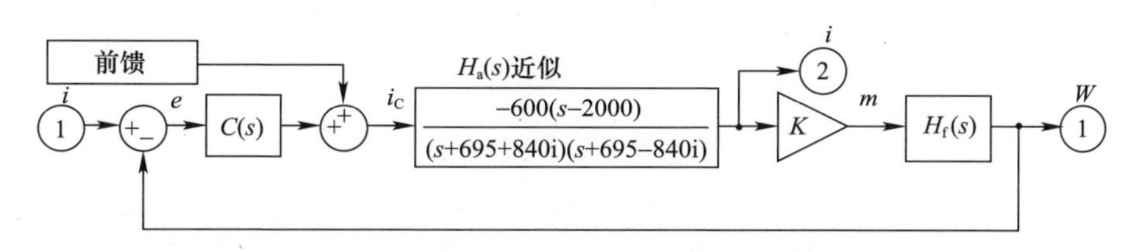

图 5.13 速度反馈回路

对正在分析的这个项目，我们希望稳定望远镜的旋转速度，使之对中观测目标。系统被安装在一辆运动的车辆上，而速度 $w(t)$ 必须相对于某个惯性系测量。因此我们使用速度陀螺仪作为传感器。对于高价值系统，值得选用能够提供近乎完美量值的测量设备。图 5.13 将负载速度 $w(t)$ 的仿真结果作为反馈信号，这样做忽略了传感器可能导致的失真。

电流回路没有抵消直接作用在负载上的转矩。例如，车辆俯仰运动 $w_v(t)$ 中轴承摩擦的影响。图 3.8 给出了如何在机械子系统 $H_f(s)$ 中仿真摩擦。图 5.14给出当 $w_v(t)$ 没有被速度反馈或前馈抵消时的被扰动量 $w(t)$。

图 5.15 给出在车速陀螺仪测量的 $w_v(t)$ 上添加前馈的效果。为了得到完美补偿，应该产生电流指令 $i''_c(t)$，以精确地抵消由车辆运动引起的摩擦转矩：

$$i''_C(t) = (F/K)w_v(t)$$

我们在增益中模拟了 20% 的建模误差，以考虑摩擦估计的不确定性。按照

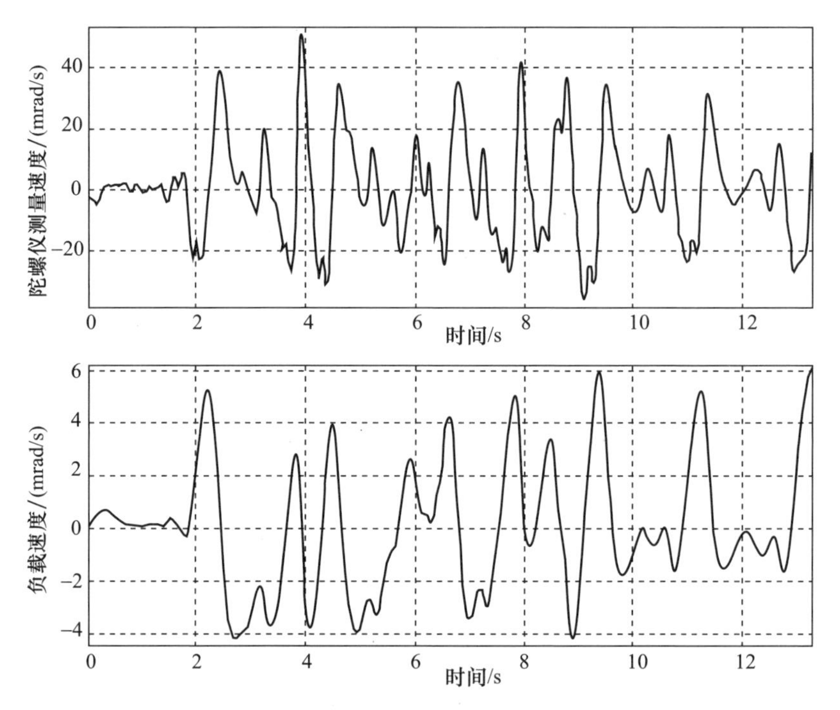

图 5.14 车辆俯仰速度和摩擦引起的负载被扰动量

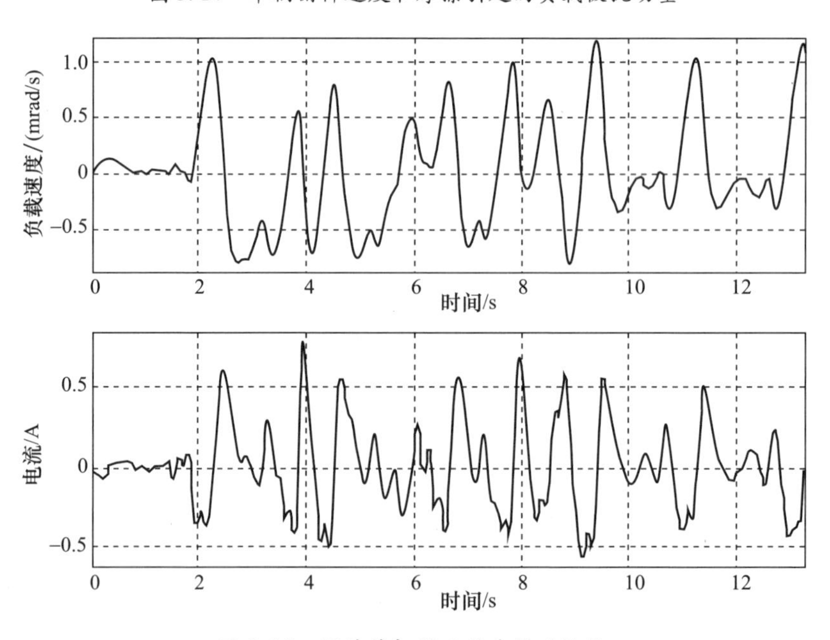

图 5.15 经前馈抑制后的受扰动结果

4.1.1 节中给出的控制要求，速度反馈回路必须将被控制装置的剩余被扰动量降低 50%。由于扰动的大部分能量集中在 5rad/s 附近，这就要求在这个频率下速度回路的增益至少为 12dB。最终的控制要求取决于轴承实际摩擦，但是摩擦难以确定且无法预测。

我们将再次在频域设计控制器以减少试错次数。速度回路的开环频率响应为

$$L(j\omega) = C(j\omega)H(j\omega)$$

图 5.11 表明，直至 300rad/s 频率之前频率响应 $H(j\omega)$ 的相位裕量充分。我们将考虑使用 PI 控制器，但要注意确保其不会在此频率处增加过多的相位滞后。

$$C(s) = K_p(1 + 1/(sT_i))$$

注意，这里的参数 K_p 和 T_i 代表速度控制器的参数，而在 5.1 节它们代表电流控制器的参数。

下述的比例增益可以实现所需的扰动抑制：

$$K_p = 400(\mathrm{A}/(\mathrm{rad/s}))$$

我们采取一种保守的方法，使用以下积分增益：

$$1/T_i = 2(\mathrm{rad/s})$$

这个增益不会改善车辆运动主频率处的扰动抑制，但有助于对抗低频效应，如由质量不平衡引起的持续转矩。

开环频率响应 $L(s)$ 的波特图如图 5.16 所示。在波特图的整个频带上，相位滞后未达到 120°，但是平均增益斜率超过 20dB/10。给出了约 20rad/s 的增益交越频率 ω_c，相位裕量接近 85°。回路增益 $|L(s)|$ 在 5rad/s 处超过 12dB。

从上述结果看，似乎将 ω_c 增加至 300rad/s 仍具有合理的相位裕量。但必须再次提醒，仿真所用的被控制装置的参数是相当大公差范围内的标称值。电流回路将使 $H_a(s)$ 对被控制装置的变化的敏感性适度，主要是 $H_f(s)$ 会发生变化。同时，硬件也可能会产生难以预测的滞后，同样会降低相位裕量。

图 5.16 所示的闭环频率响应 $O(j\omega)$ 表达了系统对外部扰动的敏感度：

$$O(s) = 1/(1 + L(s))$$

在 5rad/s 处，其增益小于 −12dB，意味着可以将扰动减少 50%。需要记住，只有当电动机功率足以抵消各种真实转矩，才能实现这种扰动抑制。

图 5.17 给出了速度回路如何进一步降低负载被扰动量。现在的负载被扰动量是图 5.14 所示被扰动量的 5%。这个结果看起来是可以接受的，但仍需要在使用被控制装置各种参数在公差范围内值来重复这些试验。

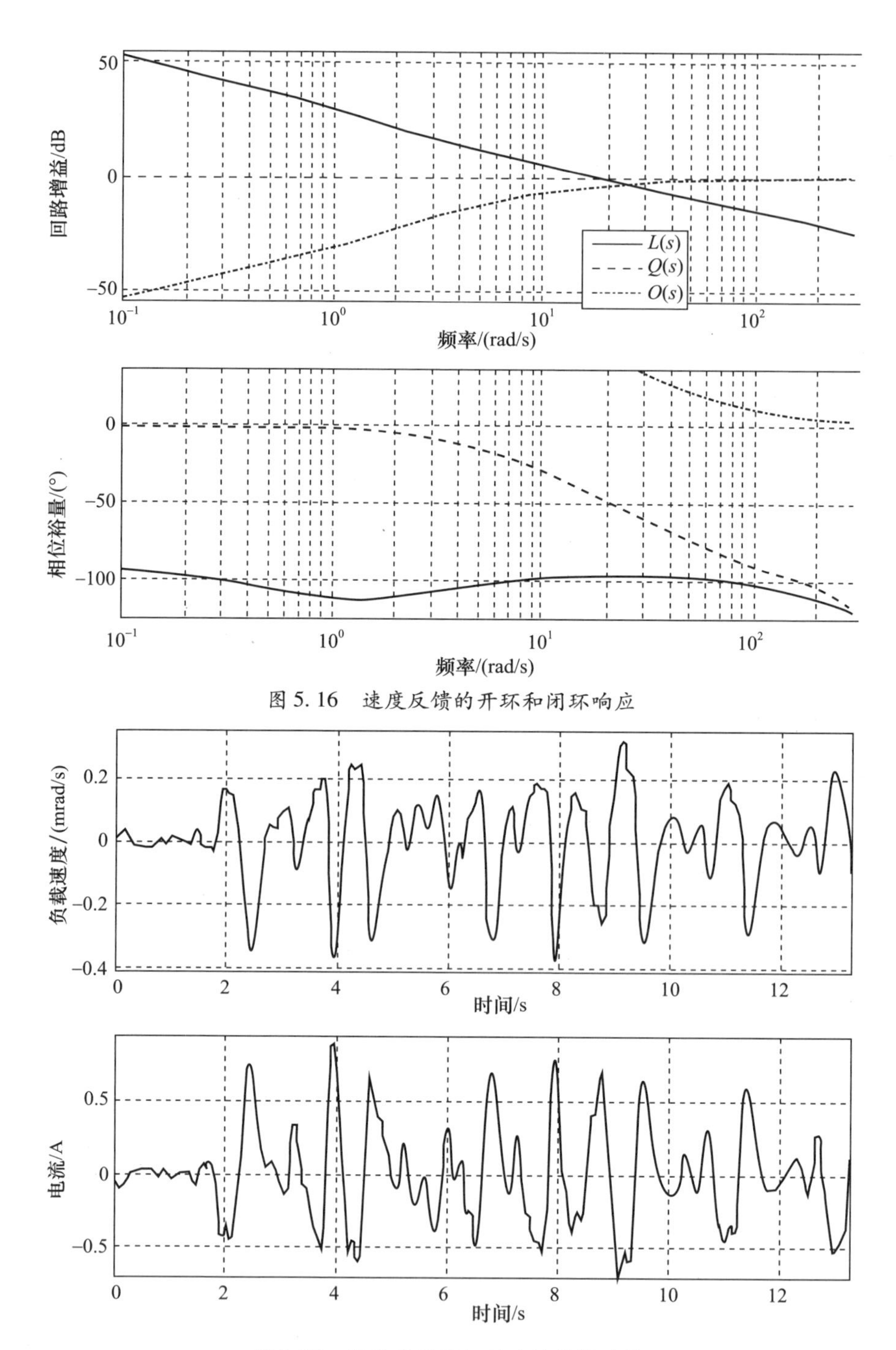

图 5.16　速度反馈的开环和闭环响应

图 5.17　经速度反馈抑制后的被扰动量

5.2.1 带速度反馈的阶跃响应

图 5.16 给出的闭环频率响应 $Q(j\omega)$ 说明了系统如何遵循来自手动控制器或自动跟踪器的外部指令：

$$Q(s)=L(s)/(1+L(s))$$

这个响应的带宽超过 10rad/s。当操作人员将负载转动到新的位置时，速度回路也必须产生足够的加速度。图 5.18 给出了驱动装置对 100mrad/s 的阶跃指令 r 的响应。电流迅速上升到 40A，然后随着转换速率的上升而回落，总时间常数约为 50ms。图 5.18(b) 给出的转矩－转速关系曲线以直线形式迅速回落，可以将它与图 4.4 所示的电动机转矩－转速曲线进行比较。这表明驱动单元在大部分时间里都提供了几乎恒定的电压。为克服不平衡转矩而必须提高负载时，电动机驱动装置需要额外的电流，同时驱动电压也要相应增加。

还有一个设计要求，即速度反馈应当对速度指令产生可预测性高的响应。可以采用不同的摩擦参数进行上述阶跃响应仿真，以便试验速度回路对摩擦变化的敏感性。图 5.18 所示的响应速度可能远快于要求的速度，操作人员需要小心，不要过度操动手动控制器。

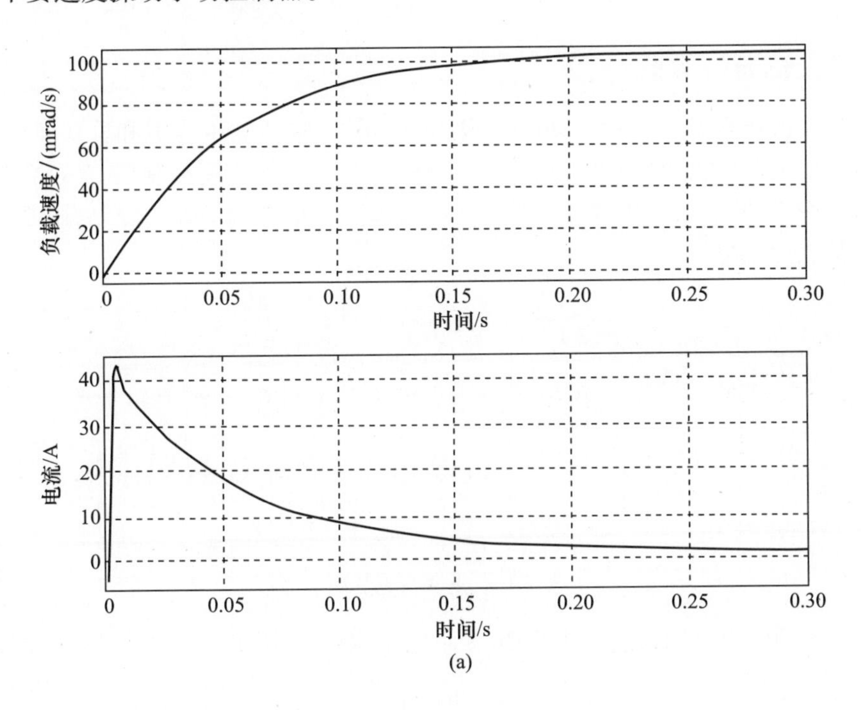

(a)

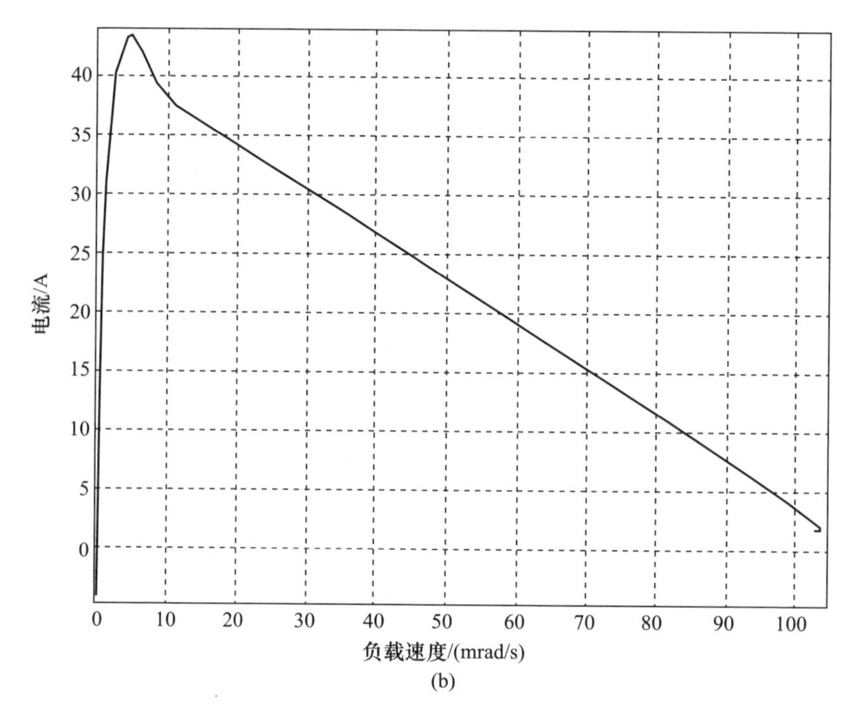

(b)

图 5.18　对转速阶跃的响应

5.2.2　饱和的影响

真实的仿真必须包括驱动电压饱和的情况。驱动电压的饱和取决于电源，同时还要限制电流以防止电动机过热。图 5.19 给出的速度控制器 $C(s)$ 含有对电流指令 i_C 的限制，而电流控制器 $C_c(s)$ 则包括了对电压指令的限制，限制值对应于最大驱动电压。

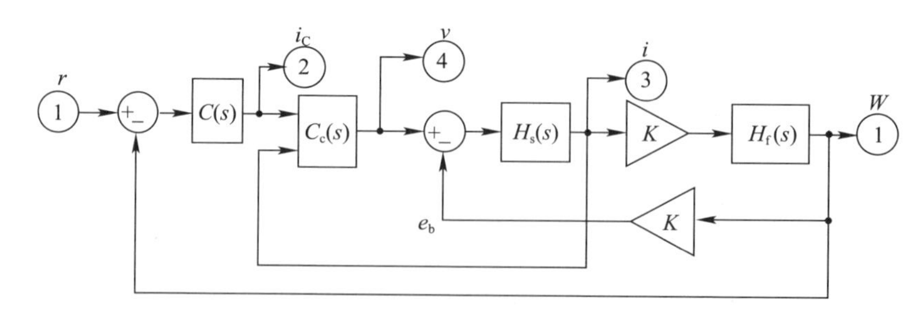

图 5.19　电压与电流饱和

图 5.20 给出的速度控制器 $C(s)$ 使用了附录 B 第 B.1.4 节阐述的设计方

案。可以在其输出积分器上施加电流限制 $\pm i_L$。图 5.21 中的电流控制器使用了相同的设计方案。输出积分器上的电压限制 $\pm V$ 是为了避免当真实情况下驱动电压受到电源限制时,积分器达到饱和状态。这个简单的设计方案有这样的假设,即真实情况下的限制是不变的,如果这个假设不成立,则必须使用更复杂的系统。

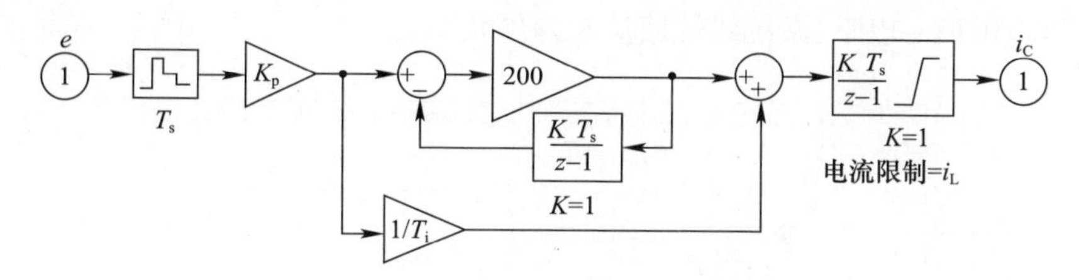

图 5.20　电流饱和情况下的速度控制器

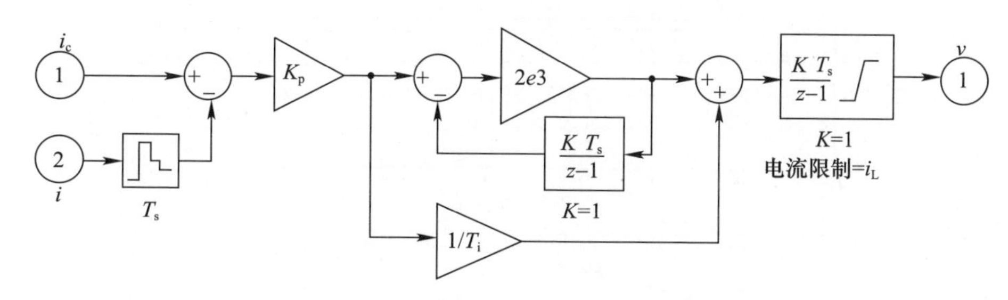

图 5.21　电压饱和情况下的电流控制器

现在说明选择不适用于特定情况的电动机会产生的影响。为了凸显限制的影响,我们将电流极限 i_L 降低至 20A,电压的极限 V 降低至 10V。图 5.22 给出了对下列输入级数的瞬态响应。负载先被锁定在固定位置,然后在零时刻释放。这由施加阶跃转矩扰动来仿真,这个扰动代表负载被其质量不平衡拉拽的情况。假设电动机需要 10A 的电流来抵消这个转矩,比例控制对这个不平衡作出快速反应,而积分控制在 0.3s 内使 $w(t)$ 回归至零。当控制人员试图控制负载位置时,控制回路可以给予很大的帮助。当负载位置正确后,手动控制器可以回到零位。

在 0.5s 时,有一个要驱使负载以 500mrad/s 速度转动的指令。对这个指令的瞬态响应表明,与图 5.18 相比,电流限制显著降低了速度响应。速度控制器立即给出限制值为 20A 的全值电流指令 $i_c(t)$,电流控制器对这个指令作出了快速响应。由于需要 10A 电流来克服不平衡,只有 10A 电流可用于加速负载。这样,电压限制就使系统不能达到指令要求的转换速率。随着转速缓慢上升,电流控制器必定要驱使驱动电压增大,在转换速率还未达到目标值之前,驱动电压先达到极限值 10V。由此,速度控制器 $C(s)$ 有一个持续的误差,需要由图 5.20 所示的抗饱和方案来抵消。电流控制器 $C_c(s)$ 同样也有持续误差，也类似地需要由图 5.21 所示的抗饱和方案来抵消。

在 3s 时，转换速率指令 $r(t)$ 阶落为零。抗饱和方案立即使速度控制器作出反应，发出负全值电流指令。电流控制器也立即反应，导致驱动电压产生一定量的过冲，迅速驱使电流 $i(t)$ 服从指令作出变化。随着速度下降，电流指令 $i_c(t)$ 下降至极限值 i_L 以下，系统线性回落至静停状态。

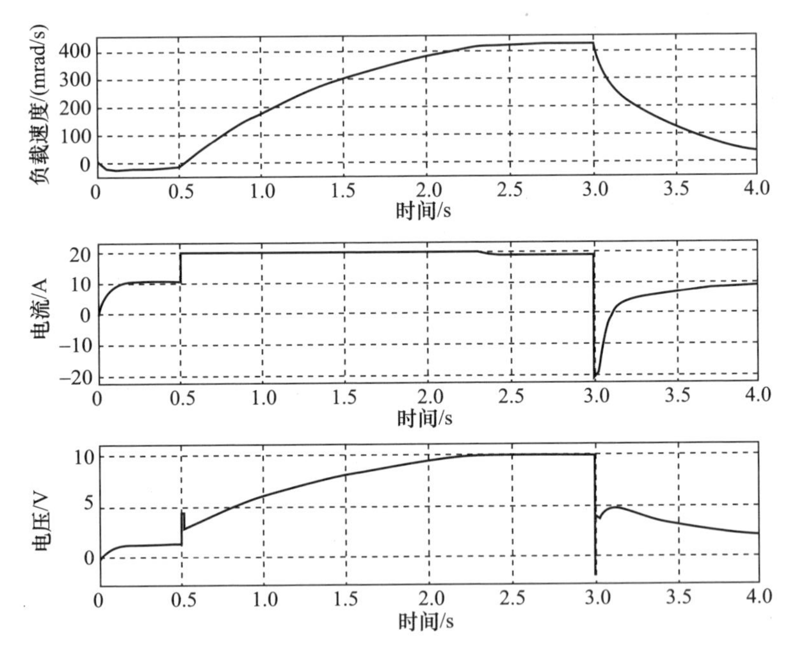

图 5.22　电流与电压饱和情况下的阶跃响应

5.3　技术影响

在控制工程历史上发生了若干次重大技术变革。模拟控制器已被数字控制器取代；电动机用上了强劲的永磁体，能够使转子惯量显著降低；传感器技术也取得到了重大进步。惯性旋转速度最初是由机械陀螺仪测量的，这种装置以较低的频率振动，需要施加机械阻尼。其特性可以表达为以下传递函数：

$$G(s)=1/(1+(Zs/g)+(s^2/g^2))$$

为考虑在速度回路中使用机械陀螺所产生的效果，在我们所考虑的速度路径中增加了 $G(s)$，如图 5.23 所示。为了测量低转速，陀螺仪的灵敏度必须很高。为此使用非常轻的扭杆来降低陀螺仪的固有频率 g。假设：

$$g = 10\text{rad/s}$$

$$Z = 1.4$$

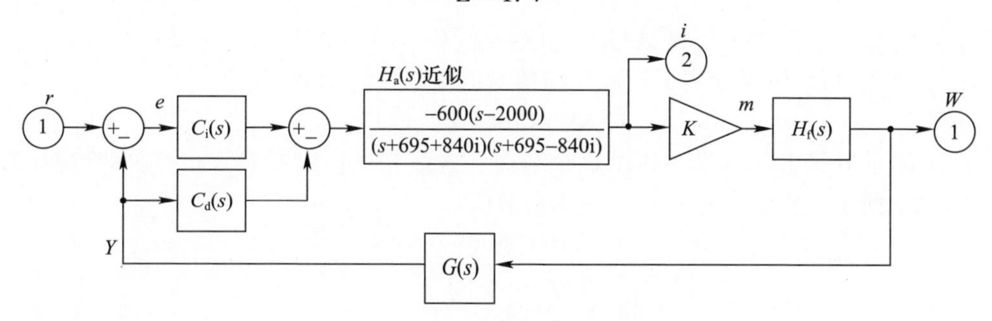

图 5.23　带机械陀螺仪的速度反馈

陀螺仪给回路添加了显著的相位滞后，从而大幅降低了可实现的性能。如果将它添加到图 5.11 所示被控制装置的频率响应 $H(j\omega)$ 中，可以得到图 5.24 所示的频率响应，表达式为

$$H_G(j\omega) = G(j\omega)H(j\omega) = G(j\omega)H_f(j\omega)KH_a(j\omega)$$

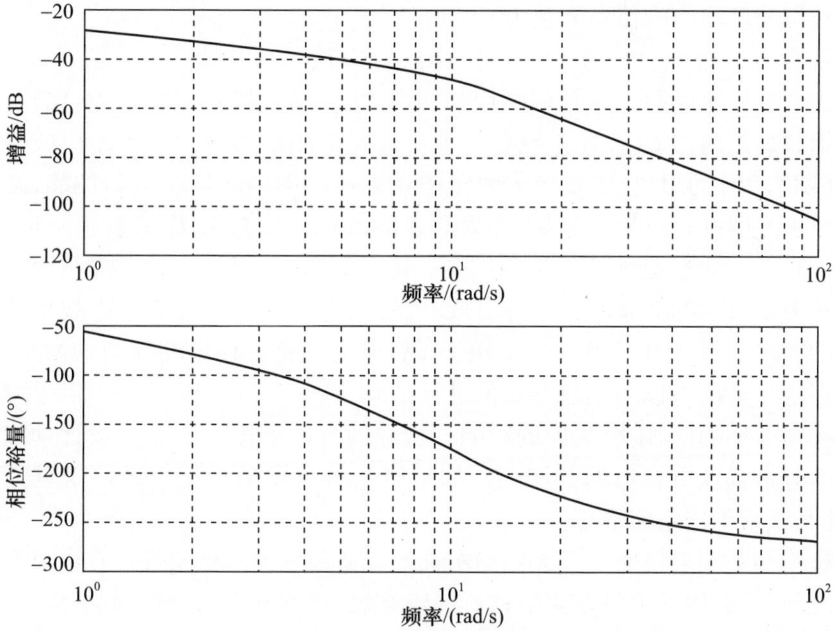

图 5.24　带机械陀螺仪的频率响应 $H_G(j\omega)$

它在 8rad/s 处得相位滞后超过 150°，因此陀螺仪极大地限制了负载扰动抑制能力。考虑用 PID 控制器在该频率添加超前相位，如图 5.23 所示，其中 PI 控

制器 $C_i(s)$ 与微分模块 $C_d(s)$ 组合：

$$C_i(s)=K_p[1+1/(sT_i)]$$

$$C_d(s)=K_p[(sT_d)/(1+sT_F)]$$

两式组合，给出作用于速度反馈信号的等效传递函数 $C(s)$：

$$C(s)=C_i(s)+C_d(s)$$

附录 B 第 B. 1. 3 节讨论了这个结构。这种 PID 控制器 $C(s)$ 的频率响应如图 B. 7 所示。它实际上对应于下述参数值：

$$K_p=100(\mathrm{A}/(\mathrm{rad/s}))$$

$$1/T_i=6(\mathrm{rad/s})$$

$$1/T_d=5(\mathrm{rad/s})$$

$$1/T_F=20(\mathrm{rad/s})$$

我们看到 $C(s)$ 在一个重要的频段上增加了合理的超前相位。这里，通过 T_d 值的选择，在当前速率环路的的增益交叉频带上给出超前相位。同时还通过选择 T_F 来限制高频增益。下面考虑用这种设计方案来补偿我们考虑的被控制装置。

补偿速度回路的传递函数为

$$L(s)=H_G(s)C(s)$$

这个补偿速度回路的频率响应如图 5. 25 所示。将之与图 5. 24 比较，看到回路中添加控制器 $C(s)$ 在一定程度上可以提高相位裕量。鉴于希望改善阶跃响应（图 5. 26）的阻尼，还要增大回路增益以达到期望的扰动抑制性能，必须在不同要求之间进行权衡。例如，如果通过降低积分增益 $1/T_i$ 来改善阻尼，就会进一步降低 5rad/s 处的扰动抑制性能。还必须紧记，积分项对于抑制因负载不平衡等因素引起的低频漂移十分有效。注意，迄今我们还没有考虑权衡传感器带来的噪声。附录 B 第 B. 4 节给出了设计师必须考虑作出的权衡的简要总结。读者在这个阶段可以用上述参数值进行试验，观察它们对 PID 控制器频率响应、速度反馈开环响应、阶跃响应的影响。这样做有助于进一步了解设计师如何借助频率分析找到更合适的控制器。如果想在仿真模型上进行试验来设计控制器，那么试错工作量将会很大。

这个例子用来说明在反馈回路中选择合适传感器的重要性。在激光和光纤出现之前，人们用其他设备来取代机械陀螺仪，比如调音叉和振动晶体。

在其他一些应用中，可能是伺服电动机限制着控制回路的性能。在强磁性材料出现以前，有许多巧妙的设计来减少转子惯量。一些转子被设计成非常长的圆柱体，而另一些则被设计成薄盘状，在定子磁极间狭窄的气隙中旋转。回顾过去取得的进步，可能会使我们对未来更加惊人的发展充满期待。

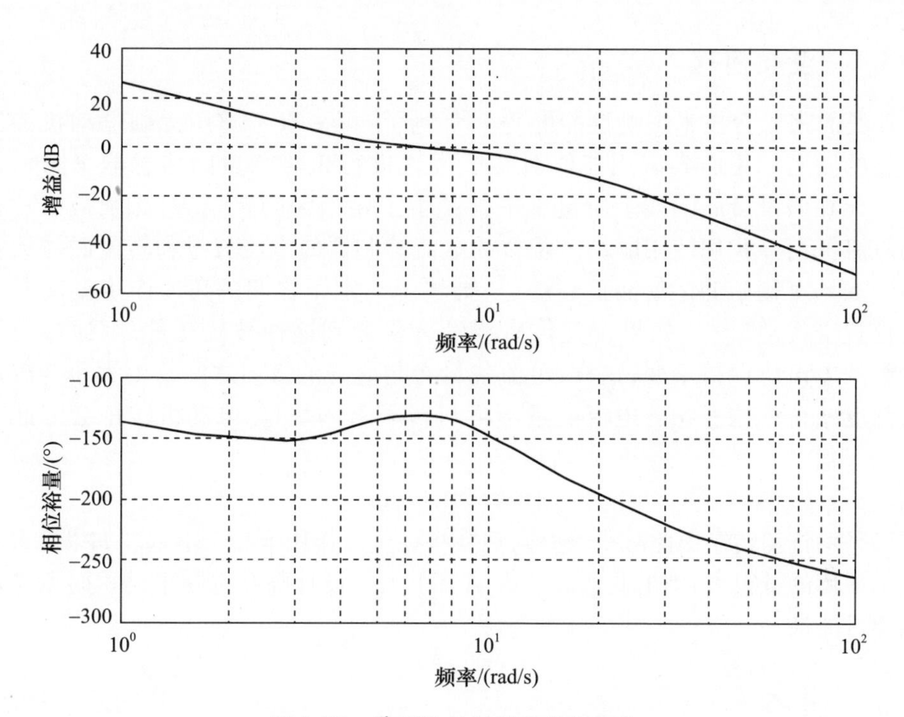

图 5.25　带 PID 控制器的补偿回路

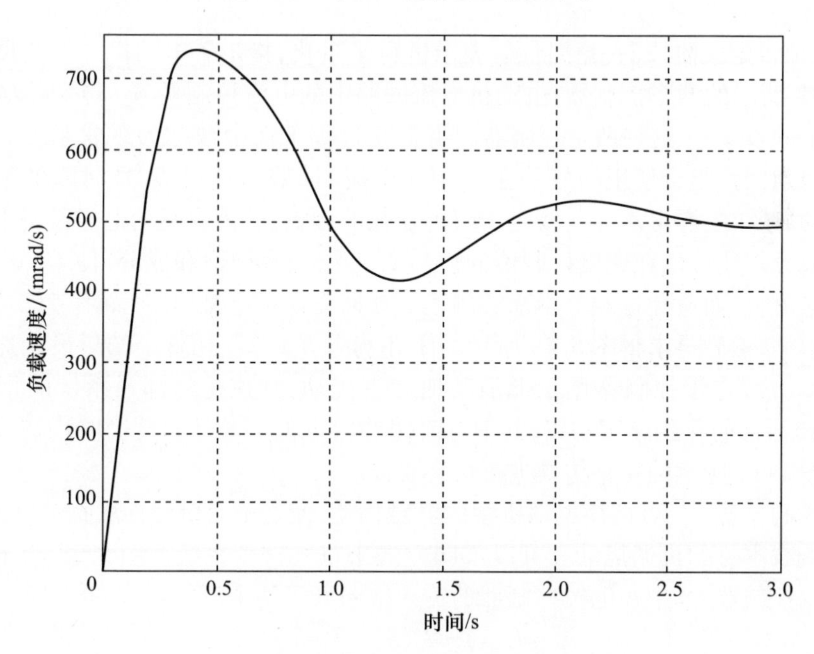

图 5.26　带机械陀螺的阶跃响应

5.3.1 量化问题

我们来看看技术影响性能的另一个例子，再一次考虑用无刷电动机控制位置的问题。我们尝试用能够对转子位置进行粗略测量的传感器来降低成本。现在假设负载的残余质量不平衡产生了相当大的转矩 M，必须被电动机的电流抵消。我们使用驱动三相桥的电流控制器使电流矢量和转子磁体成直角。如果车辆俯仰运动而负载静停，则转子与定子之间的角度产生偏离其平均位置受扰动量 θ。如果位置传感器没有检测到这种被扰动量，则通过定子绕组的电流将保持不变；这样，电流矢量将与应处的方向之间产生大小为$\theta(t)$的角度错位。这意味着电流矢量不再与转子磁体垂直，电动机转矩会因此下降如下值：

$$m(t) = M\cos\theta(t)$$

平均抗衡转矩由此减小，这样，负载将在重力作用下趋于下垂。如果负载质量不平衡的量很大，则由此造成的影响会很大。设计师在选择电动机时要考虑这类可能性。

5.4 讨论

"项目定义阶段"一章对性能要求进行了量化，指定了电动机。本章设计了图 5.19 所示的两个控制器：电动机电流回路中的电流控制器 $C_c(s)$ 和系统速度回路中的 $C(s)$。这种两个控制器的组合在过程工业中被称为级联系统。这种两个控制回路组合使用的好处在于：内（电流）回路快速反应，及时降低某些运行扰动，减小电源电压变化或定子阻抗变化的影响，并消除驱动电子设备中的非线性成分。还可以在速度控制器的输出 i_c 上添加一种饱和成分，使 $C_c(s)$ 限制定子电流，从而避免过载。本章还阐述了如何先设计电流回路，而不考虑速度反馈的影响，然后再求得图 5.10 所示的闭环响应 $H_a(s)$。用这个结果设计速度控制器 $C(s)$，这个控制器用于抵消其他运行扰动，并执行外部对系统的指令 r。图 5.13给出简化的速度回路，其中电流回路由近似 $H_a(s)$ 的模块取代。最好通过如图 5.19 所示的完整仿真进行最终验证。

我们发现 $C_c(s)$ 抗衡电动机中的电磁扰动，使之不对负载构成扰动，而$C(s)$ 抗衡负载本身的机械扰动。可以不同方式来审视这个系统。图 5.27 给出相同的级联控制器，其中在电控控制器的输入端断开了两个反馈回路，有

$$I_e(s) = I_c(s) - I(s)$$

输出端 2 是电流反馈信号的负值。我们将其定义为

$$-I(s)=L_a(s)I_e(s)$$

输出端3是由速度控制器产生的指令电流。我们将其定义为

$$I_c(s)=L_w(s)I_e(s)$$

输出端1是输出端2和输出端3的总和：

$$I_e(s)=L_w(s)I_e(s)+L_a(s)I_e(s)=L\_(s)I_e(s)$$

$$L\_(s)=L_w(s)+L_a(s)$$

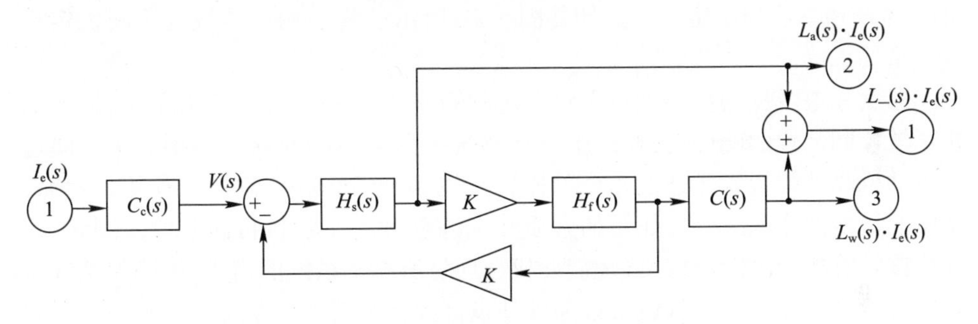

图5.27　输入至 $C_c(s)$ 的回路断开

这三个频率响应如图5.28所示，其中 $L_a(s)$ 是电流回路的开环响应，与图5.3一致。$L_w(s)$ 对应于电动机没有电流反馈时的速度回路的频率响应。

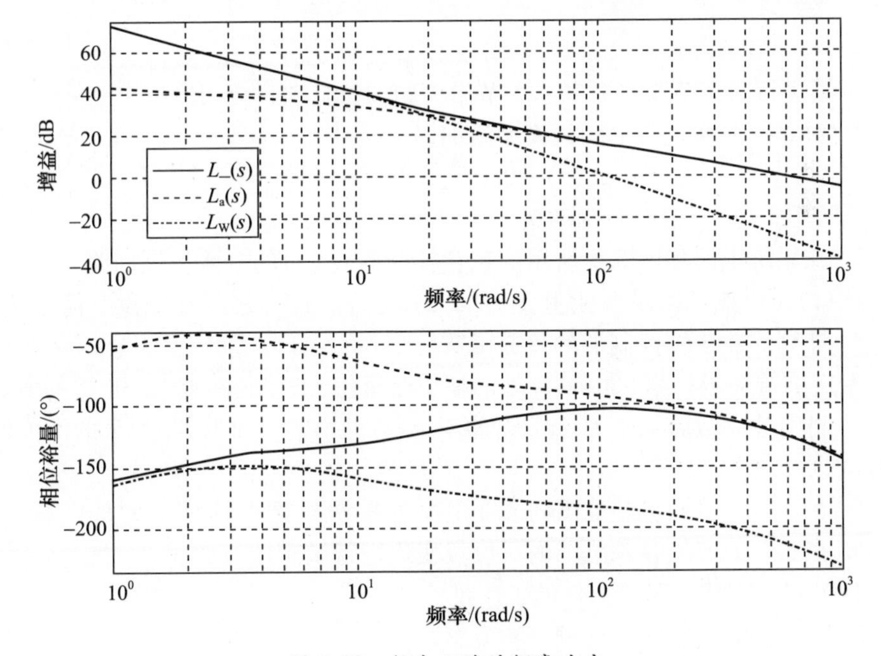

图5.28　组合回路的频率响应

图5.28给出所考虑系统的频率响应，它的速度反馈 $L_w(s)$ 在频率低于5rad/s时起支配作用，而电流反馈 $L_a(s)$ 在频率高于20rad/s时起支配作用。注意，$L\_(s)$ 在增益交越频率600rad/s处与 $L_a(s)$ 十分接近，意味着电流回路的设计几乎不受增加速度反馈回路的影响。由此可证实，电流回路的设计可以不考虑速度反馈的影响。但这一点并不适用于所有应用。执行器直接响应电流控制器产生的电压指令 $V(s)$，因此它的增益或相位滞后的变化都会直接影响相位裕量 $L\_(\mathrm{j}\omega)$ 和系统的稳定性。这使得图5.28所示的频率响应图成为判断稳定裕量的重要工具。

速度和电流反馈回路抵抗车辆严重的俯仰和加速，稳定了负载的运动，还加快了被控制装置的响应，且使这个闭环系统的位置控制回路变得很简单。向这个电动机驱动装置发送速度指令的操作员也起到了级联控制器的作用。然而，系统的最终性能取决于操作员的素质和训练程度。在项目目前阶段，控制工程师应该是有作为的团队成员，他们要权衡项目所有子系统的需求，以确保系统有效运行。这样控制工程师就可以向硬件设计师提出需求。系统工程师必须积累经验，以便在项目定义阶段识别潜在控制问题，确定合适的预防措施。将仿真模型作为样机进行"假设"研究，将会对项目推进有很大的帮助。

5.5 练习

继续进行3.9节第1题和4.5节第1题的仿真项目练习。

1. 对有前馈系统的电动机模型施加以下扰动：

$$w_v(t) = 0.02\sin(8t)\,(\mathrm{rad/s})$$

观察角速度 $w(t)$ 产生的受扰动量。

2. 在系统中添加图5.1所示的包含控制器 $C_c(z)$ 的电流反馈回路。

$C_c(z)$ 可以按照附录B第B.1节的方式建立，没有微分项（即没有信号 d）。

3. 计算等效连续控制器的传递函数 $C_c(s)$。

给定增益交越频率500rad/s处的相位裕量值，求控制参数 K_p 和 T_i 的值。

4. 将上述参数施加于 $C_c(z)$，观察对 $w(t)$ 的影响。改变 K_p 和 T_i 的参数值，进行试验。

5. 在3.2.1节的容差范围内改变电动机参数 K，观察其对 $w(t)$ 的影响。

6. 在3.2.1节的容差范围内对参数变化进行敏感性研究。

是否有办法减少这项工作的工作量？

7. 绘出电流回路的闭环频率响应图。

绘制以下形式传递函数的响应：

$$H(s) = -K(s-z)/(s^2+as+b)$$

改变参数 a、b、z，以匹配电流回路的频率响应。

8. 建立图 5.13 所示的带电流反馈的电动机的仿真模型。

注意 $H_a(s)$ 对应于本章练习第 7 题中给出的传递函数 $H(s)$。其近似于电流反馈的闭环响应。

在如图 5.13 所示的系统中添加包含控制器 $C(s)$ 的速度反馈回路。

寻找在增益交越点 20rad/s 处给出合理相位裕量的控制器参数。

9. 将上题参数施加于 $C(s)$，观察对 $w(t)$ 的影响。改变控制器参数进行试验。

10. 用离散控制器 $C(z)$ 替代连续控制器 $C(s)$，观察对 $w(t)$ 的影响。

11. 用电流反馈回路仿真替代传递函数 $H_a(s)$，观察对 $w(t)$ 的影响。

参考文献

de Stephano J. J. , Ⅲ, A. R. Stubberud, and I. J. Williams, *Feedback and Control Systems* (Schaum's Outlines series), New York: McGraw - Hill, 1967.

Rubin, O. , *The Design of Automatic Control Systems*, Dedham, MA: Artech House, 1986.

第6章　实施阶段

第5章阐述了控制系统的设计，且似乎采取了所有能想到的预防措施，确保被控制装置、执行器、传感器完满响应控制指令，在反馈回路内正确运行。要避免意外的情况，还应当要做确定车辆基本运动的试验和开展系统在各种各样条件下运行的仿真工作。还通过压低速度控制器的增益 K_p 为未知情况保留余量。

6.1　硬件集成

第3章阐述了如何循序渐进地构建仿真模型。类似的过程也能用于控制系统与硬件集成。要经历一个用仿真的被控制装置测试控制器的阶段。将控制系统与真实的被控制装置连接在一起通常比较烦琐，需要解决各种硬件部件间的接口问题。

闭合控制回路可以遵循类似的循序渐进过程。可以先闭合电流反馈回路，试验其对各种电流指令 i_c 的响应。电流指令来自仍处于开环运行状态的速度控制器，也可以在电动机试验装置上进行试验，如图2.3所示。其中转子被锁定不动。可以集成到被控制装置的电机进行试验，在这种情况下，可以在任何合适的位置锁定传动系统。通过改变速度控制器上的偏移量来改变指令 i_c，由此证实电动机电流跟随指令电流准确变化，基本没有延迟。电流控制器的增益从小开始，逐步提高至设计值。

电动机装到被控制装置上之后，便可以解锁传动系统，并调整速度控制器的偏移量，抵消导致负载运动的任何持续转矩。如果静摩擦很大，负载会在速度控制器偏移量的一定范围内保持静停状态。我们可调整 i_c 为这段偏移范围的中间值，并检查不同的转子位置的设置值。然后，可以将速度控制器的输出 i_c 的极性分别与所得到的运动方向、速度陀螺仪产生的信号极性相关联。必须仔细检查确认，当速度回路闭合时形成负反馈。

在完成这些准备工作后，可以大胆闭合速度回路。开始时压低增益 K_p 和 $1/T_i$ 值，然后慢慢提高增益值，以验证设计值。

6.2 项目挫折

本章给出一个案例，以提醒我们在硬件试验时可能出现的意外情况！

前文设计了一个增益 K_p 为 400A/(rad/s)的速度控制器。现在假设当增益仅为 30A/(rad/s)时，系统开始振荡！如果将增益限制在这个数值，那么扰动抑制能力也会大幅降低。

电流回路在抑制某些扰动方面发挥了很大作用，但是需要速度回路来抵消作用于负载本身的转矩。为了量化这些要求，进行了进一步试验，记录了车辆的横向加速度 A_z 和俯仰速度。记录见图 6.1，其功率谱见图 6.2。

负载的不平衡质量有加速度 A_z，产生扰动转矩。考虑过使用预载弹簧来抵消负载的静态不平衡，但是并不会减少随机横向加速度的影响。因此，必须使用速度回路来抵消负载上的随机转矩。

第 5 章表明，400A/(rad/s)的速度控制器增益 K_p 可以将负载被扰动量减少至可接受的值。其中考虑了由于车辆俯仰作用于轴承的摩擦而引起的负载扰动。积分项主要用于抵消系统中负载的恒定不平衡与其他偏移。

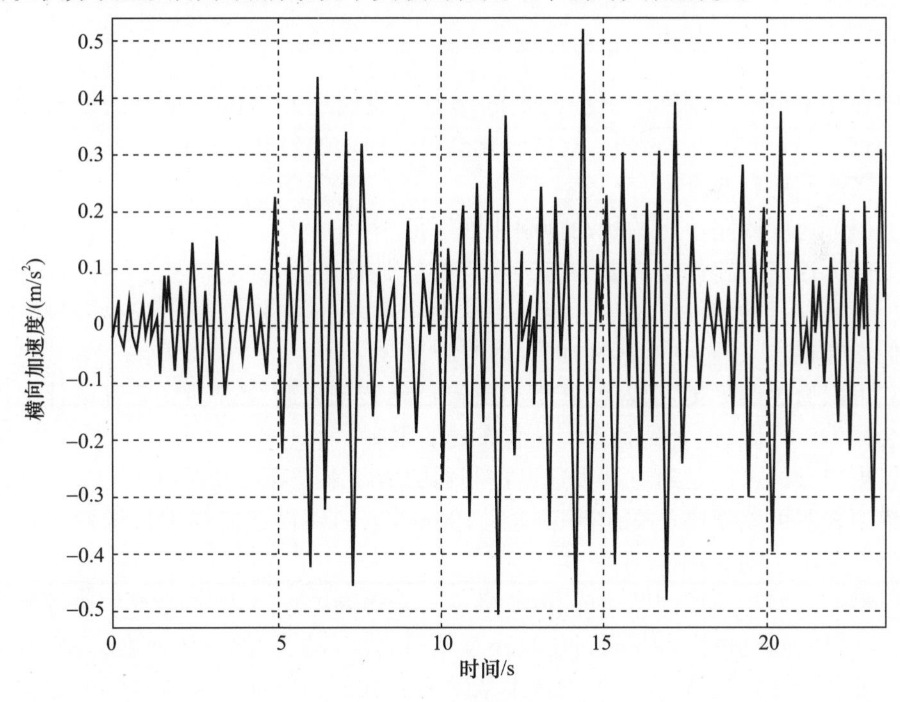

图 6.1 车辆横向加速度

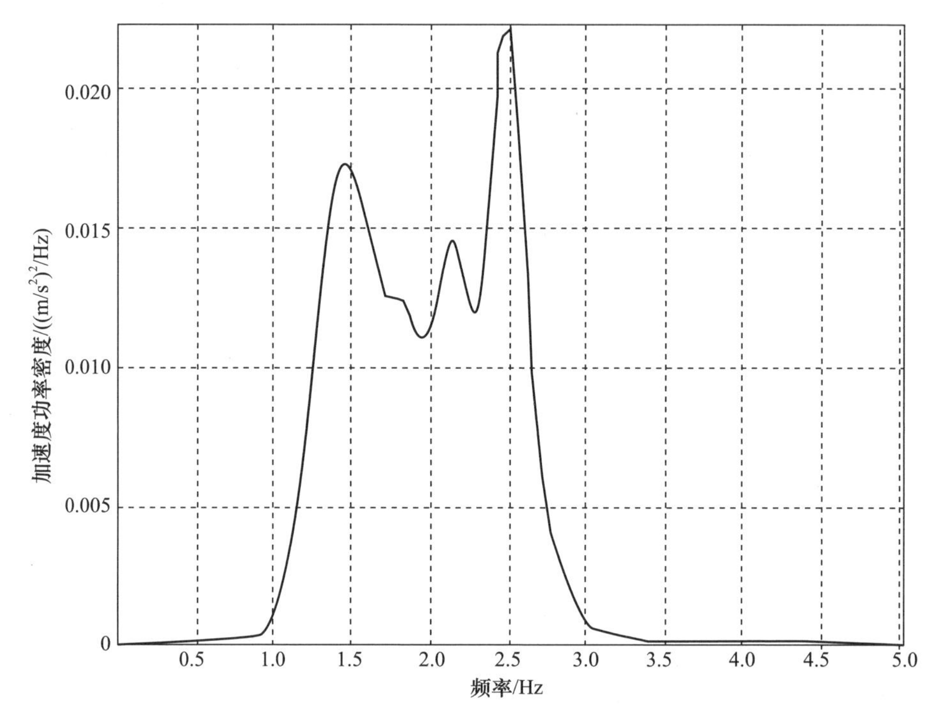

图 6.2 车辆横向加速度功率谱

现在不得不大幅度降低控制器的增益。我们还发现由于车辆的横向加速度,而存在另一个扰动转矩。这些变化会极大地增加负载的被扰动量。

实质问题有两个:

(1) 速度回路给出的扰动抑制能力不足。

(2) 速度回路的仿真模型与实际装置差别很大。

任何项目的硬件试验都可能遇到这两个意外的问题。正是从这些经验中,我们学会在未来项目中可采取的预防措施!

可以通过调平衡负载,使其质心更接近旋转轴来减少扰动。装置设计师可能会尽力这样做,但会受到系统装置布局的限制。

更想做的可能是通过增大速度控制器的增益来提高扰动抑制能力。虽然仿真模型表明可以使增益交越频率达到 100rad/s,但硬件试验却发现增益交越频率甚至无法达到 6rad/s。

最终我们与系统团队达成共识,必须首先解决仿真问题,再考虑解决控制问题。项目团队全体应参与研讨仿真模型不符合实际装置的原因所在,必要时求助于外部。先要确认,在模型设计中从结构和数值两方面对装置自身的已知效应进行了正确的仿真。然后在开始考虑仿真过程中所忽略的因素时,可以列出以下简短清单：

(1) 控制硬件或软件中的死区时间。

(2) 传动系统中的齿隙、死区、静摩擦、结构共振。

(3) 传感器装置的齿隙和结构共振。

对这些因素量化后仿真。可以通过计算来量化，但最好测量硬件。试验传动系统结构共振的一种方法是急停恒速转动的电动机，做法是切断电源的同时迅速制动电动机轴，这样会导致负载发生图 6.3 所示的振荡。然后应由机械设计师寻找振动的原因。他们可以对传动系统和结构进行负载试验，确定部件的刚度。对结构进行模态分析也是十分有用的。项目团队应继续研究上述清单中的其他因素。与此同时，控制工程师将研究共振对控制系统的影响……

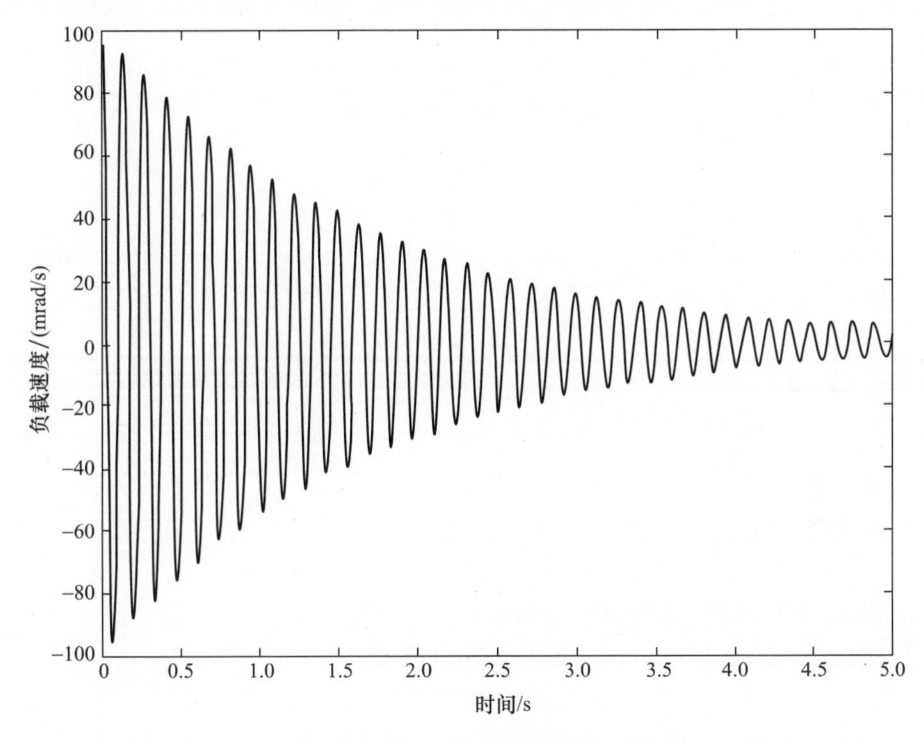

图 6.3 引起的负载振荡

6.3 电动机与负载弹性耦合

前面在对电动机驱动装置的仿真中，将电动机和负载的传动机构假设为完全刚性。因此负载角速度 $w(t)$ 与电动机角速度 $w_m(t)$ 直接由传动比 N 联系：

$$w(t) = w_m(t)/N$$

电动机驱动装置的整体弹性效应可以由图 6.4 仿真,图中含有一个子系统模块($H_g(s)H_{gm}(s)$),该子模块如图 6.5 所示。这个模型中,存在着传动机构的扭转变形,在电动机和负载之间产生角偏转 θ。图 6.5 给出电动机和负载角速度差的模型:

$$d\theta/dt = (w_m(t)/N) - w(t)$$

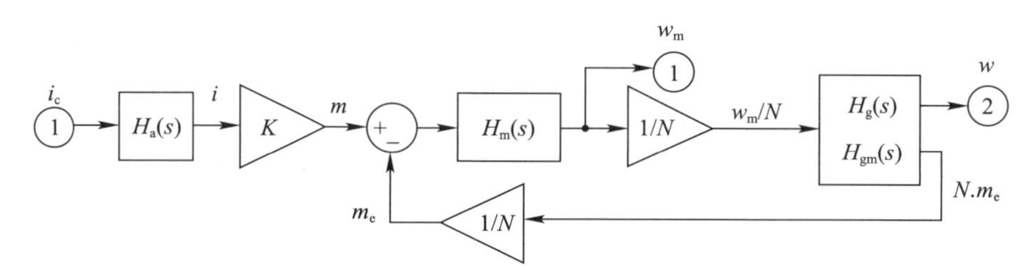

图 6.4　弹性连接的仿真

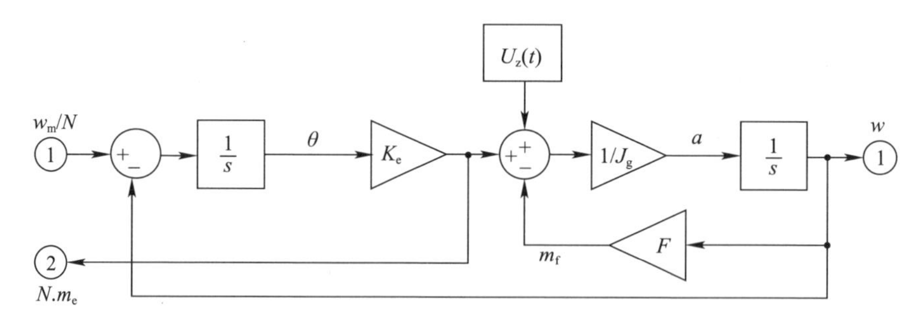

图 6.5　$H_g(s)$ 和 $H_{gm}(s)$:带弹性耦合的负载机械装置

电动机和负载的角加速度之间可能也存在差异:

$$d^2\theta/dt^2 = (dw_m/dt)/N - dw/dt$$

因此,我们必须仿真电动机和负载各自的转矩方程,取

$$J_m = \text{电动机惯量}$$

$$J_g = \text{负载惯量}$$

图 6.4 中,$H_g(s)$ 是从电动机运动到负载运动的传递函数,$H_{gm}(s)$ 为弹性转矩的响应。

传递函数 $H_m(s)$ 具体表现为图 6.6。

假设给这个电动机驱动装置施加电流指令 i_c,以使电流 i 发生阶跃变化且在电动机轴上产生转矩 m,则将激励出有阻尼扭振。在此结束后,电动机和负载将以恒定速度运动。这两个速度再次由传动比关联在一起:

$$w(t) = w_m(t)/N$$

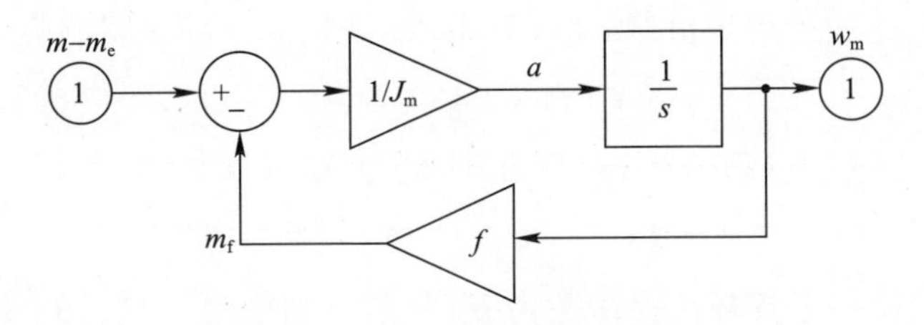

图 6.6　$H_m(s)$：电动机的机械装置

这样在传动机构上形成一个恒定的扭角 θ，产生了弹性转矩 m_e。这个转矩在传动机构的一端阻止电动机运动，另一端驱动负载运动。把传动机构的扭转刚度定义为参数 K_e，可以给出作用在电动机上转矩 m_e 和扭转角的关系为

$$m_e = (K_e/N)\theta$$

电动机转矩 m 必须克服弹性转矩 m_e 和其自身的摩擦：

$$m_f(t) = fw_m(t)$$

作用于负载的弹性转矩 $K_e \cdot \theta$ 要克服负载摩擦：

$$m_F(t) = Fw(t)$$

这个模型包括了作用于负载的随机不平衡转矩的扰动，即图 6.5 中的外部输入 $U_z(t)$，后面将讨论它。还可以增加车辆俯仰速度 $W_v(t)$ 对负载摩擦的影响，如图 3.8 所示。

第 3 章中估算了组合惯量：

$$J = J_g + N^2 J_m$$

假设我们算得 $N^2 J_m$ 的标称值为 0.15J，还要确定其容差。

图 6.3 所示振荡是硬件试验中急停电动机的结果，可以用图 6.5 所示的模型来仿真。先将输入信号 w_m/N 中止为零，再将负载角速度 w 设置为非零初始值。被仿真的负载开始时还要继续旋转，使传动机构产生扭转角 $\theta(t)$，$\theta(t)$ 作为 $w(t)$ 的积分项在增大。传动机构的弹性与负载惯量相互作用，产生了有摩擦阻尼的扭转振荡。改变刚度 K_e 即改变振荡频率，而改变摩擦 F 影响到阻尼。

然后修改模型中的系数，复现图 6.3 所示硬件振荡。这个振荡同时还对应于传递函数 $H_g(s)$ 的极点。因此，可以通过推导图 6.5 中给出的传递函数的代数表达式来对结果进行交叉校验。下面从负载 $w(t)$ 对弹性转矩 $Nm_e(t)$ 变化的响应开始推导：

$$W(s) = H_F(s) Nm_e(s)$$

$$H_F(s) = (1/J_g)/(s + A)$$

$$A = J_g/F = \text{时间常数的倒数}$$

可以用上述式子得到负载 $w(t)$ 对 $\mathrm{d}\theta/\mathrm{d}t$ 变化的开环回路响应 $L_g(s)$：

$$W(s) = L_g(s)s\Theta(s)$$

$$L_g(s) = H_F(s)K_e/s = (K_e/J_g)/(s(s+A))$$

$$s\Theta(s) = (W_m(s)/N) - W(s)$$

图 6.5 给出一个开环传递函数为 $L_g(s)$ 的反馈回路。$w(t)$ 对输入 $w_m(t)/N$ 的闭环响应为

$$W(s) = H_g(s)(W_m(s)/N)$$

$$H_g(s) = L_g(s)/(1+L_g(s)) = \Omega^2/Q(s)$$

$$Q(s) = s^2 + sA + \Omega^2$$

参数 Ω 为振荡的固有频率，数值为 K_e/J_g 的平方根。通过增加刚度 K_e 的值提高该频率。$H_g(\mathrm{j}\omega)$ 在频率低于 Ω 时趋近于 1，此时负载运动紧跟电动机，意味着耦合是半刚性的。振荡阻尼由参数 A 给出。

图 6.4 给出的仿真模型中，电流指令 i_c 施加于转矩电动机。它的电流控制十分理想，所以传递函数 $H_a(s)$ 趋近于 1，电动机转矩可以近似为

$$m(t) \approx Ki_c(t)$$

转矩驱动电动机的机械装置，如图 6.6 所示，后者通过弹性传动机构与负载耦合。组合形成的系统的电动机和负载角速度分别为 $w_m(t)$ 和 $w(t)$。

可以用附录 A 第 A.5 节和 A.6 节中阐述的 MATLAB 函数来仿真上述模型的频率响应。$W(\mathrm{j}\omega)$ 对 $I_c(\mathrm{j}\omega)$ 的响应 $H(\mathrm{j}\omega)$，单位为 rad · A/s，如图 6.7 所示。图 6.8 为 $W_m(\mathrm{j}\omega)$ 的相应响应。频率低于 10rad/s 时，$H(\mathrm{j}\omega)$ 和 $W_m(\mathrm{j}\omega)$ 的响应与图 5.11 十分相似，表明扭转偏移远小于电动机或负载的运动。图 6.7 图和图 6.8的响应在频率略高于 100rad/s 处具有共振峰。或许令人惊讶的是，图 6.3表明负载为 46rad/s 的频率振荡，而从图 6.8 可以看到电动机响应在频率 46rad/s 有一个对应于频率 Ω 的 V 形缺口。

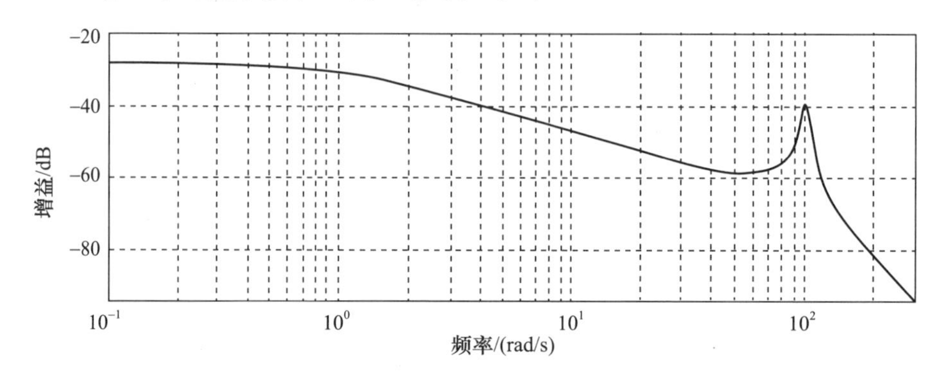

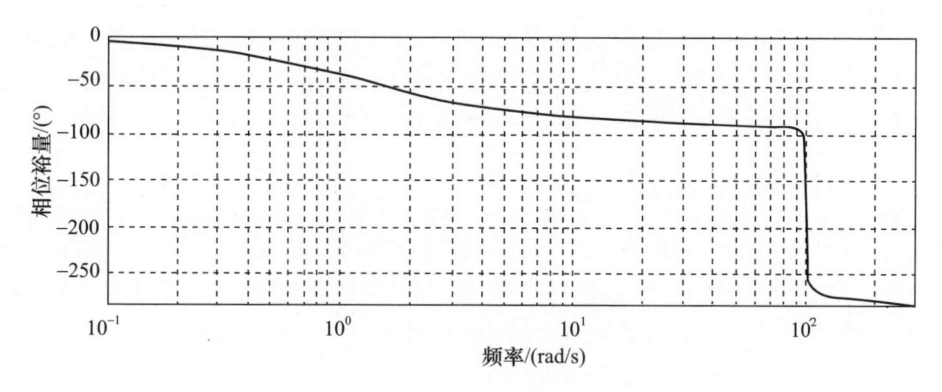

图 6.7 负载的共振频率响应 $H(j\omega)$

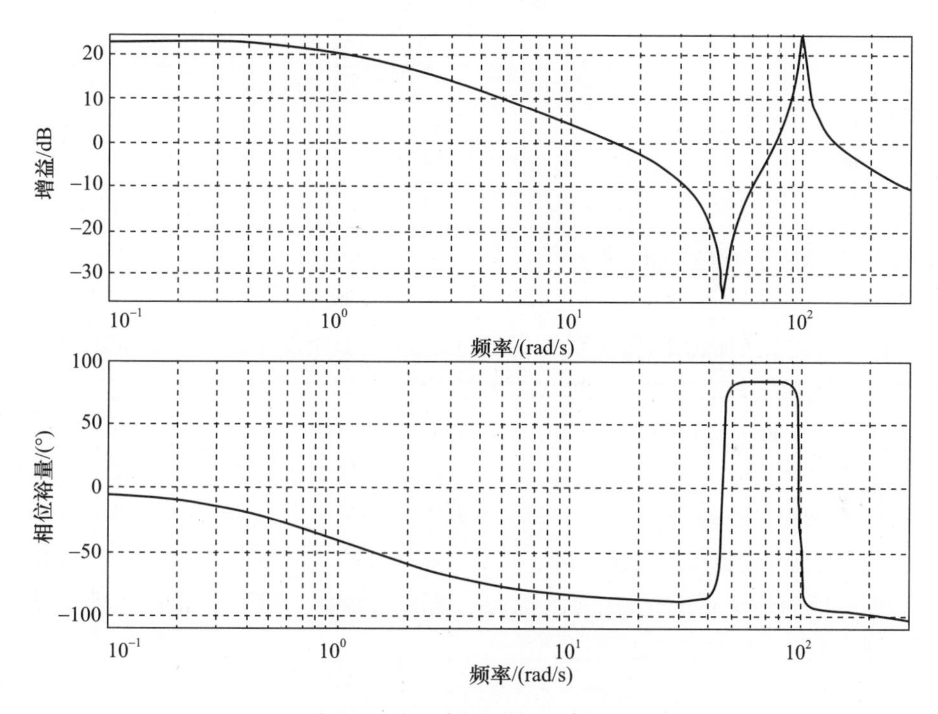

图 6.8 电动机的共振频率响应

这个现象可以解释如下。图 6.4 表明,负载的运动通过弹性转矩 m_e 作用于电动机并产生反馈。这个反馈回路增加了系统的共振频率。通过近似分析,可以推导出共振频率大致为下述表达式的平方根:

$$\Gamma^2 = K_e / J_g + K_e / (N^2 J_m)$$

弹性耦合具有更深的影响。在频率 Ω 处电动机的转矩几乎完全被负载吸收,这就解释了图 6.8 中电动机响应产生 V 形缺口的原因。

可以通过在硬件上测量这些频率响应，对计算结果进行交叉校验，做法在6.10节中讨论。然后通过调整，使图6.8中V形缺口计算结果与测量结果相匹配，有可能会精细估算出电动机摩擦和惯量值。

6.3.1 电动机与负载间的游隙

图6.9给出如何用图6.5中的死区模块把间隙考虑进来。可以在硬件上测量传动系统中的游隙，做法是保持负载处于静停状态，观察电动机的自由行程。我们假设齿隙的影响可以忽略不计，因此在后文研究中不再加以考虑。

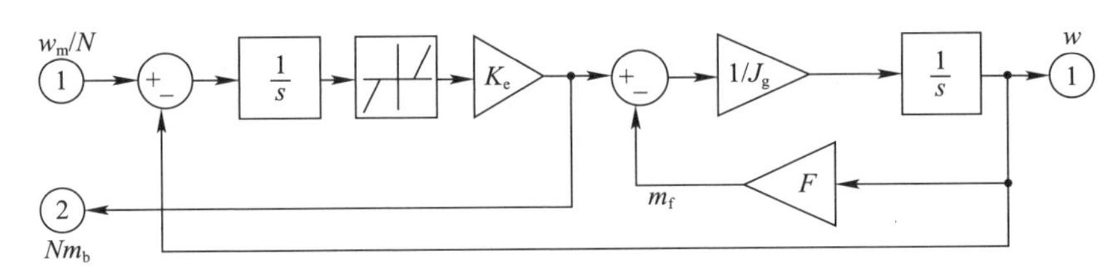

图6.9 间隙的仿真

6.4 负载上的其他扰动

图6.1给出车辆横向加速度 A_z 的记录。这个加速度作用于负载的不平衡质量，产生转矩 $U_z(t)$。这是外部输入 $U_z(t)$，即图6.5中[$U_z(t)$]模块。可以由负载的机械布局估算 U_z/A_z，我们将假设这个值在40～60N·m/(m/s^2)。

可以用仿真来预测图6.10所示的转矩 $U_z(t)$ 引发的受扰动结果。模型所用的被控制装置参数为标称值。因为这些标称值的公差很大，所以可能要用不同参数值重复进行多次仿真。由此可以得出结论，速度回路需要达到20dB的扰动抑制能力。幸运的是，主要的扰动远离共振峰值，否则，负载被扰动量会被放大许多。

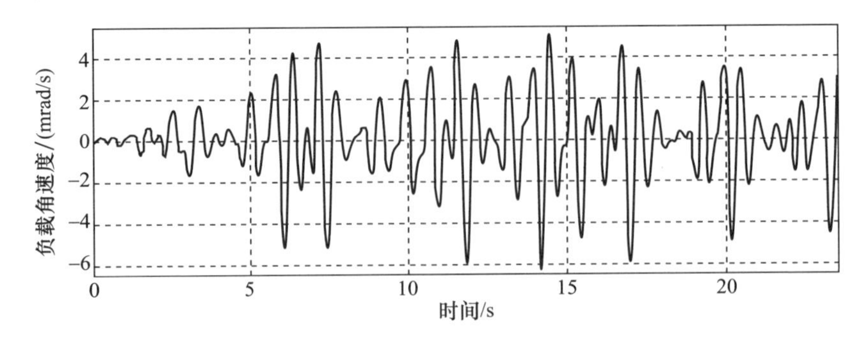

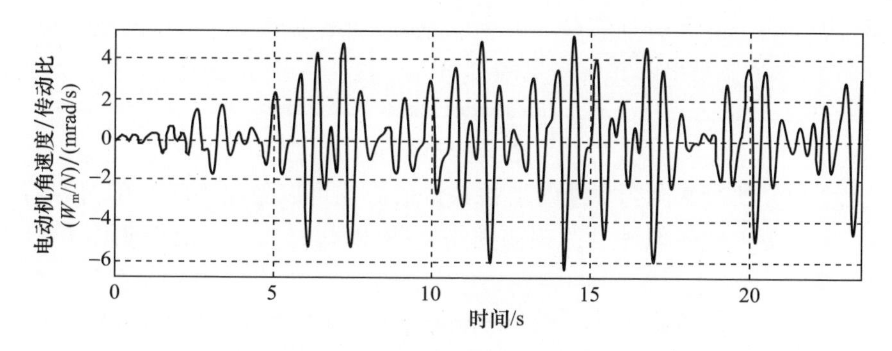

图 6.10 对横向加速度的响应

6.5 速度反馈回路的重新设计

考虑图 6.11 所示的速度反馈回路,其仿真模型包括了电动机和负载之间的弹性耦合。图 6.7 表明,这个模型增添了对频率响应 $H(j\omega)$的共振峰,其中

$$H(j\omega) = W(j\omega)/I_c(j\omega)$$

在第 5 章中设计速度回路时尚不知道共振峰的存在。后文将会说明,如果回路在该共振峰的频率上没有足够的增益裕量(通常为 9dB),共振峰就会引起不稳定的振荡,因此不得不通过重新设计速度控制 $C(s)$来达到增益裕量要求。为此,我们再次考虑使用 PI 控制器:

$$C(s) = K_p(1 + 1/(sT_i))$$

速度回路的开环响应为

$$L(s) = C(s)H(s)$$

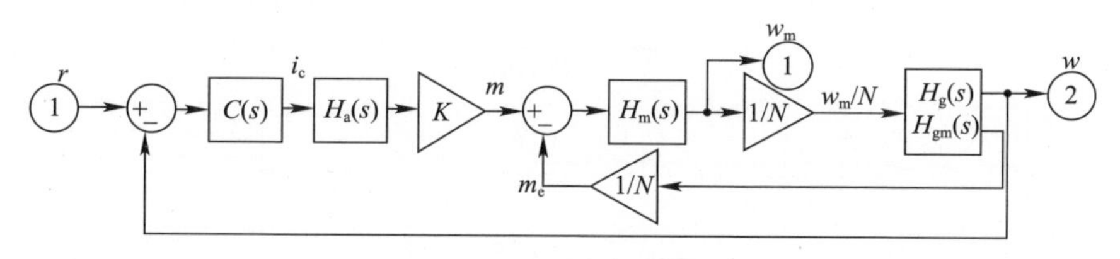

图 6.11 速度反馈回路

可以按照下列叙述重新设计 $C(s)$。首先假设积分项增益很小,因此频率 $1/T_i$ 远低于共振频率。然后会看到下面的比例增益可将 $L(s)$的共振峰降低至 9dB 以下:

$$K_p = 10(\text{A}/(\text{rad/s}))$$

产生的增益交叉频率约为 1rad/s。被控制装置在这个频率处的相位滞后约

为 45°,因此可以让积分项有较大的相位滞后,且不带来相位裕量问题。可以看到,下述积分增益给出的相位裕量超过 50°:

$$1/T_i = 4(\mathrm{rad/s})$$

$$T_i = 0.25(\mathrm{s})$$

这个积分项对共振频率处的增益裕量的影响可以忽略不计。但可以看出,只当频率低于 4rad/s 时才开始提高回路增益,因此它几乎不能抑制由 $U_z(t)$ 引起的扰动。

在上述控制器增益条件下的频率响应 $L(s)$ 如图 6.12 和图 6.13 所示。我们增大了图 6.13 中的频率分辨率,以便更好地理解共振峰值处的增益裕量。这些图说明,当绘制突变现象(如共振峰)图时,如果频率分辨率不足,可能会丢失重要信息。

比例增益 K_p 的选择严重受制于结构共振,结构共振限制着增益交越频率。反过来这又严重限制着消除运动车辆横向加速度影响的扰动抑制能力。

图 6.12 还包括了闭环传递函数的波特图:

$$O(s) = 1/(1 + L(s))$$

$$Q(s) = L(s)/(1 + L(s))$$

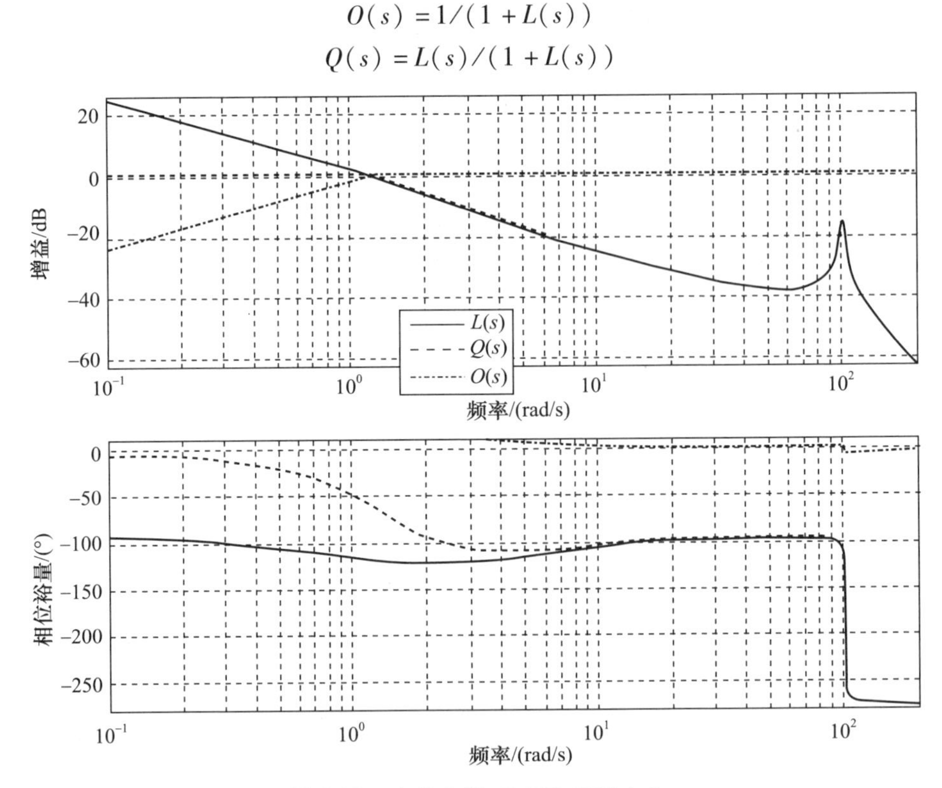

图 6.12 速度反馈:开环和闭环响应

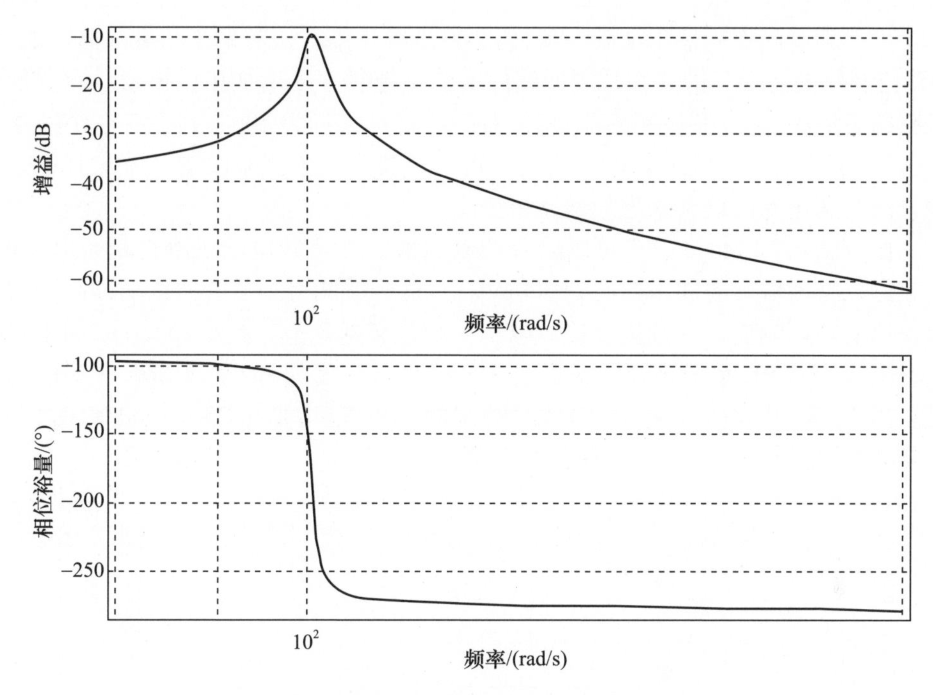

图 6.13　开环响应 $L(s)$ 的细节

图 6.12 中的增益曲线 $O(s)$ 表明在频率 12rad/s 处几乎没有扰动抑制。

对横向加速度 A_z 的闭环响应如图 6.14 所示。将之与图 5.17 对比，可以看到当前的状况相当差。

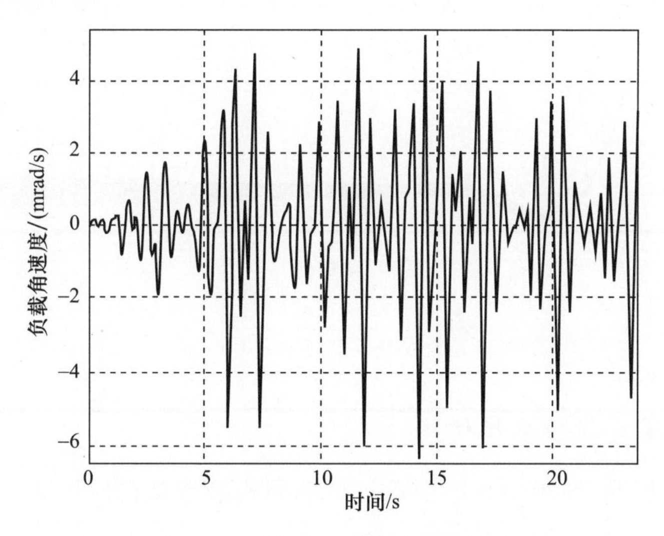

图 6.14　对横向加速度的闭环响应

可以尝试向控制器添加微分项，但会发现并不能真正有助于改进回路性能。PID 控制器的主要目的是在控制回路的增益交越频率处增加相位裕量。在我们研究的案例中，达到共振频率前，相位滞后一直都大约为 100°，其中有一个极端情况，相位滞后突然跳到 270°。为此不得不寻找其他方法来改进系统。其中一种方法是利用专门设备来增加增益裕量。

比较图 6.12 和图 5.17 可以给我们以启发。当负载电动机刚性耦合时，理论上可以将增益交越频率提高到 300rad/s。这样就能得到显著的扰动抑制能力和快速的闭环响应。弹性耦合严重限制了增益交越频率。图 6.15 表明，如果将 K_p 增加到 3.5 倍，系统将开始振荡。它表示的是系统对 10N · m 阶跃扰动的响应。当 K_p 为 10A/(rad/s) 时，系统是稳定的。当 K_p 增加至 35A/(rad/s) 时，共振频率处的振荡增加，电动机和负载将发生反相运动。

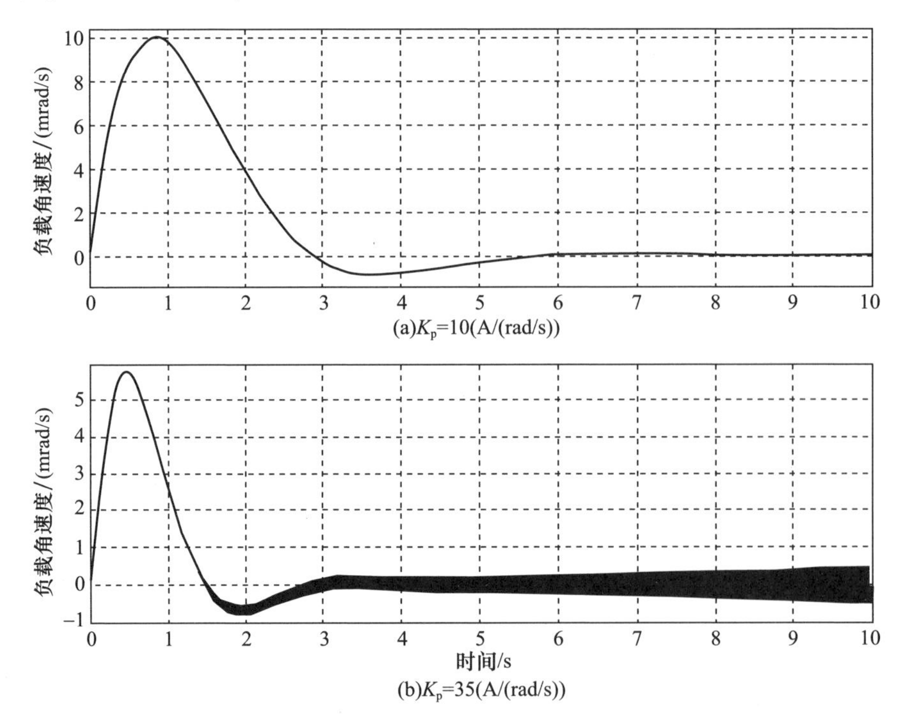

图 6.15 阶跃扰动的闭环响应

6.5.1 速度反馈敏感性研究

结构振动的共振频率与电动机与负载间机械连接的刚度 K_e 的平方根成正比。

需要研究确定是否可以通过修改机械设计来增大刚度，同时可以用仿真模型来研究这种修改的效果。目标是确定共振频率必须增加多少才能使其峰值处的增益裕量不造成风险。还可以使用仿真模型来研究增大电动机轴或负载的摩擦的影响。我们知道，增大摩擦会增加结构阻尼，并由此减小共振峰的幅度。虽然对机械结构本身施加阻尼并不容易，但是设计师可以以某种方式添加黏滞阻尼器，且使阻尼器在车辆发生俯仰运动时不会产生过大的扰动转矩。还需要注意的是，我们对摩擦系数的估计值，特别是电动机系数 f 有十足的把握。

我们进行了一项仿真研究，以判断是否可以通过增加刚度 K_e 或摩擦 f 来改进速度回路的性能，同时修改速度控制器 $C(s)$，使之在共振处给出相似的增益裕量。图 6.16 给出在 $L(s)$ 的多种假设条件下被仿真的速度回路的开环频率响应的变化情况：

$$L(s)=C(s)H(s)$$

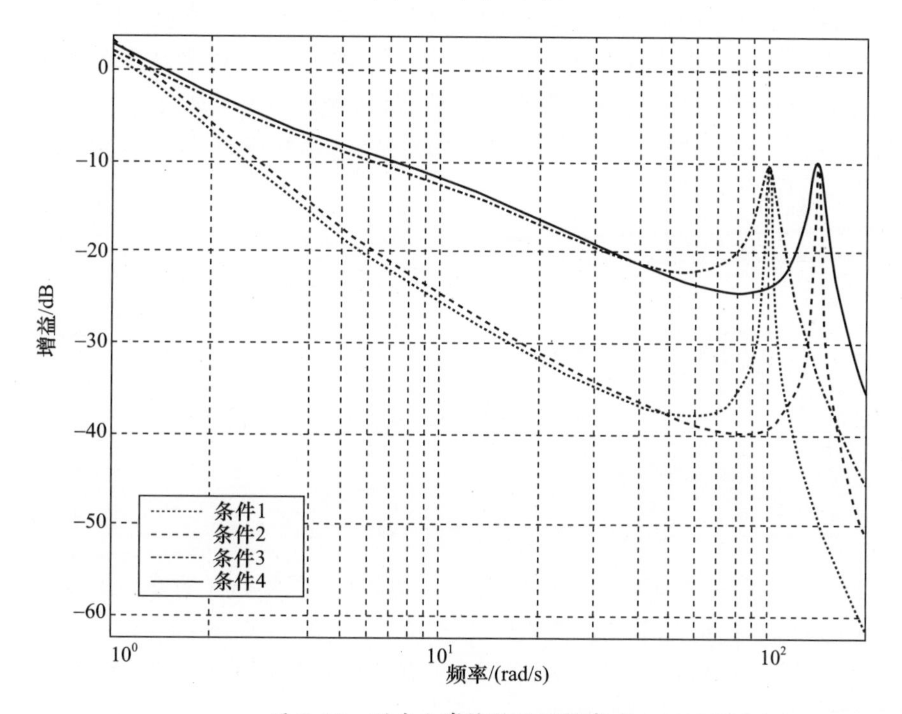

图 6.16 刚度和摩擦的开环敏感度

条件 1 对应于通用控制装置模型。条件 2 假设设计师可以使传动机构的刚度加倍，但不能增大摩擦力，因而共振频率上升，峰值振幅也增加。

条件 3 假设设计师可以使摩擦力增大到 8 倍,但是传动机构的刚度不变,因而共振频率保持不变,但峰值幅度减小。条件 4 假设设计师可以使刚度加倍并使摩擦力增大到 8 倍。

结果表明,加倍刚度几乎没有收获。这个结论有些令人惊讶,因为我们知道,当传动机构完全刚性时,我们的问题不复存在。在没有得到机械设计师认可的情况下,我们不会考虑将刚度提高到大于标称值的一倍以上。使摩擦力增大到 8 倍,可以使速度回路在 12rad/s 频率处的增益加倍,但这并不是一个好结果,因为几乎没有抑制扰动。这个结果往轻了说令人失望!

6.6 其他方案

绝望之时需要非常措施！现在必须寻找其他的方法来解决问题!

经过集思广益,我们决定研究两个思路。第一个思路是在车辆上安装一个加速度计测量其横向加速度 A_z,然后在前馈方案中使用该信号,如图 6.17 所示。我们绝不可低估这个改动对整个系统造成的影响。首先,必须要找到合适的加速度计,并检查其可靠性、电力需求等。然后,需要机械设计师考虑安装位置和怎样安装,并考虑布线、连接器、电源、控制软件的重新编程。必须变更设计图纸,寻找经费,制订计划……

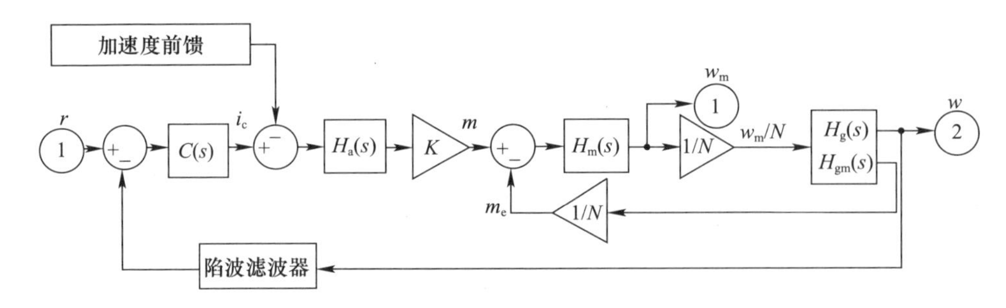

图 6.17 陷波滤波器和加速度计前馈

第二个思路是在速度回路中接入陷波滤波器。虽然这个方案只需要重新编程设计控制软件,但是不能低估软件的成本。

我们在这里只讨论这两个想法背后的初步思路。如果项目团队决定进一步研究它们,则还有更多工作要做……

6.6.1 加速度前馈

在这个阶段,我们对加速度计知之甚少,因此将以图 6.1 给出的信号作为输

入 A_z 来对图 6.17 中的前馈建模。这个模型是计算信号 U_z 所必需的，而这个信号的计算值应与负载上的转矩扰动 U_z 仿真值相等。然后需要计算可以加到电流指令 i_c 上的前馈信号，以产生一个电动机转矩来抵消由质量不平衡引起的转矩扰动 U_z。注意，扰动转矩作用在负载上，而前馈信号会在电动机上产生转矩。尽管如此，图 6.18 给出的仿真结果显示，这个方案可能会合理地抑制扰动。通过对加速度计信号的滤波，可以抑制图中可见的高频扰动。但这仅仅是个初步的结果，加速度计性能还可能对结果产生重大影响。

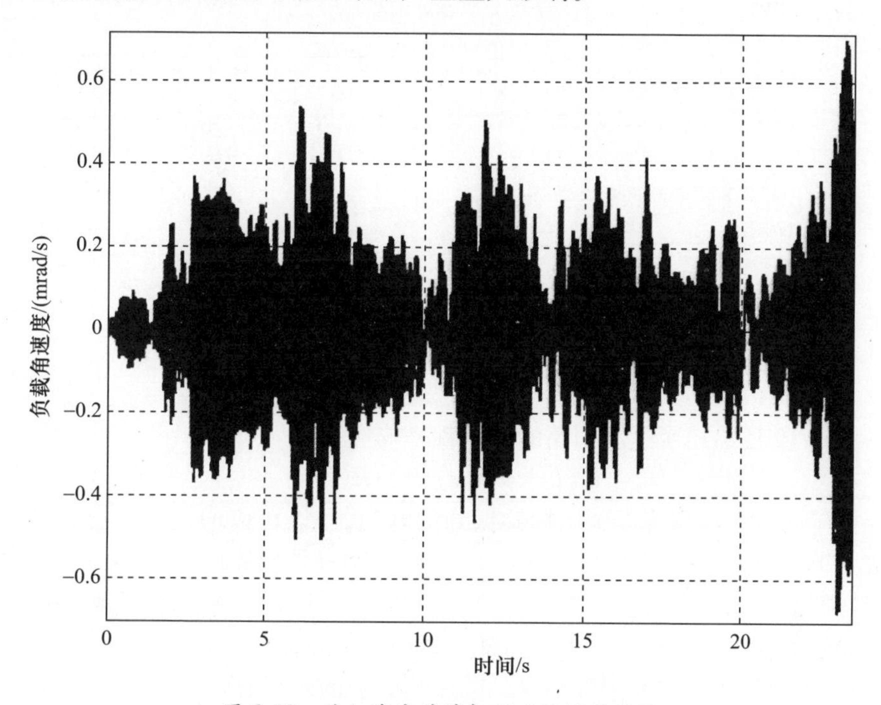

图 6.18　被加速度前馈抑制后的被扰动量

6.6.2　陷波滤波器

可以通过增加一个适当调谐的陷波滤波器 $F(s)$ 来衰减来自速度陀螺仪的信号，从而降低速度回路在共振频率处的增益。陷波滤波器的频率响应如图 6.19所示。

$$F(s) = F_1(s)F_2(s)$$

$$F_1(s) = 1.78(s^2 + 9s + 90^2)/(s^2 + 170s + 120^2)$$

$$F_2(s) = 1.19(s^2 + 11s + 110^2)/(s^2 + 170s + 120^2)$$

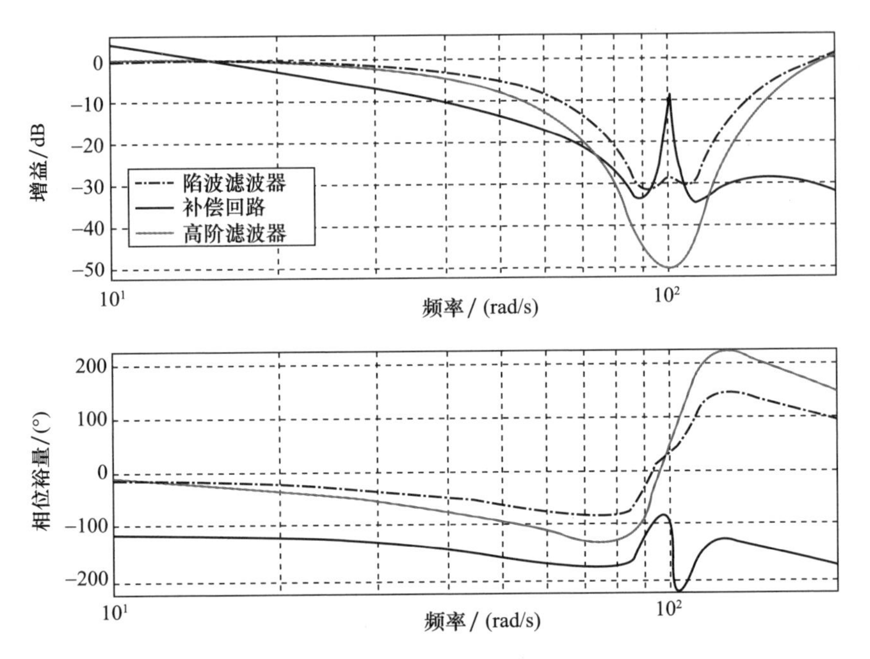

图 6.19　带陷波滤波器的频率响应

图 6.19 还给出了速度回路的开环频率响应：

$$L(s) = F(s)C(s)H(s)$$

由于陷波滤波器降低了结构共振处的峰值，所以可以增大速度控制器的增益 K_p。图 6.19 为 K_p 增长至 300A/(rad/s)时的补偿回路的频率响应。其增益裕量与图 6.13 大致相同。在频率 12rad/s 处存在可以忽略扰动抑制。被控制装置和滤波器之间的频率失配也可能会置陷波滤波器于无效。

图 6.19 还给出带有附加因素的陷波滤波器的频率响应。

$$F(s) = F_1(s)F_2(s)F_3(s)$$

$$F_3(s) = 1.44(s^2 + 10s + 100^2)/(s^2 + 170s + 120^2)$$

要在数字控制器中实现这样的陷波滤波器，需要经过仔细设计。可以使用下述 MATLAB 函数寻找这个附带响应的离散等价形式。例如，传递函数 $F_3(s)$ 可以定义为

$$\mathrm{TF}_3 = \mathrm{tf}(1.44 \times [1,10,100^2],[1,170,120^2]);$$

如果假设采样周期 T_s 为 0.2ms，则可得出其离散等价形式为

$$T_s = 2 \times 10^{-4}$$

$$\mathrm{TF}_{3d} = \mathrm{c2d}(\mathrm{TF}_3, T_s)$$

由此得到：

$$F_{3d}(z)=(1.44z^2-2.876z+1.437)/(z^2-1.966z+0.9666)$$

通过下面的差分方程运算实现陷波滤波器的功能：

$$x_{i+1}=1.966x_i+0.966x_{i-1}+0.864w_{i+1}-1.725w_i+0.862w_i$$

可以在微控制器上用类似于 8.9 节中给出的指令对此编程。

从图 6.19 中可以看出，这个器件在共振频率处增加了 20dB 的衰减，这样便能让我们增大速度控制器的增益。现在考虑回路增益交越频率处的相位裕量。陷波滤波器会在这个频率上增加相位滞后，所以必须仔细考虑如何设计回路。

图 6.20 表明即使采用完全不现实的控制器增益值，依然无法获得理想的扰动抑制。

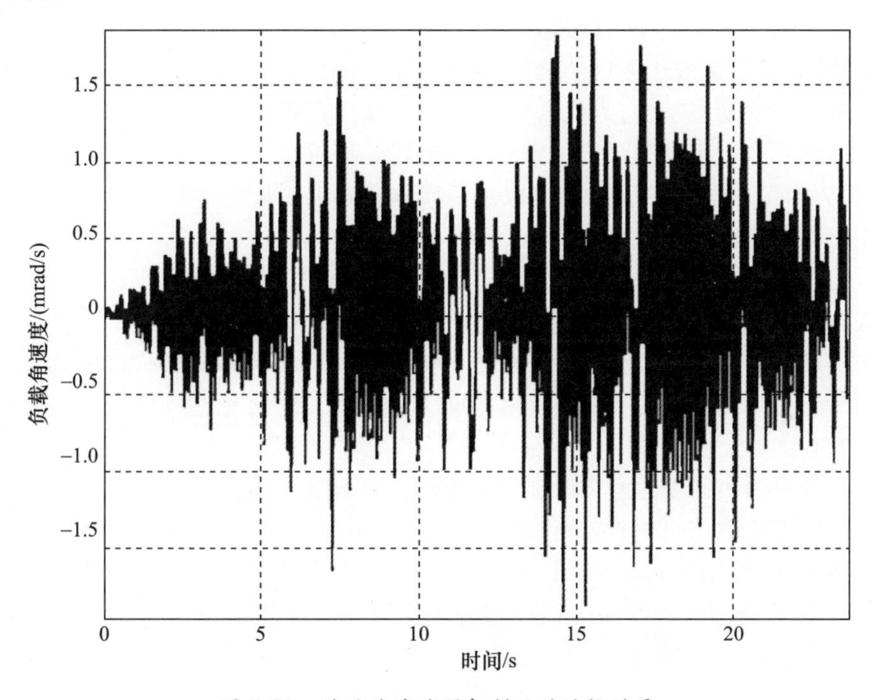

图 6.20　被陷波滤波器抑制后的被扰动量

6.7　何去何从

虽然采用陷波滤波器不失为一个选项，但是否可行取决于实际问题中共振的可重复性如何。

加速度计的前馈值需要进一步研究,但是必须在其成本与性能提升之间作出权衡。

最后一种选择非常不受欢迎,即重新进行合同谈判,以降低性能要求。也许我们能够在需要精确稳定负载的时刻稳定车辆的运动。

但有一件事可以肯定:并非所有的问题都有现成的解决方案。

6.8 总结

控制系统工程师必须从经验中学习如何降低成本,要在被控制装置建成之前的方案研究和设计阶段识别潜在的控制问题。本章用一个示例说明,如果忽视引发某个问题的关键因素,可能导致不利后果。这个示例是关于结构共振的,而读者在实际工作中还可能遇到其他问题。仿真模型在项目对早期阶段的工作大有帮助,它们常被作为这个阶段"假设"研究的样机。读者必须了解装置硬件和控制回路的动态特性,为此需要观察某个目标对象的实际运动,例如,伺服系统的运动要么回复到其最终位置,要么绕其最终位置振荡。如果这个运动发生能以"人类"时间尺度衡量,则可以被观察到;否则,可能必须按某种可调整的时间刻度记录与回放,类似于体育赛事的动作重播。通过在合适的图形显示器上观看仿真器的输出可以获得类似的效果。如果读者能够建立本书讨论的仿真模型并用不同的参数进行试验,将会有所裨益。第 3 章的内容有助于读者完成这样的工作。由仿真模型生成的图和在计算机上记录与回放的硬件试验结果所产生的图相似。一旦获得了对动态特性的直观感受,也就能更好地理解本书中出现的时间图。

仿真是项目研发过程各个阶段非常有用的辅助工具。到现在我们已经说明了在硬件试验时仿真仍然非常有用,并说明了仿真结果与预期有偏差。

我们通常在装置试运行期间要依靠仿真来验证其运行符合预期,并满足各项规格要求。试验程序应该通过各种运行条件来查验系统特性。有时可能需要说服客户将仿真结果作为实际硬件的代理。在某些情况下,无法获得试验条件,而进行其他试验可能会对装置造成太大的风险。某些试验可能会产生费解的结果,可能是因为记录结果的数据率较低或记录结果受到外部扰动的污染。有时需要考虑一个无法测量的装置参数。当系统性能未达到预期时,项目团队的不同代表可能会产生冲突。仿真通常可以用来解决这这类争论。

6.9 练习

继续进行第5.5节的仿真项目练习。

1. 建立具有图6.4、图6.5、图6.6所示形式的弹性连接的仿真模型，使用$H_a(s)$近似电流反馈回路的闭环响应。

计算负载的$w(t)$和电动机的$w_m(t)$对电流指令i_c的频率响应。

在3.2.1节给出的公差范围内改变参数，进行敏感性研究。

根据6.5.1节内容改变摩擦力和刚度。

是否有办法减少这项工作的工作量？

2. 现在添加一个速度反馈回路，并将控制器$C(s)$添加到系统中，如图6.11所示。重复练习5.5节第8题和第9题中的设计工作。

3. 尝试在你所在机构内找一个控制性能显著低于计算的预期的装置。你会按什么程序来查找造成差异的原因？

评判一个可能出现的解释，它判定真实装置必然要与它的仿真模型产生多大偏差，以此解释观察到的性能。这个假定的解释可行吗？“仿真模型”应该（但未必能）完美描述装置的动态特性。

6.10 附录 频率响应试验

硬件的频率响应可以由附录A中图A.1所示的试验装置测量。正弦试验信号将作为电流指令i_c输入，负载的运动结果将由速度陀螺仪测量。无刷电动机的位置由一个传感器（精确位置编码器或霍耳效应接近传感器）测量。传感器的精度将决定$W_m(j\omega)$测量的准确度。电动机与负载之间的机械传动机构可能有复杂的振动模态，从而导致共振峰模糊和陷波模糊。这个问题作为专业问题已经超出了本书范畴。我们可能要带速度反馈来进行频率响应试验，以防止负载移动到终点止挡位置。速度反馈将改变较低频率的频率响应观测值，但对共振峰和陷波的影响可以忽略不计。图6.21为图6.11的频率响应，即电动机速度w_m对输入电流指令i_c的响应。共振峰值和陷波都非常接近图6.7，而图6.7是没有速度反馈的驱动响应。因此，可以采用带速度反馈的闭环试验来估计刚度和摩擦。但是，速度回路显著地改变了低频响应。

由于难以通过其他方法准确测量电动机摩擦f，可以尝试通过比较装置在共振时的频率响应的仿真结果与实测结果来进行估算。然而，我们会看到陷波的

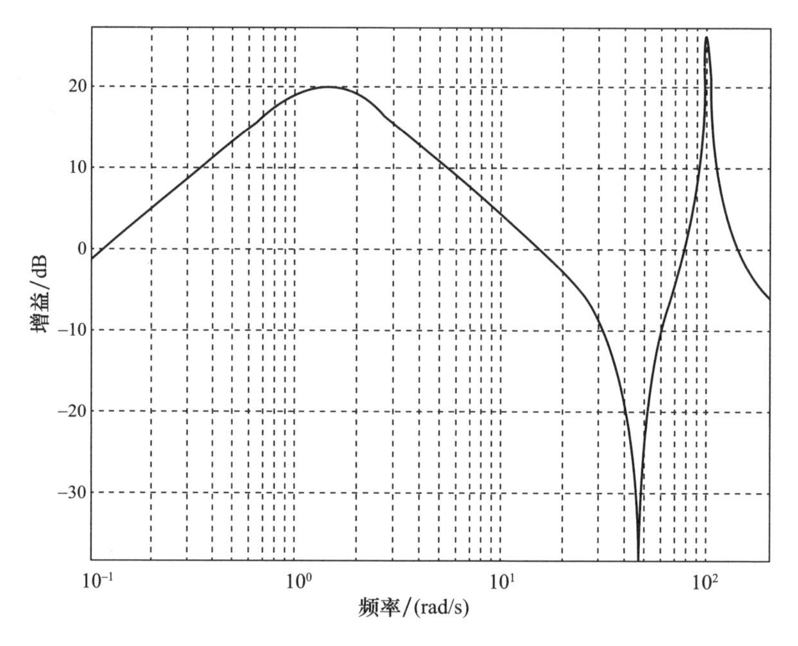

图 6.21　模拟频率响应试验

深度(dB)或共振峰的高度对负载摩擦的敏感性比对电动机摩擦的敏感性更高。这似乎意味着速度回路的设计对参数 f 并不十分敏感。

由此看到,仿真模型不能完全与真实装置的共振峰相匹配,但是我们最终还是要确定它需要达到的精确度。例如,机械工程师可能已经准确测量了给定负载的扭转刚度 K_e,但是我们可以确定负载扰动与在实际运行中的扰动一致吗?

第 7 章　空气动力学概念

7.1　引言

现在我们转向下一个项目。这是个小型飞机飞行控制系统研发项目。这种小型飞机像传统的固定翼飞机那样飞行,但也装有可让它像直升机一样起飞和着陆的旋翼。飞机的机械设计方案将在下一章介绍。这个装置要比前一个项目中考虑的电动机驱动装置复杂得多,将带来若干新难题。

任何一家企业,在启动这样的项目前,工程师都需要懂得一些空气动力学基本知识。他们还需要构建描述飞机动态特性的仿真模型。这些模型将被用作研发飞行控制系统的平台。严谨的项目团队成员应当上过航空学课程,至少读过这方面的教科书,这样才能更好地理解飞机设计师面临的问题。飞行控制要与飞机设计密切合作。

我们需要懂得,航空学涉及面非常广泛。正因为这一点,有的国家建立了国家级机构来管理自己航空领域的活动;大批工程师、技师、科学家、数学家参与其中;建立了大规模的风洞和飞行试验中心,前者用来评判飞机、机翼、飞行控制部件的特性,后者用来检验飞机本身的性能;建立了大型数据库,用来存储、核对试验结果;开展大量工作构建描述飞机周围气流的仿真模型。这些内容超出了本书的范畴。

本章首先介绍决定飞机飞行动力学的一些现象,然后讨论仿真模型构建。可以先用不同的模型分别研究系统的不同功能,然后将它们关联起来形成更复杂的模型,研究功能之间的相互作用。最后,可以利用一个集中设施,通过全 3D 的飞行仿真器,在所有飞行条件下试验整个系统。第 3 章阐述了如何建立和检验电动机驱动装置项目的仿真模型,本章不再重复这样的练习,而是尽力想让读者对所要完成的工作有一个总体印象。

我们意识到许多读者可能没有学过航空学,所以本章所作的介绍旨在提供背景资料,使读者能够学习下一章的内容。下一章阐述的飞行控制项目用于说明航空和其他领域的工程师可能面临的难题。

7.2 空气动力学和飞行

空气动力学最早源于弓箭的发明。早期的弓箭手通过加装燧石箭头制成杀伤力较大的武器。加装燧石箭头使箭的重心前移,改善了箭的飞行状态。可以做一些简单的试验来说明早期的弓箭手也必须在弓箭上附加尾羽,以减少箭头离弓时的下跌。随着火药的发明,中国人制造了火箭,从而开启了动力飞行的时代。这些早期的导弹可能是由于飞行非常不稳定,通常只用于娱乐。在 19 世纪初,作战火箭问世,但使用十分有限。

7.2.1 非制导火箭的俯仰与偏航稳定性

现代火箭通常有尾翼来稳定俯仰运动。火箭典型配置的俯视图见图 7.1。假设火箭正在水平面内飞行,箭体挺首作俯仰运动,见图 7.1 中的侧视图,其中:

$\boldsymbol{A}$ = 火箭轴上的矢量;

$\boldsymbol{V}$ = 速度矢量;

a = $\boldsymbol{A}$ 和 $\boldsymbol{V}$ 之间的角度,即攻角;

$\boldsymbol{W}$ = 重力,垂直向下作用于火箭的质量。

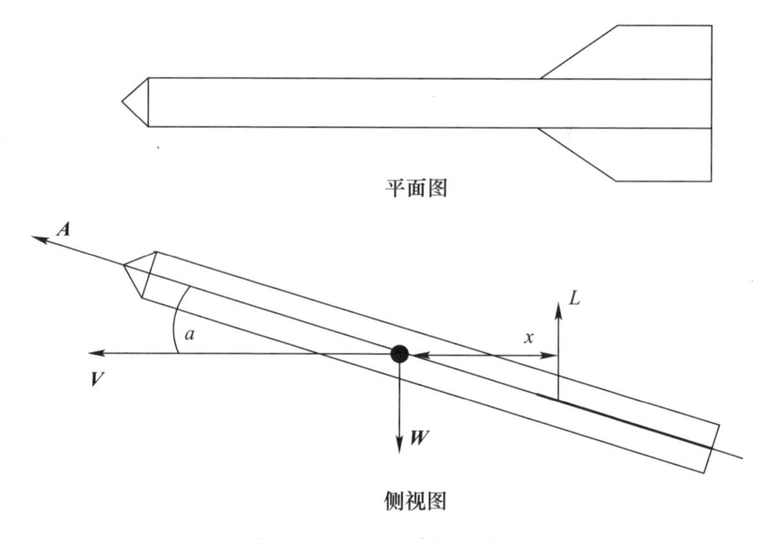

图 7.1 利用尾翼控制稳定

重力作用于箭体所有粒子,可以合成为通过质心的单一力。我们假设火箭发动机燃料已用尽,所以可以忽略它的推力。

火箭运动产生一个沿箭体表面变化的空气压力场。压力场在箭体表面所有点上产生垂直于表面的压力（以单位面积受力计算）。所有这些空气动力可以合成为一个力，这个力沿通过压力中心的直线，作用在火箭上。测量这个合力的一种方法是，将火箭模型安装在风洞中的专用弹簧秤量座上，确定这个动力的大小和方向，以及它的作用线。与速度矢量方向相反的分量称为阻力。阻力一直要降低火箭的速度，但通常对火箭的瞬时运动影响较小。垂直于速度矢量的分量称为升力和侧力。升力 L 是攻角 a 的强函数，在小攻角情况下接近于线性函数，但当升力面抵达失速角度时是强非线性函数。图 7.1 给出升力 L 的侧视图，其中 x 为重心和升力线之间的水平距离。升力将产生一个对于重心的力矩 $x \cdot L$。

图 7.2 为俯仰运动的简化模型，其中

$q = \mathrm{d}\theta/\mathrm{d}t$ = 箭体俯仰角速度；

θ = 火箭俯仰角；

J = 俯仰惯量；

m = 箭体质量；

$L(a)$ = 升力；

$M(a)$ = 恢复力矩，主要由升力产生；

$M(q)$ = 气动阻尼力矩，通常用线性增益 $\approx K_q \cdot q$ 仿真；

我们将在后面的内容中讨论输入力矩（M_c），而由阻力引起的俯仰力矩和由偏航运动引起的交叉耦合被忽略。

图 7.1 为火箭的重心位于升力中心前方的情况。当火箭旋转到图中所示的攻角时，力矩 $x \cdot L$ 试图将轴 A 拉到与速度矢量 $\boldsymbol{V}$ 一致。可以以保证恢复力矩 $M(a)$ 总是与攻角 a 符号相同为条件，在图 7.2 中仿真这个特性。

$L(a)$、$M(a)$、$M(q)$ 在图 7.2 中被作为功能模块，它们的值都与 $1/2 \cdot \rho \cdot v^2$ 成比例，其中 v 为指定的空气速度。图 7.2 需要用其他要素来模拟这种特性。在此基础上可以添加其他力，比如火箭发动机的推力。

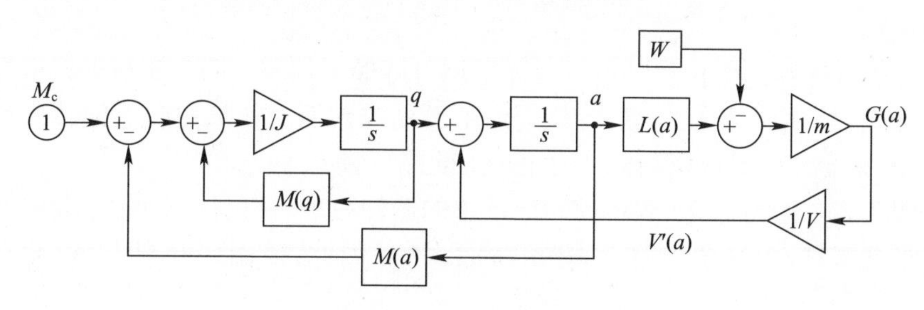

图 7.2　俯仰仿真模型

图 7.2 描述了一个二阶微分方程。我们知道这个方程会产生振荡。例如，假设发射扰动使箭体产生初始俯仰速度，则如果箭体上的阻尼很小，则在俯仰运动归零处出现明显的振荡。假设是小攻角，则恢复力矩的振幅可以近似为线性增益：

$$M(a) \approx K_{\mathrm{m}} a$$

则振荡频率近似为 K_{m}/J 的平方根。

产生的升力振荡会引起与速度矢量方向垂直的俯仰加速度 $G(a)$，且俯仰加速度会导致火箭在其飞行路径上上下移动，其中

$$\gamma = \text{火箭的爬升角度}$$

$$V'(a) = \mathrm{d}\gamma/\mathrm{d}t = G(a)/v$$

这样 $v \cdot (\mathrm{d}\gamma/\mathrm{d}t)$ 即为火箭向上或向下的加速度。这个加速度对攻角的影响为

$$\mathrm{d}a/\mathrm{d}t = \mathrm{d}\theta/\mathrm{d}t - \mathrm{d}\gamma/\mathrm{d}t = q - V'(a)$$

图 7.2 也模拟了这种影响。

火箭可以有四个尾翼，十字布置。在这种情况下，垂直尾翼产生偏航力矩，将箭体拉回至与速度矢量水平对齐的位置。可以用与图 7.2 结构一致的模型来仿真偏航特性。

7.2.2 导弹和飞机的空气动力学控制

飞行控制研究始于滑翔机飞行员，如奥托·李林塔尔，他用自己身体改变飞机的重心，从而实现了对飞机的某些控制。后来莱特兄弟取得了新进展，他们使用空气动力学控制面驾驶有动力飞机。他们用鸭翼控制飞机的俯仰运动，现在鸭翼也用于控制火箭飞行。图 7.3 为这种类型导弹的典型配置。火箭尾部有稳定尾翼，靠近头部加装可动鸭翼。鸭翼偏转至正升力攻角时，产生使箭体挺首的力矩。我们到现在还没有论及飞机构形，因为飞机构形十分复杂，会模糊对其功能的理解。

飞机或导弹的俯仰运动也可以通过尾升降舵来控制。图 7.3 给出典型导弹的一种配置。稳定翼被前移，后部增加了可动控制面。如果控制面偏转到负升力攻角，则会使机身（或弹体）产生正向（挺首）运动。

图 7.2 中的输入 M_{c} 表示控制面产生的俯仰力矩。机身（或弹体）会俯仰到一个平衡攻角，在这个攻角下 $M(a)$ 等于 M_{c}。因此，控制面升力 $L(a)$ 有直接影响。

将控制面产生的升力添加到 $L(a)$ 上，以此补充完善图 7.2 给出的俯仰模型。这个补充完善会显著改变飞机对控制指令的响应。例如，当升降舵

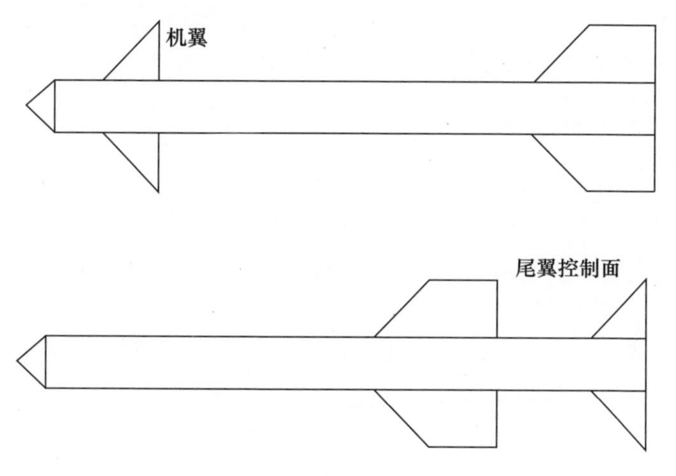

图 7.3　俯仰控制平面图

偏转产生负升力时，飞机立即作出加速下降的响应，而攻角会因此变为正值，产生向上的加速度。这样就增加了相位滞后，它可能会限制飞行控制系统的性能。另一个选择是使用鸭翼。当鸭翼偏转产生向上升力时，飞机立即作出加速向上的响应。此后机身形成一个攻角，增大其向上加速度。鸭翼配置的缺点在于其攻角大于机翼的攻角，在机翼还没有发挥其最大性能时，鸭翼先失速。设计师在确定飞机布局之前，必须权衡多种因素。在理想情况下，控制工程师作为设计团队成员，统筹权衡飞机的控制要求与其他要素。例如，使飞机的重心靠近升力中心，会获得更好的机动性，一定的控制力矩将产生更大的攻角。然而，重心越靠近升力中心，会增加不可预见的风险，使飞机变得气动不稳定。另一种权衡涉及控制执行器的选择，既可以用位置伺服系统来偏转控制面，也可以用转矩电动机调整控制面产生的俯仰力矩。与此类似，飞机的偏航运动可以用方向舵来控制。偏航振荡频率通常比俯仰振荡频率低很多。

7.2.3　飞机的滚转控制

飞机的俯仰和偏航运动会在机身上产生巨大的滚转力矩。滚转运动可以由副翼控制。副翼通常靠近翼尖，并向反向偏转，在机身上产生滚转力矩：

$$M_a = \text{副翼产生的滚转力矩}$$

产生的运动可近似由下列微分方程描述：

$$\mathrm{d}p/\mathrm{d}t = (1/I)M_a$$

其中：p 为飞机机身的滚转角速度；I 为滚转惯量。偏航和滚转之间的交叉耦合会引起一种被称为“漂摆”的组合运动。

7.2.4 3D 飞行仿真器

可以通过飞机的滚转而改变其飞行方向。此时的机翼不在水平面内，因而升力矢量存在水平分量，使飞机向左或向右转动。飞机的 3D 飞行可用 Simulink 模块（六阶点质量）建模，见图 7.4。在软件中，模块的帮助功能给出了笛卡儿坐标系及其符号约定的提示。

升力 L 和阻力 D 与速度矢量 $\boldsymbol{V}$ 密切关联，而重力 W 固定垂直指向局地下方。同时，推力 T 与机身相固定。角度由以下符号表示：

μ = 机翼与水平面间的侧倾角；

α = 攻角（a）；

γ = 航道倾角（爬升或俯冲）；

χ = 航向角（飞机向正东飞行且航道倾角 γ 为零时角度为零）；

$X_{\mathrm{East}}, X_{\mathrm{North}}, X_{\mathrm{Up}}$ = 飞机在地球局地坐标系下的笛卡儿位置。

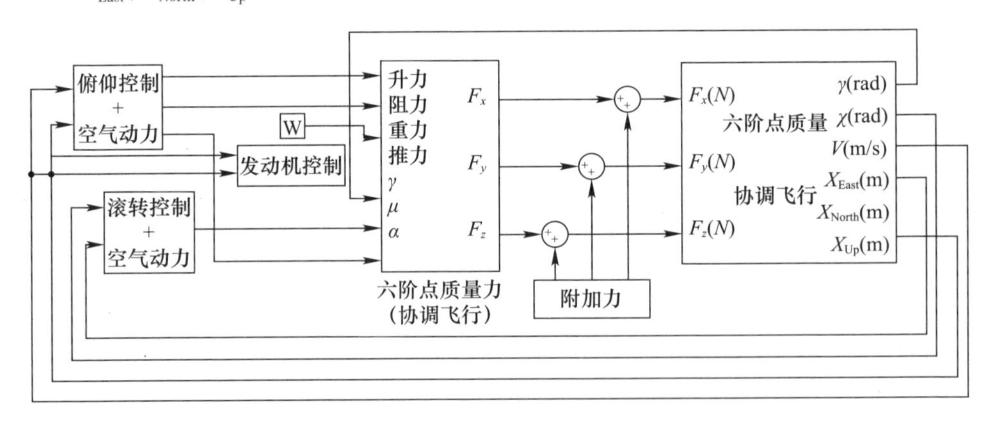

图 7.4　3D 飞行的 Simulink 模型

图 7.4 还包括了飞行控制函数，由标注下述文字的模块执行：俯仰控制 + 空气动力；滚转控制 + 空气动力；发动机控制。

假设飞机正在水平直线向北飞行。要把飞机侧倾向东转，飞机的右翼会下倾。此时，μ 是侧倾角。升力矢量 $\boldsymbol{L}$ 有一个水平分量 $L\sin\mu$，它使飞机向东转。升力的垂向（升降）分量降低为 $L\cos\mu$。可以通过提高升力来补偿其垂向分量的降低，以此避免飞机在侧倾过程中俯冲。这样飞机就进入协调转弯过程。

7.3 直升机空气动力学

现在考虑直升机旋翼。桨叶旋转时,作用类似于飞机的机翼,两者的明显不同是在沿其长度上不同点处的切速度 v 与该点距旋翼中心的距离成比例。每个桨叶都铰接于一个桨毂上,从而使每个桨叶都可以独立绕不同的轴旋转。先考虑桨叶按螺距旋转,其中 θ 是桨距角,即与翼展平行的一个轴之间的夹角。桨叶由旋转斜盘上的连接件固定,当桨毂绕旋翼轴旋转时,桨叶作螺距旋运动,其中 ω 是旋翼转速,ψ 是旋翼转角。

7.3.1 旋翼桨叶总桨距

如果旋转斜盘与旋翼轴成直角,则在旋翼的所有位置 ψ 处所有桨叶侧倾一个恒定的角 θ_0,θ_0是这个旋翼的总螺距。

改变旋转斜盘与桨毂之间的距离将改变桨叶的总桨距。

当桨叶相对于其切速度侧倾成攻角时,产生的升力与 $1/2\rho(r\omega)^2$ 成比例,其中 $r\omega$ 是旋翼上距离桨毂 r 处的切向速度。这意味着有效升力的大部分在靠近叶尖的区域产生。各个桨叶上的升力合成产生推力 T,可利用这个推力来控制直升机飞行。推力的大小与总桨距和旋转速度的关系为

$$T = C_T(\theta_0)A\rho(\omega R)^2$$

其中:

$C_T(\theta_0)$ = 系数,与总桨距近似呈线性关系;

R = 旋翼半径;

$A = \pi R^2$ = 转盘面积;

ρ = 空气密度。

下一章中的一个仿真模型(图 8.2)将用到上述关系式。

每个桨叶都由另一个铰链与桨毂连接,使桨叶振扑,β 是振扑角,当桨叶与旋翼轴成直角时,振扑角为零。铰链可以由弹性材料制作。

升力驱使桨叶从 $\beta=0$ 位置向上振翘。桨叶旋转产生的离心力与之相对抗,驱使桨叶回归 $\beta=0$ 位置。总桨距产生升力,升力相对于旋翼的所有位置都是恒定的。这样桨叶将平衡于一个振扑角处 β_0处,在这个角度下,升力产生的力矩与离心力产生的力矩相平衡。因为所有桨叶产生的升力相同,所以桨叶会画出一个绕着旋转轴的浅锥面轨迹。叶尖轨迹落在与旋翼轴成直角的一个平面内,这个平面常被称为翼尖轨迹平面,或旋翼盘。所产生的旋翼推力矢量 $\boldsymbol{T}$ 垂直于旋翼盘,因而在旋翼轴线上。

7.3.2 桨叶的周期变距

现在假设旋转斜盘侧倾，使旋翼的桨叶朝向右侧时攻角增大，朝向左侧时攻角减小。亦即朝向右侧时桨叶上的升力变大，朝向左侧时桨叶上的升力变小。我们以单个桨叶的运动方程来证明存在平衡锥角，在平衡锥角下，由升力引起的桨叶平均振扑力矩与由离心力引起的力矩相平衡。

我们不会阐述确定旋翼所有桨叶运动的完整方程。相反，将用下述简单的近似方程来解释旋翼的特性。在假设转盘类似于旋转刚体的条件下来近似描述单个桨叶的运动；还假设当旋翼以运行速度旋转时，其陀螺特性为支配因素。所有作用于转盘的力矩都会引起转盘进动，从而使旋翼轴侧倾。因此使旋转斜盘向两侧倾斜会导致转盘向前或向后进动，进动方向也取决于旋转矢量的方向。推力矢量 $\boldsymbol{T}$ 会产生水平分量。改变旋转斜盘侧倾方向，可以使推力矢量指向所需的任何方向。

7.3.3 直升机飞行的定性描述

图 7.5 为一个单旋翼直升机的运动。如果飞行控制系统对桨叶施加总桨距，旋翼会产生与转轴在同一直线上的推力矢量 $\boldsymbol{T}$。当推力超过其重量 W 时，直升机起飞，然后把推力调整到与重量平衡时，直升机便可悬停。图 7.5 中的左图表示直升机机身悬挂在旋翼下方时的状态。直升机的重心如果在旋翼轴上，将保持平衡状态。

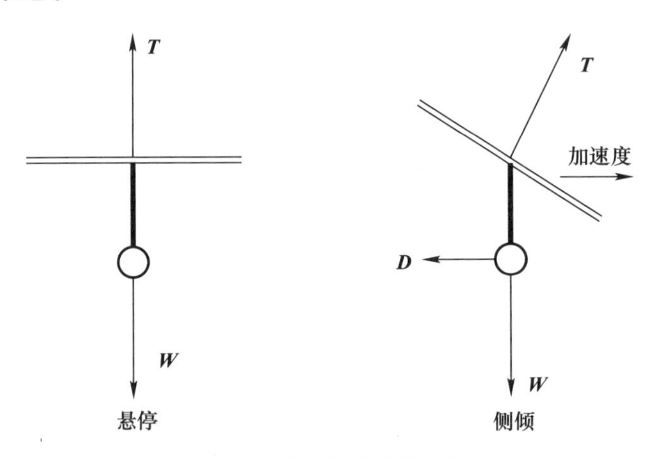

图 7.5 直升机悬停与飞行

向旋翼桨叶施加周期变距，将使转盘侧倾，如图 7.5 中右图所示。推力矢量 $\boldsymbol{T}$ 的水平分量会使直升机向右加速。加速度使飞机获得速度，从而在机身上产

生阻力 $\boldsymbol{D}$。将阻力 $\boldsymbol{D}$ 与重力 $\boldsymbol{W}$ 合成,得到合力 $\boldsymbol{F}$。因为 T 和 F 不在一条直线上,将在机身上产生顺时针的力矩。由于直升机的质心低于转盘,机身会像摆锤一样悬垂在平衡位置下摆动,平衡位置在旋翼毂下方。还会有一个气动力矩阻止摆动。转盘的位置由陀螺转矩和桨叶周期变距的瞬态效应共同决定。直升机运动的数学建模将在下一节讨论。

如果直升机沿着给定路线飞行,可以通过周期变距使转盘(从而推力矢量指向)向与速度矢量垂直的方向侧倾,从而改变直升机的飞行方向。

7.3.4 直升机运动的通用模型

第 8 章将用简化模型来仿真飞机在悬停状态时的特性。这个模型也用于仿真直升机,然而有些情况下需要更复杂的模型。有趣的是,这种情况发生在直升机尚未离开地面时,这时旋翼桨叶的振荡可能会引发直升机起落架共振。

直升机的运动可以用具有图 7.6、图 7.7、图 7.8 所示结构的一个广义数学模型仿真。描述这个模型的微分方程可以用拉格朗日定理,由系统的总动能、势能、耗失能推导得出。所得到的二阶矩阵微分方程的形式为

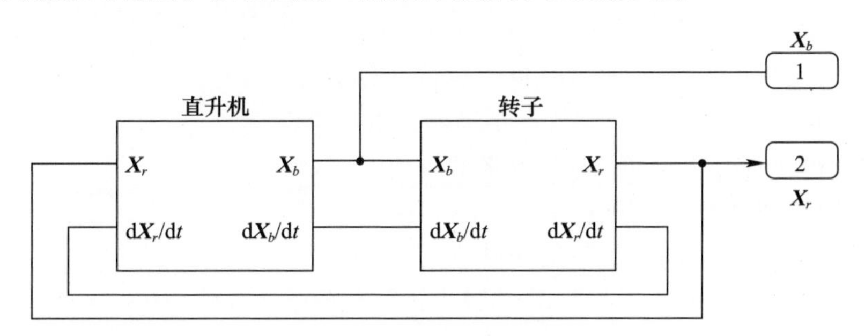

图 7.6 直升机模型

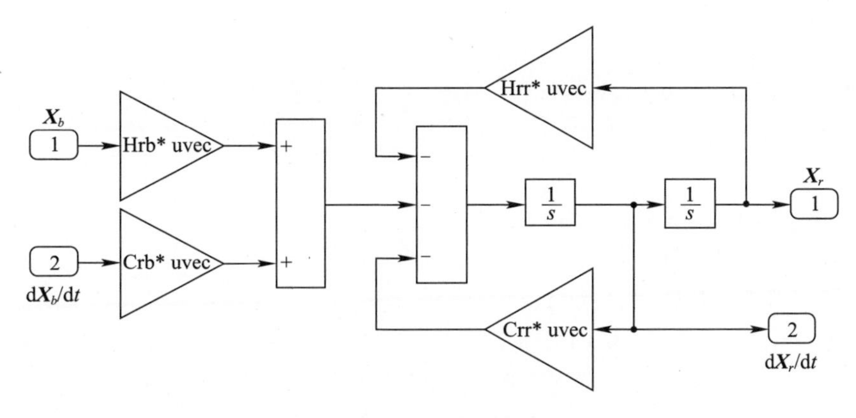

图 7.7 旋翼模型

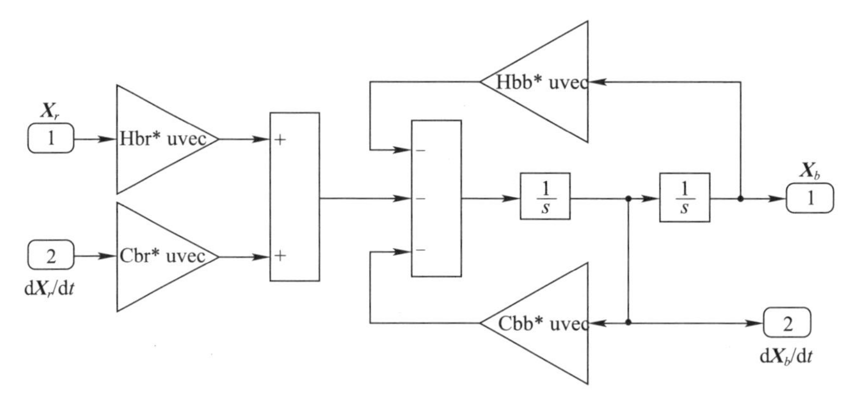

图 7.8　机身模型

$$\underline{\boldsymbol{M}} \cdot \mathrm{d}^2X/\mathrm{d}t^2 + \underline{\boldsymbol{D}} \cdot \mathrm{d}X/\mathrm{d}t + \underline{\boldsymbol{K}} \cdot \boldsymbol{X} = 0$$

从而

$$\mathrm{d}^2\boldsymbol{X}/\mathrm{d}t^2 + \underline{\boldsymbol{C}} \cdot \mathrm{d}\boldsymbol{X}/\mathrm{d}t + \underline{\boldsymbol{H}} \cdot X = 0$$

其中：

$\boldsymbol{X} = [\boldsymbol{X}_b, \boldsymbol{X}_r]$

$\boldsymbol{X}_b = 1 \times b$ 矢量，含直升机机身所有转动和平动维度；

$\boldsymbol{X}_r = 1 \times r$ 矢量，含旋翼桨叶的所有转动和平动维度；

$\underline{\boldsymbol{M}}$ = 包含所有质量和惯量的矩阵；

$\underline{\boldsymbol{K}}$ = 包含所有结构刚度的矩阵；

$\underline{\boldsymbol{D}}$ = 包含所有黏滞阻尼器的矩阵。

我们可以使用下述 MATLAB 函数来计算和分解矩阵$\underline{\boldsymbol{C}}$ 和$\underline{\boldsymbol{H}}$：

```
H = inv(M) * K;
Hbb = H(1:b,1:b);
Hbr = H(1:b,b+1:b+r);
Hrb = H(b+1:b+r,1:b);
Hrr = H(b+1:b+r,b+1:b+r);
C = inv(M) * D;
Cbb = C(1:b,1:b);
Cbr = C(1:b,b+1:b+r);
Crb = C(b+1:b+r,1:b);
Crr = C(b+1:b+r,b+1:b+r);
```

然后可以对这个微分方程组进行仿真，如图 7.7、图 7.8 所示。其中增益模块执行前述矩阵运算。积分器的初始条件是矢量，仿真中的所有信号都是类似矢量。我们可以将该系统与附录 A 第 A.5 节中的状态方程进行比较。

7.4 讨论

本章宽泛而浅显地介绍了构建仿真模型所用的空气动力学概念。有意从事飞行控制工作的读者应该进一步学习这个学科的专业教材。

可以看到构建仿真模型的工作量很大。从事飞行控制的小企业对自己要做的事确实应当有所选择。如果从事小型无人机飞行控制,可能喜欢用硬件试验来代替部分仿真工作。下一章将考虑整个飞行控制系统的一个特定子系统的简化模型。通过这个例子向读者介绍一种设计方法,在某些情况下可以利用这种方法克服两个控制回路中交叉耦合问题。飞行控制常常带来多变量控制的问题,多变量控制将在本书的第三部分[①]讨论。

7.5 练习

如果你正在研究常规飞机,请计算其俯仰稳定性导数数值。建立其如图 7.2所示的俯仰仿真模型。试验其阶跃响应与频率响应。增加一个非线性因素来仿真机翼失速的影响并试验其对大型控制输入的阶跃响应。

参考文献

Blakelock, J. H., *Automatic Control of Aircraft and Missiles*, New York: John Wiley & Sons, 1991.

Bramwell, A. R. S., J. Done, and D. Balmford, *Bramwell's Helicopter Dynamics*, Oxford: Butter worth – Heinemann, 2001.

Langton, R., Stability and Control of Aircraft Systems: Introduction to Classical Feedback Control, New York: John Wiley & Sons, 2006.

① 原文在若干地方有"本书第×部分"的表述,但全书并没有"部分"划分,译本尊重原文的表述。

第8章　飞行控制技术研究

8.1　引言

现在来讨论一个小企业怎么能够实施飞行控制项目第一阶段的工作。承担这种项目的小企业虽然资源有限,但须充满激情、思想迸发;团队领导应拥有从事飞机工业的丰富经验,现在期望研究提出一种变革飞行控制业的全新的设计。无人机工业的技术发展为飞机设计师提供了许多令人兴奋的选项。最初用于模型飞机的传统内燃机在很大程度上已被电池驱动的电动机所取代。廉价的惯性组件可以产生自动驾驶仪需要的飞行测量数据。这个自动驾驶仪自身可以在微控制器上运行。

在本书第一部分①,我们向读者介绍了一个管理良好的研发项目是如何有序推进的,这里就没有必要重复了,我们将用所考虑项目来介绍尚未涉及的控制工程问题。要讨论的主题可能关联性不强,但都是飞行控制研究的一部分并将在研发项目的早期阶段完成。这个项目是着眼具有垂直起飞能力的无人机的概念设计。廉价直升机模型早已经作为儿童玩具在生产,但是廉价单旋翼直升机仍然需要一种机械装置来控制桨叶的总桨距和周期变距。这种机械装置的设计是成本、性能、可靠性、鲁棒性之间的权衡。本章探讨与小型廉价双旋翼直升机飞行控制相关的一些问题。

大型双旋翼有人直升机已经成功运行了数十年。两个旋翼反方向旋转,可以极大地抑制它们作用在机身上的反作用力矩,从而消除对尾桨的需求。它们通常带有可以独立改变两个旋翼总桨距的控制系统。通过这种方式,两个旋翼在机身两端产生不同的推力,形成使机身俯仰或滚转力矩。

本章还介绍了一些设计理念,有创造性的读者可以用于改善他们的项目。例如,考虑在两个旋翼之间产生升力差来进行俯仰控制或滚转控制。这种基本的飞行控制理念也可以用于研发多旋翼直升机系统的变型系统。例如,四旋翼直升机有十字形布置的四个臂,每条臂的外端装一个旋翼。这种直升机的飞行

---

① 原文在若干地方有“本书第×部分”的表述,但全书并没有“部分”划分,译本尊重原文的表述。

控制非常灵活,可以通过改变四个旋翼之间的升力差来控制俯仰或滚转。由电池驱动电动机的四旋翼无人飞机研发成本合理,但是这种飞机在航空业的未来发展,并不明确还需猜测。另一个例子是倾转旋翼和倾转固定翼机,它将直升机的垂直起飞能力和常规固定翼飞机的速度与航程结合在一起。这种飞机每个翼尖处装有一个旋翼,旋翼可以侧倾使其推力矢量从垂直旋转至水平。我们将讨论设计这种混合飞机的另一种理念。

8.2 问题说明

我们的想法是设计一种每个翼尖都有一个单桨叶旋翼的混合型飞机,如图 8.1所示,从而使它具有与直升机类似的垂直提升能力。起飞后旋翼被锁定在延伸翼展的位置,这样就成了一架传统的固定翼飞机,如图所示。向前推力由螺旋桨(见图)或喷气发动机(见网站 www. sovereigndrones. com)提供。

我们计划制造一个技术演示器,用于探索潜在的问题。演示器必须带飞行控制系统,以使它垂直起飞然后转为常规飞行。首要问题是垂直起飞,所以我们将聚焦这个阶段。我们决定先造一个试验台进行概念验证,然后再设计接近最终配置的模型。我们的想法是将两个旋翼安装在简易梁的端部,梁代表航空器的质量和惯量,但俯仰惯量只是近似值。然后,通过试航证明这个试验台可以起飞和悬停。

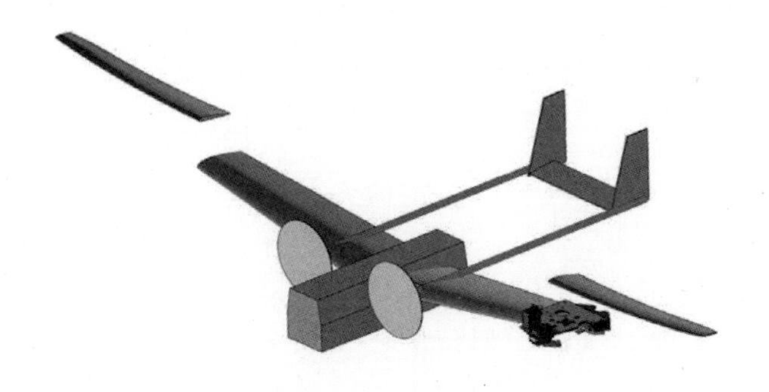

图 8.1 锁翼飞机

旋翼锁定机构会大幅增加翼尖吊舱质量,所以我们想得到简化其功能的方法。其中一种方法是改变两个旋翼的共同速度来控制升降推力,改变两个旋翼的转速差来控制滚转力矩。这样可以省去改变桨叶总桨距与周期变距(控制滚转)所必需的伺服电动机。我们打算用惯量导航组件来测量滚转角,供反馈回路使用。还会有一个旋转斜盘和一个伺服电动机,由此产生周期变距,进行俯仰控制。还可能需要偏航稳定器。希望通过首次飞行试验得到更好的关于偏航扰动控制的思路。

8.3 飞行动力学仿真

我们将把两个旋翼桨叶设置为恒定总桨距 θ_o，希望通过独立改变两个旋翼的旋转速度来控制升降推力和滚转力矩。先暂时忽略飞机的俯仰控制。两个旋翼的仿真如图 8.2 所示，其中：

$O_{mega}L$——左侧旋翼的旋转速度 $=\omega_L$；

$O_{mega}R$——右侧旋翼的旋转速度 $=\omega_R$；

T_L——左侧旋翼的推力；

T_R——右侧旋翼的推力；

M_L——旋翼上的阻力产生的左侧电动机的转矩；

M_R——旋翼上的阻力产生的右侧电动机的转矩。

按 7.3 节所述，每个旋翼产生的推力可以表达为旋翼转速的代数函数：

$$T_L = T_c \cdot {\omega_L}^2$$

$$T_R = T_c \cdot {\omega_R}^2$$

$$T_c = C_T(\theta_o) \cdot A \cdot \rho \cdot R^2$$

图 8.2 中的模块 $u*u$ 计算 ω_L^2 和 ω_R^2 的值。

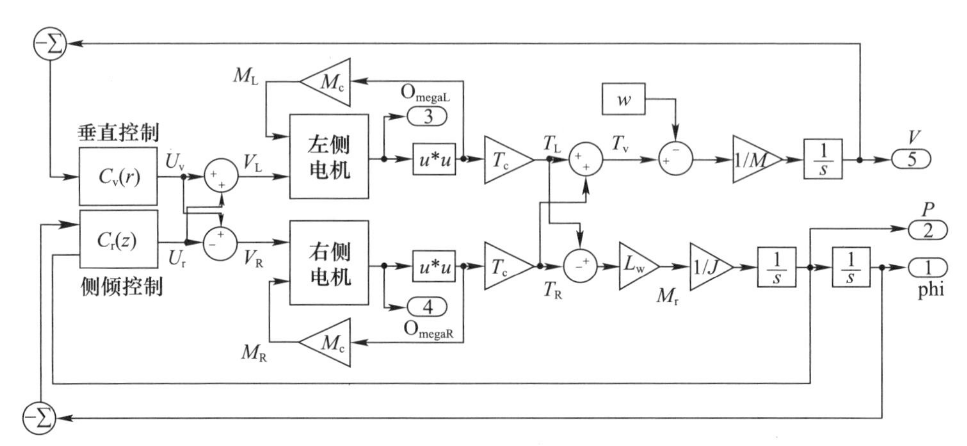

图 8.2 带控制回路的旋翼仿真

两个旋翼的组合推力决定了飞机的垂向运动：

$$T_v = T_L + T_R$$

$$dV/dt = (T_v - W)/M$$

其中：

V——飞机的升降速度；

W——飞机的重量；

M——飞机的质量。

可以计算得到使飞机悬停的旋翼转速 ω_o。这时每个旋翼都具有以下推力：

$$T_o = T_c\omega_o^2$$

它们之和等于飞机的重量：

$$T_{vo} = 2T_o = W$$

现在考虑旋转速度有很小的受扰动量，成为

$$\omega_L = \omega_o + \omega_1$$

$$\omega_R = \omega_o + \omega_2$$

旋翼推力的扰动近似为

$$T_L = T_o + T_1$$

$$T_R = T_o + T_2$$

$$T_1 = T_d\omega_1$$

$$T_2 = T_d\omega_2$$

$$T_d = 2\omega_o T_c$$

这些推力之和与悬停推力的偏差为

$$T_v = T_{vo} + T_{v\sim} = \text{总升降推力}$$

$$T_{v\sim} = T_1 + T_2 = \text{总升降推力的被扰动量}$$

图 8.2 仿真了旋翼的非线性特性，但还需要考虑飞行控制回路的频率响应。分析计算频率响应的基础是对飞机特性与旋翼转速 ω_o 的关系进行线性逼近。我们将“线性增益”T_d 视为随着 ω_o 成比例增长，所以如果要以不同的转速运行，必须留有裕量。还会看到，如果被扰动量很大，频率响应将会失真。

旋翼推力之间的差异会在飞机上产生一个滚转力矩：

$$M_r = L_w(T_L - T_R)$$

其中：L_w 为旋翼轴距离飞机中心线的距离。滚转力矩作用于飞机的滚转惯量 J，产生一个滚转角加速度，这个角加速度积分成为滚转角速度 P 和滚转角 φ。

电动机模型类似第 3 章图 3.2 所示模型。轴摩擦被旋翼阻力引起的力矩所取代，同样可以表达为旋翼速度的代数函数：

$$M_L = M_c\omega_L^2$$

$$M_R = M_c\omega_R^2$$

$$M_c = C_Q(\theta_o)AR\rho(\omega R)^2 = C_Q(\theta_o)A\rho R^3$$

通过考虑旋转速度 ω_0 的小扰动,这些函数也可以线性化。

每个旋翼上的阻力会在机身上产生反作用力,导致偏航运动。但由于两个旋翼的旋转方向相反,在机身上产生的偏航反作用力很小,可以忽略。

为了建立这个简化模型,我们做了很多假设。故意忽略了俯仰和偏航运动的相互作用,也可能在无意识地排除了其他效应。在本章的最后将考虑这些因素。

在这些假设下,我们看到两个电动机都对升降运动和滚转运动有影响。这个飞行装置是一个交叉耦合的多输入/多输出(MIMO)系统。附录 A 第 A.8 节阐述可以用来设计 MIMO 控制器的设计工具。

8.3.1 解耦升降与滚转两个控制回路

在交叉耦合不复杂的情况下,可以用简单技巧来分离升降与滚转两个控制功能。为说明起见,我们用线性增益来近似旋翼的推力和阻力,然后将旋转速度受扰动量与线性化的推力被扰动量分组,构造以下两个矢量:

$$\boldsymbol{W} = [\omega_1, \omega_2]$$

$$\boldsymbol{X} = [T_1, T_2] = \boldsymbol{T}_{\mathrm{d}} \cdot \boldsymbol{W}$$

总升降推力(导致飞机爬升或下降)的被扰动量可以通过以下矩阵运算得出,这个运算将各个推力组合成矢量:

$$\boldsymbol{T}_{\mathrm{v}\sim} = \boldsymbol{C}_1 \cdot \boldsymbol{X}$$

$$\boldsymbol{C}_1 = [1, 1]$$

飞机的总滚转力矩也可以通过类似的矩阵运算得出:

$$\boldsymbol{M}_{\mathrm{r}} = L_{\mathrm{w}} \cdot \boldsymbol{C}_2 \cdot \boldsymbol{X}$$

$$\boldsymbol{C}_2 = [1, -1]$$

然后将总推力和力矩组合为矢量:

$$\boldsymbol{Y} = [T_{\mathrm{v-j}}, (M_{\mathrm{r}}/L_{\mathrm{w}})]$$

注意 $\boldsymbol{Y}$ 可以通过以下矩阵运算给出:

$$\boldsymbol{Y} = \underline{\boldsymbol{C}} \cdot \boldsymbol{X} = T_{\mathrm{d}} \cdot \underline{\boldsymbol{C}} \cdot \boldsymbol{W}$$

$$\underline{\boldsymbol{C}} = [C_1, C_2]$$

图 8.2 中的升降控制器 $C_{\mathrm{v}}(z)$ 的输出为 U_{v},滚转控制器 $C_{\mathrm{r}}(z)$ 的输出为 U_{r}。可以将上述输出组合成矢量:

$$\boldsymbol{U} = [U_{\mathrm{v}}, U_{\mathrm{r}}]$$

可以建立一个 2×2 的矩阵,如图 8.2 所示,将控制器指令转换为驱动电动机左右旋转的电压:

$$\boldsymbol{V} = [V_{\mathrm{L}}, V_{\mathrm{R}}] = \underline{\boldsymbol{D}} \cdot \boldsymbol{U}$$

假设两个电动机模型完全相同,用传递函数对它们建模,其中 $H(s)$ 是每个电动机的标量传递函数。用传递函数来描述旋翼旋转速度对其驱动电压的响应：

$$\boldsymbol{W}(s)=\boldsymbol{H}(s)\cdot\boldsymbol{V}(s)$$

求得矩阵 $\boldsymbol{C}$ 的逆矩阵 $\boldsymbol{D}$，进行矩阵消元计算：

$$\boldsymbol{Y}(s)=T_{\mathrm{d}}\cdot\underline{\boldsymbol{C}}\cdot\boldsymbol{H}(s)\cdot\underline{\boldsymbol{D}}\cdot\boldsymbol{U}(s)=T_{\mathrm{d}}\cdot\boldsymbol{H}(s)\cdot\boldsymbol{U}(s)$$

图 8.2 给出如何将 U_{v} 和 U_{r} 组合起来有效消除升降控制回路和滚转控制回路之间的交叉耦合。

8.3.2 飞行动力的频率响应试验

图 8.2 中，$C_{\mathrm{r}}(z)$是滚转角控制器，$C_{\mathrm{v}}(z)$是升降速度控制器。可以通过输入信号，指令向电动机提供试验电压 U_{v} 和 U_{r}，来计算飞行控制回路的开环频率响应。为此，我们用附录 A 第 A.5 和 A.6 节阐述的 MATLAB 函数来计算频率响应。需要注意的是反馈回路必须断开，做法是断开控制器输出与电动机输入之间的连接。

图 8.3 给出升降速度 V 对外部指令 U_{v} 的响应，图 8.4 为滚转角速度 P 对外部指令 U_{r} 的响应。还可以计算 P 对指令 U_{v} 和 V 对指令 U_{r} 的频率响应。它们的增益值比图 8.3 和图 8.4 的增益要小许多个数量级，这就在频域中展现了矩阵消元的效果。图 8.3 和图 8.4 中的增益是不同的，但它们的相位滞后几乎一致。我们将利用这些频率响应值来设计两个控制器，设计中，$C_{\mathrm{r}}(z)$ 和 $C_{\mathrm{v}}(z)$ 将由它们的等效连续控制器 $C_{\mathrm{r}}(s)$ 和 $C_{\mathrm{v}}(s)$ 替代。

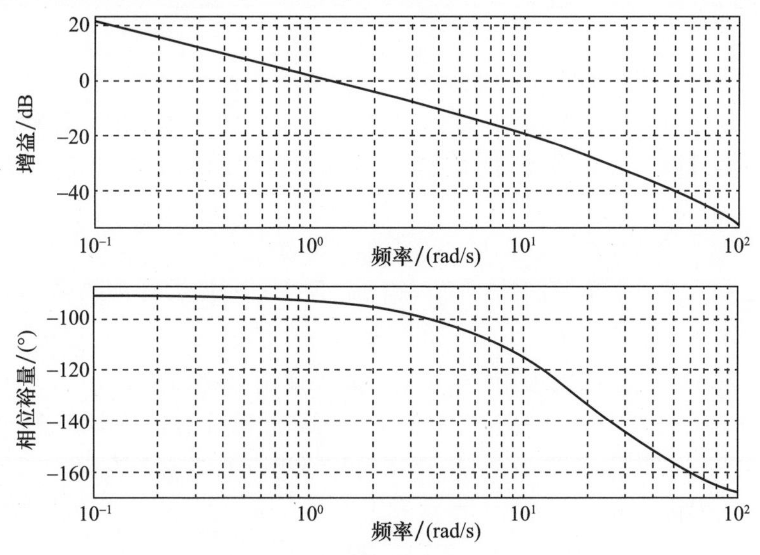

图 8.3 升降速度对指令 U_{v} 的响应

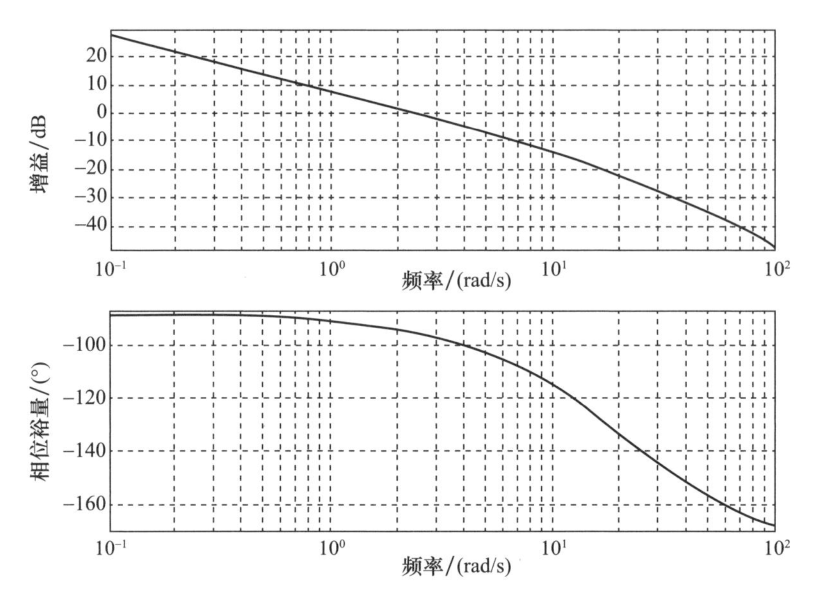

图 8.4　滚转角速度对指令 U_r 的响应

需谨记,我们所用的 linmod 函数将旋翼特性与其旋转速度 ω_o 之间的关系进行了线性化处理,因此上述频率响应结果将随旋翼转速的不同而不同。

8.4　自动驾驶仪设计

我们的技术演示器将手动控制爬升和悬停。我们将用仿真控制器来模拟驾驶系统。最终会添加一个反馈回路辅助驾驶系统。图 8.2 给出一种利用爬升速度 V 反馈信号调节飞机升降运动的方案。我们将使用以下 PI 控制器实现稳定悬停:

$$C_v(s) = K_p[1 + 1/(sT_i)]$$

图 8.3 表明这个被控制的飞机在频率 25rad/s 处具有合理的相位裕量。由于在这个频率下的增益为 −30dB,可以使用一个增益 K_p 为 30V/(m/s) 的比例控制器在 25rad/s 处实现回路增益交叉。如果使用给定频率 $1/T_i$ 为 3rad/s 的积分增益,不会严重降低相位裕量。如果不需要如此精确地调节高度,则可以使用较小的增益。如果选择 T_i 为 2s,则得到的开环响应如图 8.5 所示。

我们发现将 $C_v(s)$ 的这两个增益值用于闭合反馈回路,几乎不会影响滚转角速度对其控制指令的响应。例如,滚转角速度的频率响应看起来与图 8.4 中一样。

图 8.2 给出一种用滚转角传感器 ϕ 和滚转角速度陀螺仪 P 的反馈信号调

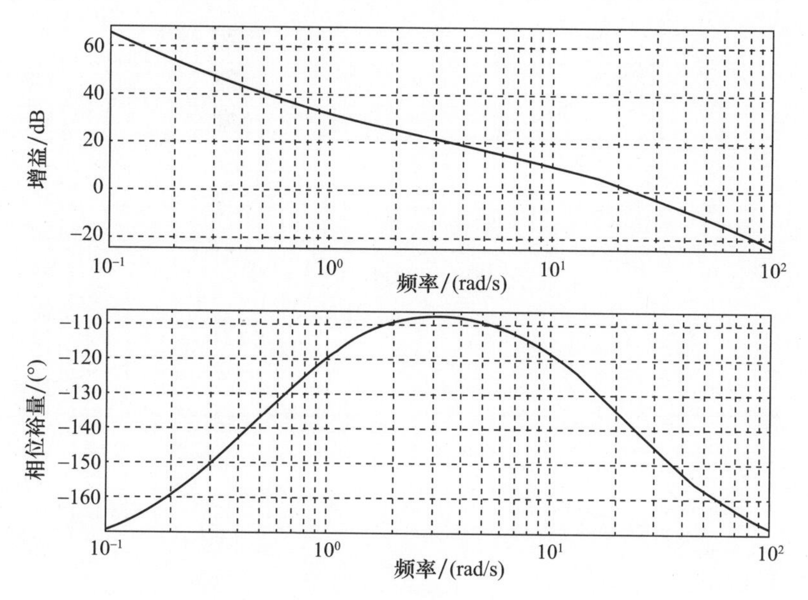

图 8.5 升降控制的开环响应

节飞机滚转运动的方案。对电动机驱动装置的滚转控制指令 $u_r(t)$ 为

$$U_r(s) = K_p K_d P(s) + K_p C_i(s) \Phi(s)$$

$$C_i(s) = 1 + 1/(sT_i)$$

注意 K_p 和 T_i 用来定义 $C_v(s)$ 和 $C_i(s)$ 两个控制器的参数，读者要根据它们出现场合的不同而加以区分。

速度反馈用于稳定角度反馈回路。可以从图 8.4 中看到，滚转角速度响应在频率 27rad/s 处具有合理的相位裕量，因此可使用 20V/(rad/s) 的角速度增益。为简化滚转控制系统的分析，我们将两个反馈回路组合成单个回路：

$$U_r(s) = K_p K_d s\Phi(s) + K_p C_i(s) \Phi(s)$$

它等效于由下述等效连续 PID 控制器提供的滚转角反馈：

$$U_r(s) = C_r(s) \Phi(s)$$

$$C_r(s) = K_p(sK_d + 1 + 1/(sT_i))$$

图 8.6 给出使用以下滚转控制器参数时的开环响应：

$$K_p = 30(\text{V/rad})$$

$$K_d = 0.7(\text{s})$$

$$T_i = 1(\text{s})$$

我们再次看到，闭合滚转反馈回路对升降运动几乎没有影响，因此可以推断这两个回路之间的相互作用非常小。

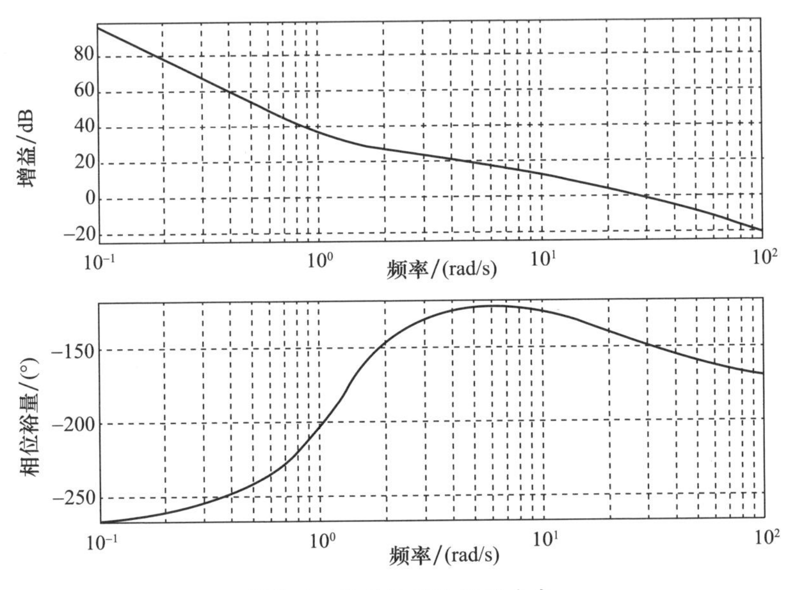

图 8.6 转动控制的开环响应

图 8.7 和图 8.8 给出整个控制系统是如何从一个被扰动状态平复下来的。扰动是由于滚转控制器的积分项 0.3V 的初始误差和升降控制器积分项 0.1V 的初始误差引起的。误差导致了旋翼速度 2% 的偏差。因此,虽然积分控制器有一定的好处,但也存在弊端。

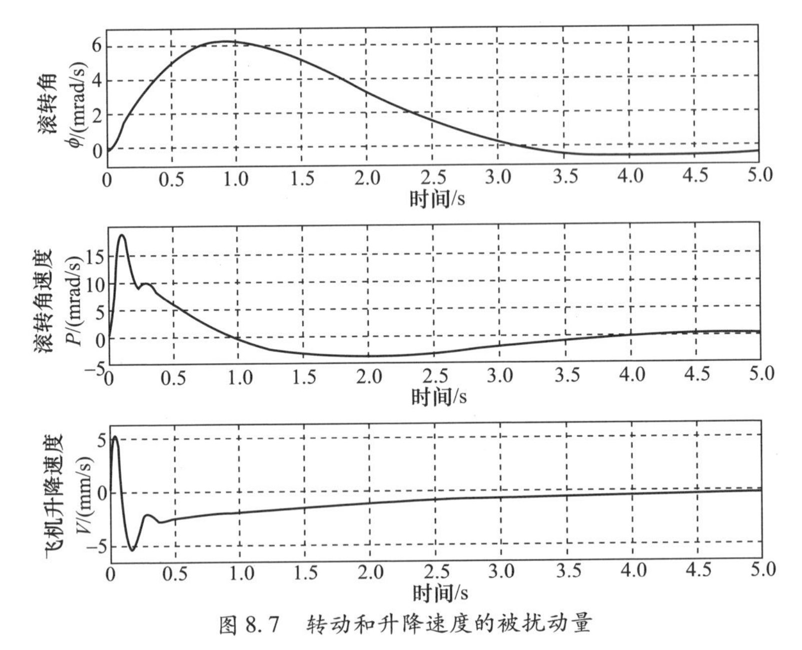

图 8.7 转动和升降速度的被扰动量

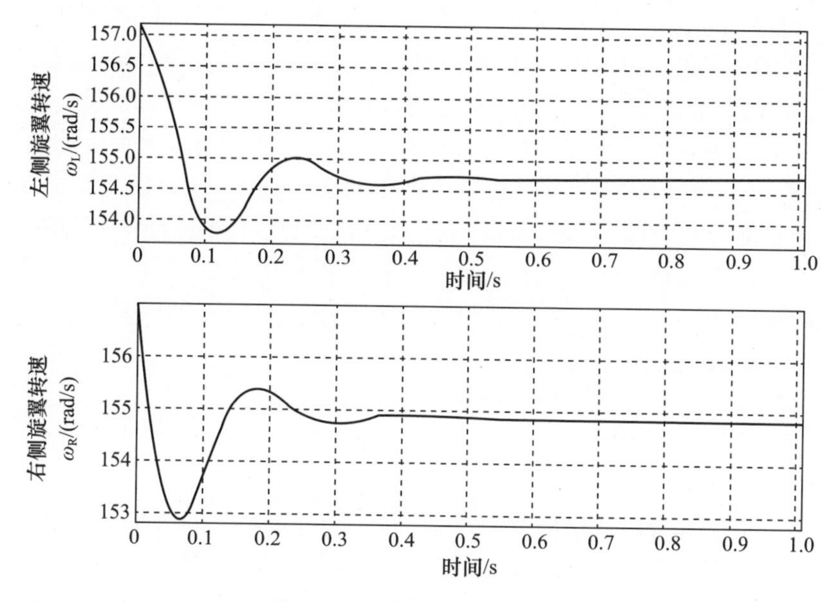

图 8.8　旋翼速度的被扰动量

8.5　工程研究

在设计飞行控制系统时，必须确定如何落实在硬件上。可以选用现成商品和相关软件来构建自动驾驶仪，也可以用同样的方法，配套选用惯量传感器和控制器。适用的电动机和电力电子器件不应太难搞到。我们将不再深究这方面的事，随着时间的推移这些东西将不断变化。

机械部分必须经过专门设计和制造。例如，需要用翼尖舱来容纳主旋翼驱动装置、倾转直升机桨叶的传动机构，以及在转入固定翼飞行时锁定桨叶的机械装置。还有可能建造一个专用试验装置来验证硬件的运行。

现在，我们考虑设计一种试验装置，它可以使主旋翼驱动装置加速旋转，随后降低转速，并能在桨叶被机械锁定前切断驱动电源。用可编程微处理器确定操作顺序，能够提高试验装置的灵活性，还必须控制旋翼驱动装置的转速。在 Netduino®可编程微处理器上可以轻易做出这种控制系统的样机来。这个牌子的微处理器带有连接器，可以向电动机驱动装置和其他硬件发送控制指令，同样也可以接收传感器信号。它还有一个板上按钮，可以让操作员向微控制器发送二进制指令，以及一个可编程 LED 指示灯，可以用来显示控制动作。这些板上设备对于尚未与控制硬件连接时的软件开发试验特别有用，因为可以通过编程，由按钮施加外部输入，让 LED 灯指示控制动作。

控制软件的开发可以借助于桌面系统，由后者提供完备的开发环境。桌面系统包括 Microsoft Visual Studio® 和 Netduino 应用软件。把 Netduino 板连接到 PC 机上，就可以把控制软件下载到微控制器中进行试验。

本章第 8.9 节将说明控制程序如何利用来自连接器与板上设备的输入/输出(I/O)信号。这个程序用来控制电动机驱动装置速度，从而实现旋翼试验装置的一项功能。它利用霍尔检测器（在电动机旋转时生成脉冲信号）的反馈信号。上一节讨论的自动驾驶仪利用惯性传感器组件的反馈，还应当考虑利用旋翼速度的反馈来稳定系统。8.9 节中的控制程序还说明了如何对 PI 控制器编程，这个设备可以应用于许多场合。

8.6 首次飞行试验

在完成机械部分的建造与试验后，要循序渐进地将飞行控制系统装到这个飞行器中。许多研发人员在试飞之前会用运动仿真器进行大量试验。假设我们不做仿真试验，冒预期风险直接进行飞行试验。我们知道这样的飞行试验很有可能失败，但因为我们能够建造相当便宜的飞行试验装备，而建造一个飞机仿真器需要花费更多的时间、精力、金钱，所以我们选择直接飞行。要注意采取预防措施，使旋翼桨叶有适当的脆性，以期发生破裂不对昂贵的翼毂造成严重损坏。飞行试验装置包括一个地面站和一个可以遥控驾驶飞行器的无线电链路。

现在是关键时刻。我们加速旋翼以便腾空。飞行器离地之时开始振荡。在我们还没有控制住振荡之前，一个旋翼的尖端撞击地面。我们设法及时切断了电源，试验平台完好无损。第二次试验时，我们不再走运！同样的事情再次发生，但这次一个旋翼的桨叶发生破裂。

我们没有遭受重大损失，并获得了宝贵的经验。但是，我们仍没有获得足够的数据来确定产生问题的原因。

8.6.1 问题何在

现在我们必须作为一个团队共同决定下一步该做什么。例如，决定由一个独立人员再次检查软件，看看是否有导致问题的错误。我们还应该检查系统集成过程，查看是否忽略了硬件缺陷。例如，是否检查过电磁扰动？

我们还必须决定是否要对试验装置进行更好的飞行前检验。是否应该安装测力计来测量飞行器上的控制力？是否应该安装简易的传动装置，以便手动控制机身俯仰、偏航、滚转？是否应该建一个简化的飞行仿真器？

我们还决定再次检查仿真模型以确认它是否以错误假设为前提。进行这项工作应当考虑以下几点：

·我们假定两个旋翼的空气动力系数相同，但它们可能在给定容差范围内变化。

·我们假定两个推力矢量是垂向的，但机身滚转运动可能会使它们偏离垂向。

·我们忽略了机身上的偏航力矩，但当改变旋翼各自速度时可能产生这种力矩。

·机体是否像悬挂在两个旋翼下的摆锤一样摆动，产生俯仰运动，或俯仰-偏航组合运动？

·是否忽略了其他影响？

我们还必须决定是否要使用更好的飞行试验仪器设备。需要安装相机吗？应该安装机载记录或者将遥测设备作为更好的长期解决方案？

我们不仅应当用飞行控制电子设备记录真实运动，而且还要记录内部信号。这些信息供我们确认无线电指令链路的完整性。

8.7 讨论

我们笼统地给出飞行控制技术领域的一系列活动，而不是有条有理地讲解一个研发项目的进展。我们重在提出问题而非给出答案，希望能够激励具有创造性的读者在自己的项目中提出新理念。

8.8 练习

1. 构建图 8.2 所示的旋翼仿真模型，但没有控制器。使用 100ms 的时间常数来近似两个电动机。

试验滚转角速度对指令 U_r 的阶跃响应和频率响应，然后试验其对指令 U_v 的响应。

试验升降速度对指令 U_r 的阶跃响应和频率响应，然后试验其对指令 U_v 的响应。

2. 将左侧电动机的时间常数减少 30%，重复上述试验。

3. 假设两台电动机的时间常数相等，添加滚转控制器并设计其增益。求出系统对初始控制误差的平复过程。

添加升降速度控制器并设计其增益，求出系统对初始控制误差的平复过程。

将左侧电动机的时间常数减少 30%，重复上述试验。

8.9 附录 微控制器

微控制器是单个集成电路上的小计算机,由 CPU 和外围支持功能(如时钟、计时器、监视器计时器、串行模拟 I/O 等)组成。芯片通常还包含程序存储器和有限 RAM。微控制器专为小型或专门应用而设计,与个人计算机和其他通用微处理器不同,微控制器强调简单性。微控制器技术还处于起步阶段,很难对这个领域作出明确描述。考虑到这一点,我们阐述两个相关联的系统,以期读者对微控制器当前能力有所认识。

Arduino®是一种廉价单板微控制器系列,它带与传感器和执行器间的接口。爱好者、学生、专业人员可以用它们来制作诸如简单机器人、恒温器和运动检测器等。Arduino 板带有一个简单的集成研发环境(IDE),IDE 可以从互联网下载,在普通 PC 上运行,用户可以用 C 或 C + + 语言编写程序。编写的程序可以上传到微控制器的闪存中。

目前的 Arduino 微控制器带 USB 接口,还有可容纳各种扩展板的模拟输入引脚和数字 I/O 引脚。连接器是标准化的,用户可以将它的 CPU 板与各种可互换的附加模块(扩展模块)连接。许多扩展模块通过串行总线单独寻址,从而可以堆叠和并行使用。

Netduino 是另一种使用微控制器的样机研发平台。许多 Netduino 板和 Arduino 扩展模块引脚兼容。

8.9.1 微控制器编程

下面给出一个程序作为浅显例子,说明如何用 Netduino 微控制器控制无刷电动机速度。它已被写入可从互联网下载的 IDE 中。其中包含 Microsoft Visual Studio 和 . NET Micro Framework®。还下载了下述 Netduino 软件:Netduino SDK v4. 3. 1®和 Netduino Plus 2 Firmware®。这些软件包让我们能够获得研发桌面应用系统的技术与工具。

首先启动 Netduino Plus 2 微控制器的应用程序,使用 C#作为编程语言。研发环境给我们创建一个文件(Program. cs),文件带有一个编程模板,我们用文本编辑器在模板中编写程序。

电动机驱动装置的硬件有一个内部控制器,它响应 Netduino 的指令,驱动电动机产生相应的转矩。微控制器通过编程产生这个指令,并将其发送给连接到电动机驱动装置的数字 IO 引脚(D5)。这个 IO 在程序中被实例化为名叫“motorDrive”的“PWM”对象,由它产生数字 PWM 信号。信号格式与常用的电动机驱动装置兼容。但我们仍然需要检查是否使用了合适的硬件。

电动机轴上装了一个霍尔检测器，旋转一周产生一个脉冲。我们通过对Netduino微控制器的编程，让它从数字IO引脚(D0)接收霍尔检测器信号。这个IO在程序中被实例化为名叫“hal.”的“InterruptPort”。当它在“Main()”中被命名为“hal. OnInterrupt”时，会使程序运行一个名为“hal_OnInterrupt,”的线程，线程从霍尔检测器收到一个脉冲时开始。这个线程含一个程序，这个程序从霍尔脉冲之间的时间推导电动机转速(rpm)。

我们还创建了一个名为“controlTimer”的单独“计时器”线程，用于执行比例脉冲积分控制器功能，管控“PWM”信号的“motorDrive. Duration”指令。该指令的更新速度由变量“controlPeriod”确定。

把这个控制指令从微控制器的引脚(D5)连接至硬件，就实现了速度控制回路的闭合。我们必须检查PWM信号(motorDrive. Duration)从1000~2000μs，电动机驱动硬件是否对PWM信号作出线性响应，使转矩从零增到满转矩。来自硬件的反馈信号通过引脚(D0)连接回微控制器。

我们制定了一个相对简单的“反饱和”方案，将积分项“rpmInt”的输出限制为±rpmIntLimit，而比例积分输出“PIout”也受到限制。

速度控制系统通常有外部指令的设定点。可以用数据链接将这样的指令发送给微控制器；但是，我们构建了一个非常简单的系统，它使用板上按钮作为输入来管控指令速度两个值之间的切换。这个IO也被实例化为名叫“button”的“InterruptPort”，并且在“Main()”中命名为“button. OnInterrupt”，无论何时按下按钮，都会启动一个名为“button_OnInterrupt”的线程。实例化为名叫“led”的“OutputPort”的板上LED灯由“button_OnInterrupt”切换，以指示速度指令的当前状态。

```
using System;
using System. Net;
using System. Net. Sockets;
using System. Threading;
using Microsoft. SPOT;
using Microsoft. SPOT. Hardware;
using SecretLabs. NETMF. Hardware;
using SecretLabs. NETMF. Hardware. Netduino;
    namespace sampleProgram
{
```

```
public class Program {
// User defined variables
        public static int controlPeriod = 25;
  // controlTimer
public static int controlStart = 25;
public static double iGain = 0.5d * controlPeriod / 1000.0d;
  // Integral gain
public static double propGain = 0.08d;
  // Proportional gain
public static double rpmCommand = 0;
public static double rpm = 0;
  // Motor speed
public static double rpmError = 0;
public static double rpmInt = 0;
  // Integral term
     public static double rpmIntLimit = 100;
  // Anti - windup
     public static double PIout = 0;
  // Control command
        public static UInt64 timeOld = 0;
        public static UInt64 timeNow = 0;
          // Instantiations
     Public static OutputPort led = new OutputPort(Pins.ONBOARD_LED,false);
     public static PWM motorDrive = new PWM(SecretLabs.NETMF.
Hardware. Netduino.PWMChannels.PWM_PIN_D5, (UInt32)20000, (UInt32)
1000,PWM.ScaleFactor.Microseconds,false);
     public static InterruptPort button = new InterruptPort(Pins.ONBOARD_BTN,
false,Port.ResistorMode.Disabled,Port.InterruptMode.InterruptEdgeHigh);
     public static InterruptPort hal = new InterruptPort(Pins.GPIO_ PIN_D0 ,
false, Port.ResistorMode.PullDown, Port.InterruptMode. In - terrupt EdgeLevel-
Low);
        // global variables
     public static readonly object lockToken = new ob - ject();
     public static bool onOff = false;
```

```
// button_OnInterrupt
      public const double rpmScale  = (double)60.0d * Sys - tem.TimeSpan. Tick-
sPerSecond;
      public const double byte2Pulse  =  1000.0d / 256.0d;
                  public static void Main()
         {
            motorDrive.Start();
            button.OnInterrupt  + =  button_OnInterrupt;
            hal.OnInterrupt  + =  hal_OnInterrupt;
            Thread.Sleep(Timeout.Infinite);
         }
      static void hal_OnInterrupt(uint data1,uint data2,DateTime time)
         {
            lock(lockToken)
               {
                  timeNow  = (UInt64)time.Ticks;
                  rpm  =  rpmScale /((double)(timeNow  -  timeOld));
               }
            timeOld  =  timeNow;
         }
         static void button_OnInterrupt(uint data1,uint data2,DateTime time)
            {
         onOff  =  ! onOff;
          if(onOff)
            {
               rpmCommand  =  100;
            }
            else
            {
               rpmCommand  =  0;
            }
         led.Write(! led.Read());
      }
   private static Timer controlTimer  =  new
```

```
Timer(delegate
      {
        rpmError = (rpmCommand - rpm);
        // Set the integrator to zero for fresh starts.
        if(rpmCommand < 30.0d)rpmInt = 0.0d;
        // Control algorithm.
        lock(lockToken)
          {
            rpmInt = rpmInt + iGain * rpmError;
            if(rpmInt > rpmIntLimit)rpmInt = rpmIntLimit;
            if(rpmInt < -rpmIntLimit)rpmInt = -rpmIntLimit;
            PIout = rpmInt + propGain * rpmError;
            if(PIout < 28)PIout = 28;
            if(PIout > 255)PIout = 255;
          }
       motorDrive.Duration = (UInt32)(((int)PIout) * byte2Pulse + 1000.0d);
      },
      null,
      controlStart,
      controlPeriod);
    }
}
```

请注意,编写这个程序时,IDE 将设立一个适当的模板。特别是将会删除插入到连续行中的连接字符。

第9章 核 电 站

9.1 引言

现在逐步增加系统的复杂程度,研究一个相对较大的过程自动化系统。可能有读者会问,为什么选择核电站作为关注对象,因为有许多可能会提供更多受聘机会的其他工业设施。我们用几句话来回答这个问题。首先,人们投入了大量的工作来研究核反应堆的基础物理学,对核反应堆内的物理现象进行了详细的数学描述,因此可以构建精确的仿真模型来描述反应堆的特性。下一章中讨论的主题之一是堆芯中的反应速度的控制,用一个仿真模型来设计控制器并展现其特性。反应堆使用的核燃料要按严格的公差制造。因为核电站的安全性至关重要,所以必须十分小心谨慎,以确保堆芯特性的预测在理论上无限接近实际。核模型通常比其他模型(比如石油化工模型)更真实。后者通常难以预测多种多样可能发生的潜在反应,因为这些反应受到原材料不同和厂址不同的影响。

从事反应堆控制项目的企业应该有核心工程师团队,他们接受过基础核物理以及反应堆动力学方面的培训。他们至少为获得核电站的专业知识而深入学习过教科书。核物理学现在已经发展成为一个多领域综合的学科,所以有鉴别力的工程师应当专长于相关细致问题。

本章讨论一个仿真模型的构建,它将在后文中用来说明反应堆控制系统的设计。这个仿真模型用简单的动力学模型来仿真核反应,只要堆芯尺度不是太大,仿真结果可以十分准确。

首先,我们来观察使用压水反应堆(PWR)的核电站的布局,基本组成如图9.1所示。核裂变释放的能量转化为堆芯的热量,热量被流经反应堆的泵送液体冷却剂带走,液体冷却剂在反应堆中被加热到很高的温度,流经一个类似家用水壶的热交换器。来自反应堆的高温液体冷却剂流经浸入沸水池的管道,然后被泵送回反应堆。沸水池产生的蒸汽热量通过汽轮机转换为机械能。然后,失去热量的蒸汽被压缩至液体状态并被泵送回锅炉(即蒸汽发生器)。

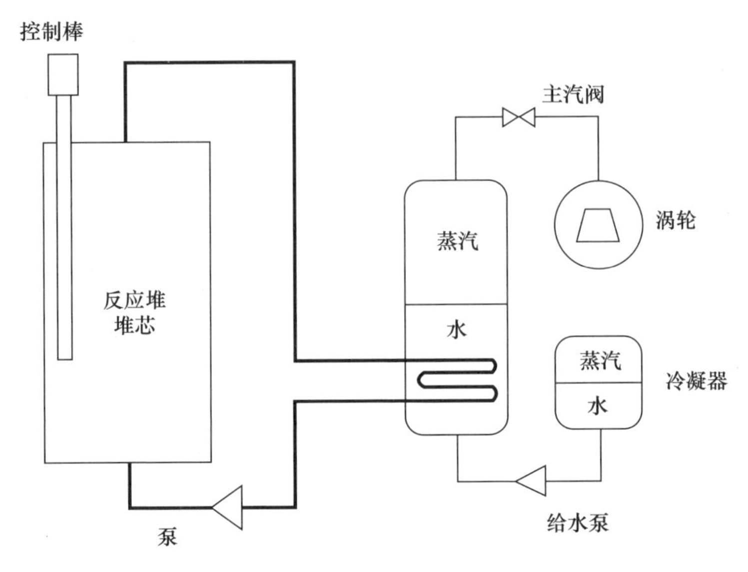

图 9.1　压水反应堆核电站

用一回路冷却反应堆堆芯,二回路驱动汽轮机,这样就降低了放射性污染的风险。在图 9.1 中,一回路中的冷却剂顺时针流动,二回路中的水蒸气也顺时针流动。图中系统被极大简化。一回路中有一个辅助冷却系统,在系统关闭时接替冷却,维持还在工作的设备。还有系统维持冷却剂处在规定条件下,在不同工作阶段由控制阀门切换系统。

二回路更加复杂。蒸汽进入汽轮机之前,先要干燥,分离出的水流回到蒸汽发生器。旁通阀使多余蒸汽绕过汽涡轮,可能还会有用于极端紧急情况的蒸汽排放系统。冷却器从循环的冷端吸收余热,通常还会有备用冷凝器,作为平衡罐。图 9.1 还显示了伸入堆芯的控制棒。可以根据需要,通过插入或撤回控制棒来控制核裂变的速度,由此确定产生的功率。

为了追求更高热力学效率,新一代核电站采用一种工作温度远高于压水反应堆的反应堆,这种核电站的基本布局如图 9.2 所示。堆芯的结构使它可以承受更高的温度:一回路冷却剂被气体取代,泵被风机所取代。蒸汽发生器产生过热蒸汽。二回路中的水蒸气流过被一回路中高温气体包围的蒸汽发生器管。主蒸汽阀和汽轮机用于处理过热蒸汽。图 9.1 和图 9.2 为原理简图。例如,两图都显示冷却剂向上流经反应堆,但设计师可以根据需要倒转方向。含汽轮机在内的二回路类似于燃烧化学燃料的传统发电站。

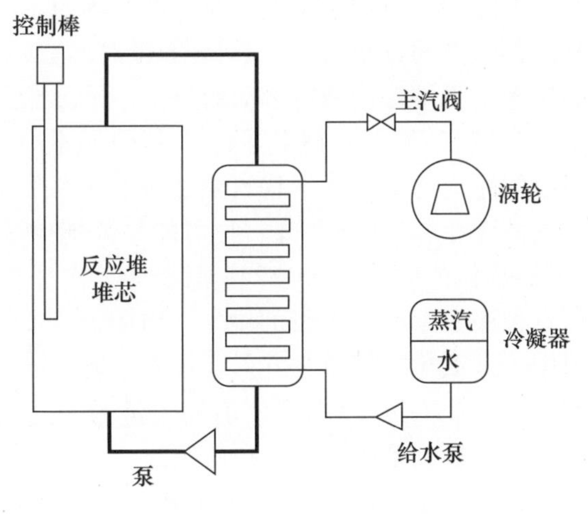

图 9.2　高温冷气发电站

9.2　链式反应基础物理学

在学习反应堆动力学之前,需要有一些核物理知识。我们通过分析一个只有单个活性部件的堆芯来简化学习过程。铀同位素(铀-235)可以俘获自由中子,然后原子核裂变。裂变释放出能量,可用于做功或提供热量。释放能量的同时还释放出自由中子,引起进一步的裂变。裂变过程不是一个同时发生的事件,而是原子核逐渐“分裂”成它的组成部分的过程。可以将这个过程与建筑物的破坏类比,建筑物第一次遭到破坏时,只留下墙壁,然后墙壁分解成更小的部分。一些裂变产物(称为前体)继续进行后续裂变,进一步释放出自由中子。初次裂变释放的中子称为瞬发中子,后续裂变释放的中子称为缓发中子。裂变释放的中子动能过高,难以被铀-235 俘获,但可以在反应堆堆芯中添加降低中子动能的材料(称为减速剂)。例如,与碳原子的连续碰撞可以充分降低高能中子的动能,使中子更容易被铀-235 捕获。还可以在堆芯周围使用碳壁将出射中子反射回堆芯。一些中子会从反射器泄漏出去而遭损失,其他中子则会被惰性元素原子核捕获。

这个过程称为链式反应,可以用无尽的事件来描述:

…→[裂变]→[慢化]→[裂变]→[慢化]→[裂变]→…

9.2.1　链式反应的简单模型

核反应堆堆芯的工作状态可以用自由中子的分布及其引发的裂变来描述。

还需要描述裂变产生的热能以及堆芯温度分布。堆芯内原子的组成随时间缓慢变化。所有这些状态都是空间分布的,且空间分布随时间变化。

已有多种方法用来仿真堆芯内随机运动的自由中子云。已有蒙特卡罗程序用来仿真单个中子运动路径,以及在碰到堆芯中其他元素时可能发生的事件。两个事件间中子通过的距离与中子的平均自由程随机相关,而某个事件的概率与发生事件的中子的截面相关。因此,有一种可能是高能中子遇到慢化剂核而失去能量,另一种可能是低能中子被铀-235捕获。一次裂变产生随机数量的高能中子。所以仿真程序必须追踪大量的中子,才能得到有意义的结果。还可以推导出近似自由中子云演化的偏微分方程。将方程离散化后用有限元模型仿真。这种仿真模型需由专业人员构建,需要消耗大量的人力。在付出巨大的努力后才提供给设计反应堆控制系统的工程师使用。

我们可以通过一种"点动力学模型"来近似构建核反应堆的特性模型。这类模型采用了一种简单的方法,它把整个自由中子云用单个数字,即堆芯中中子总通量 F 来描述,而通量的变化用下列参数描述:

N_P = 裂变产生中子的速度。

N_L = 中子因被吸收或泄漏而损耗的速度。

L = 产生中子与被吸收或泄漏之间的平均时间。

L 的值取决于堆芯的设计。我们假设 L 是一个常数:

$$L = 10^{-3}(\mathrm{s})$$

如果反应是线性的,则 N_P 和 N_L 将与通量的大小成正比,可以用以下比例值进一步简化方程:

$$k_{\mathrm{eff}} = N_P / N_L$$

首先考虑离散时刻 iL 时的通量变化,其中 $i = 0, 1, 2, \cdots$,并且

$$F_i = F(iL)$$

对于常数 k_{eff},通量变化由下面的差分方程给出

$$F_{i+1} = k_{\mathrm{eff}} \cdot F_i$$

定义堆芯的总反应性为

$$R = (k_{\mathrm{eff}} - 1) / k_{\mathrm{eff}}$$

由此通量的变化可以写作

$$\Delta_{i+1} = F_{i+1} - F_i = (k_{\mathrm{eff}} - 1) F_i = R k_{\mathrm{eff}} F_i = R F_{i+1}$$

因此,通量的连续变化可以用一个微分方程来描述:

$$\mathrm{d}F / \mathrm{d}t = (R/L) F$$

当中子的产生速度和损耗速度相同因而维持反应继续进行时,被称为反应堆堆芯临界。此时 $k_{\mathrm{eff}} = 1$,所以反应性为零。点动力学模型建立在反应性基础

上,如图 9.3 所示。变量 dF 表达的是缓发中子的效应。如果忽略这个效应,则负反应性 R 会导致通量 F 呈指数下降至零,而正反应性通常会导致通量呈指数增长。指数函数的时间常数由下式给出:

$$T = L/|R|$$

例如,当反应性 R 为 0.001 时,时间常数为 1s。

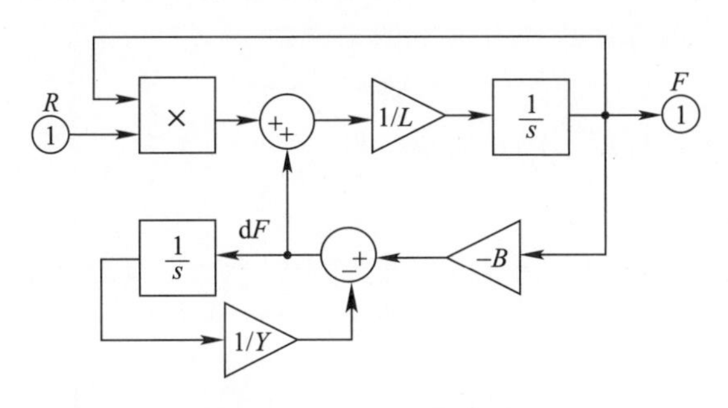

图 9.3　点动力学模型

堆芯的反应性由其几何构型、核燃料成分、慢化剂、减少泄漏的反射器共同决定。调节控制棒也可以调整反应性。

缓发中子的效应由参数 B 和 Y 表达,其中 $B = 0.0075$, $Y = 10$s。中子通量突然地正向阶跃会导致信号 dF 突然下降,然后缓慢回复至零。因为给反应性 R 和中子通量 F 添加了 dF,使得反应性变化的全部效应被延迟了一个时间常数 Y,这个时间常数代表缓发中子的效应。这个模型是传统模型的简化,其中缓发中子由六组时间表示,这六组时间在 100ms 到 80s 之间变化。

注意,3×10^{16}次/s 的铀-235 裂变,在反应堆中产生 1MW 的热功率 P。实际裂变率与堆芯内的中子总通量 F 成正比。通量检测器通常安装在反应堆室的壁上,检测传过反射器泄漏的中子。探测器的输出可以用来校准反应堆功率的测量值。图 9.3 给出的仿真模型可以仿真大到 MW 级的中子通量 F,可以与热功率 P 相等。假设我们要研究从给定功率 P_o 开始的反应堆瞬态过程,则将积分器初始化,使通量 $F(0)$ 等于 P_o。如果堆芯处于平衡状态,则 d$F(0)$ 必定为零,所以第二个积分器要初始化为 $-P_oBY$。

虽然核物理学家可能会将点动力学模型看作一种粗略的简化,但只要反应堆芯不大,它能提供准确的结果,可以用于控制工程。

9.3　反应堆堆芯的温度系数

随着温度升高,铀-235 原子核吸收中子的能力下降。这个效应很重要,因为它有助于调节堆芯内的反应速度。增加冷却剂流量提高排热率，平均温度下降。这样，铀 -235 就可以吸收更多中子，导致反应速度增加，堆芯产生更多热量。反应过程在很大程度上是自我调节的。如果功率控制系统增加流量，工作温度会小幅下降，这在机械设计上通常是允许的。

图 9.4 给出对这个效应的仿真。所用的点动力学模型与图 9.3 相同。堆芯的热模型将在下一节介绍。还有如下两个参数：

R_t = 燃料温度升高引起的反应性降低；

R_c = 堆芯在工作温度下的正常反应性。

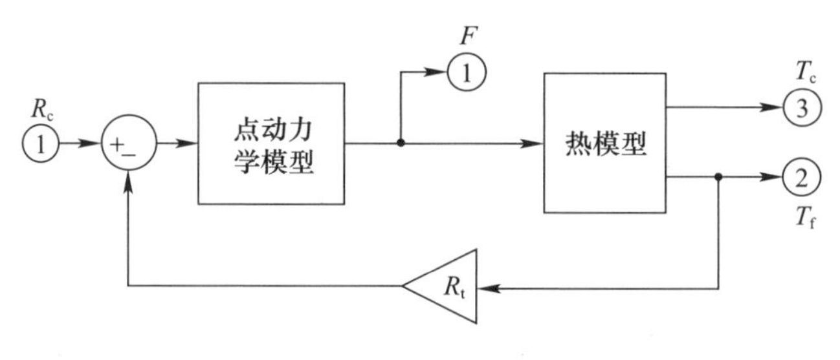

图 9.4　反应堆模型

9.3.1　反应堆堆芯的简单热模型

核裂变产生的大部分热量被循环流经反应堆的冷却剂从堆芯中带走。前文已经介绍过一回路和二回路，它们借助汽轮机将核能转换为功。一回路的冷却剂在流经蒸汽发生器时温度降低至 T_b，然后返回反应堆。T_b 由二回路水的沸点决定，后者几乎不变。

堆芯的热状态可以由其温度分布来描述，核裂变产生的热量在整个堆芯中可能是变化的。温度变化可以用偏微分方程来描述，方程可以离散化，这样就能用有限元模型来仿真。因为我们采用点动力学模型，用一个数来描述自由中子分布，所以将类似地用一个点模型来描述温度分布。对于这种情况，更常见的做法可能是使用有限元模型，但是本书利用了点模型的简单性，以便于解释堆芯的热特性。我们并不推荐在实际项目中这么做。

图 9.4 所示的反应堆模型包括热模型、点动力学模型、反馈回路中的温度系数 R_t。从图 9.3 可以看到点动力学模型是高度非线性的，其中反应堆时间常数 T 与反应性成反比，使得仿真对初始条件十分敏感。用下面给出的增量模型可以改善这种情况。

假设我们要研究给定功率 P_o 下，初始为通量 $F(0)$ 条件下的反应堆瞬态响应。这个瞬态响应是给燃料传递的热量。从燃料到冷却剂传递的热量由 H_t 和

D 确定，其中：

H_t = 从燃料到冷却剂的热传递系数；

D = 燃料和冷却剂之间的平均温差。

如果希望从平衡状态开始这个过程，则从燃料到冷却剂传递的热的初始值必须等于 P_o，这就意味着燃料和冷却剂之间的初始温差必须为

$$D(0) = P_o / H_t$$

假设已经确定了反应堆内的稳态温度：

$T_F o$ = 燃料平均温度的初始值；

$T_C o$ = 冷却剂平均温度的初始值。

冷却剂温度是指反应堆堆芯内的冷却剂温度。

现在来仿真从初始值开始的温度被扰动后的变化过程：

$T_f(t)$ = 燃料平均温度的被扰动值

$T_c(t)$ = 冷却剂平均温度的被扰动值。

这样，燃料平均温度将为 $T_f(t) + T_F o$，冷却剂平均温度为 $T_c(t) + T_C o$。

图 9.5 为堆芯热特性被扰动的一个简单模型，其中：

C = 燃料的热容；

C_c = 冷却剂的热容；

$D_o = D(0) = P_o / H_t$ = 燃料与冷却剂之间的初始温差。

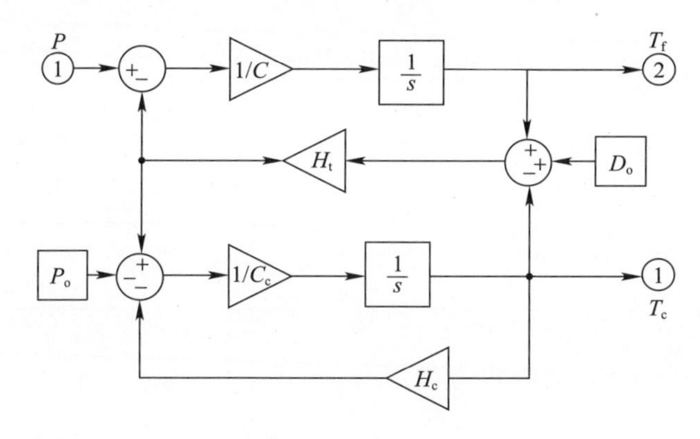

图 9.5 堆芯热模型

两个积分器的 $T_f(0)$ 和 $T_c(0)$ 初始值设定为零。

这样，堆芯的初始反应性就为

$$R_c + R_t T_f(0) = R_c$$

输入信号 P 是裂变产生的总热功率，其初始值为

$$P(0) = F(0) = P_o$$

从燃料传递到冷却剂的初始热量 H_tD_o 等于 P_o。如果开始时冷却剂在热平衡状态，则从反应堆流出的热量必须等于 P_o。仿真时从传递至冷却剂的热量中减去常数值 P_o。后续瞬态响应仿真中，仿真模型包含了一个附加项：H_cT_c，该项为一回路冷却剂带出的热量的扰动值。

可以假设蒸汽发生器能够保持冷却剂入口温度是恒定的，从反应堆入口到出口的温度梯度为正。例如，如果假设温度梯度为线性，则反应堆出口温度的被扰动值将是 T_c 的两倍。实际温度曲线可能会偏离这个线性假设，从而出口温度扰动值也不同。热传递系数 H_t 和 H_c 都随冷却剂流过堆芯的速度增加而增加。

二回路将达到平衡状态，此时蒸汽的产生速度恒定，汽轮机产生恒定的轴功率。

9.4 反应堆模型试验

假设反应堆在 100% MCR（最大连续额定功率）下发电，我们想将功率减少 5% 。可以关闭主蒸汽阀来减少通往汽轮机的流量，从而降低汽轮机的轴功率。然后降低蒸汽发生器的给水的泵送速度，以调节其蒸汽压力。对反应堆的热量需求 P_o 随之下降，因此可以降低一回路冷却剂的泵送速度。反应堆对 P_o 阶跃降低的瞬态响应如图 9.6 所示。反应堆功率（对应于通量 F）经过一个小阻尼振荡变化，平复到 95% MCR。当认为反应堆模型绝不是线性模型时，这个结果会令人很吃惊。

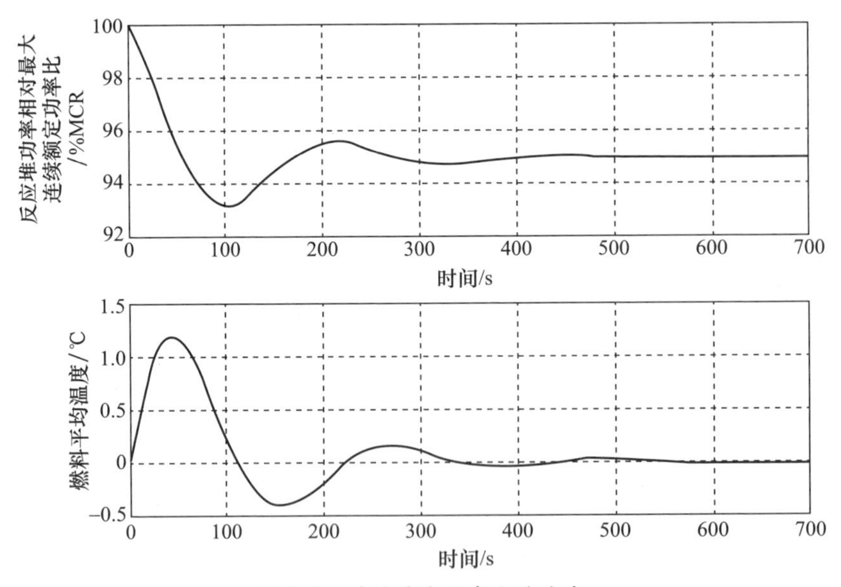

图 9.6 对流量阶跃减小的响应

从运行的角度出发,可以考虑简单地通过改变一回路流和二回路流量来控制发电功率,反应堆会相应地自动改变裂变率。事实上,堆芯温度的小幅上升会使反应性发生变化,从而降低裂变功率。在许多情况下,堆芯的固有调节能力就足够了。

还有很多情况,不得不在运行过程中使用控制棒。9.5 节中将描述可以缓慢降低堆芯反应性的“毒药”的产生过程。这时就需要通过提升控制棒来抵消“毒药”的影响。控制棒通常由硼钢制成,硼钢是一种很好的中子吸收剂。图 9.7表明反应堆对反应性 R_c 变化的阶跃响应,其中,插入控制棒减少了约 -0.01% 。燃料温度下降了约 1.5℃,表明控制棒可以用于调节温度。同时反应堆功率从 100% MCR 快速下降至 99% 左右。这两个量都经过一个小阻尼振荡而平复下来。

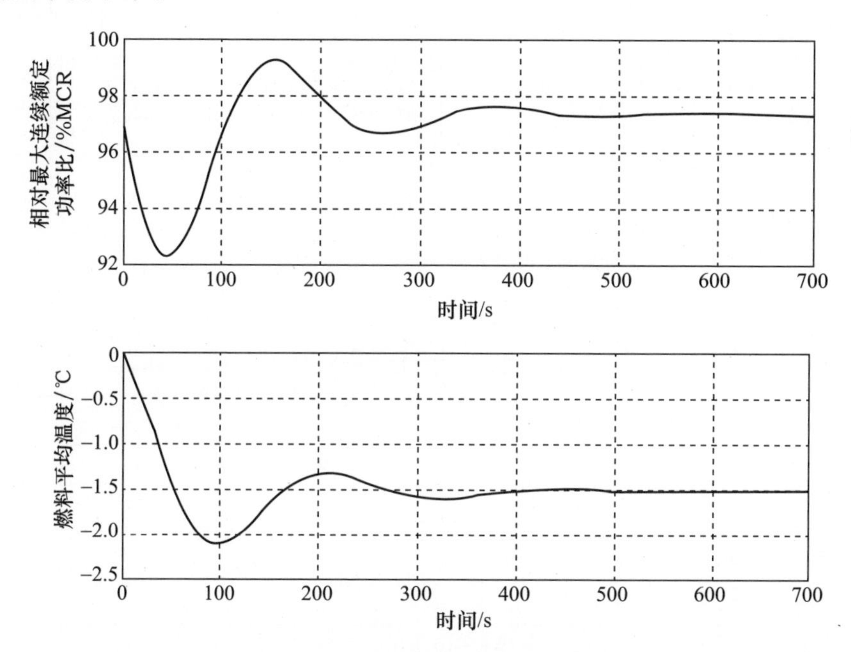

图 9.7 反应性阶跃减小的响应

图 9.8 为冷却剂温度 T_c 对反应性 R_c 变化的频率响应,是利用 MATLAB 的 linmod 函数根据图 9.5 中的模型计算得出的。如果考虑反应堆模型为非线性模型,那么这个结果会再次令人吃惊。运行条件与图 9.6 相同。共振峰出现在频率 0.027rad/s 处,峰值为 3dB。也可以通过阶跃响应推导出这一特性。图 9.8 给出的频率响应可以用于设计操控控制棒的温度调节器。

图 9.9 给出中子通量对反应性变化的频率响应。因为其相移很小,所以可

通过通量反馈回路来衰减核反应堆的振荡。

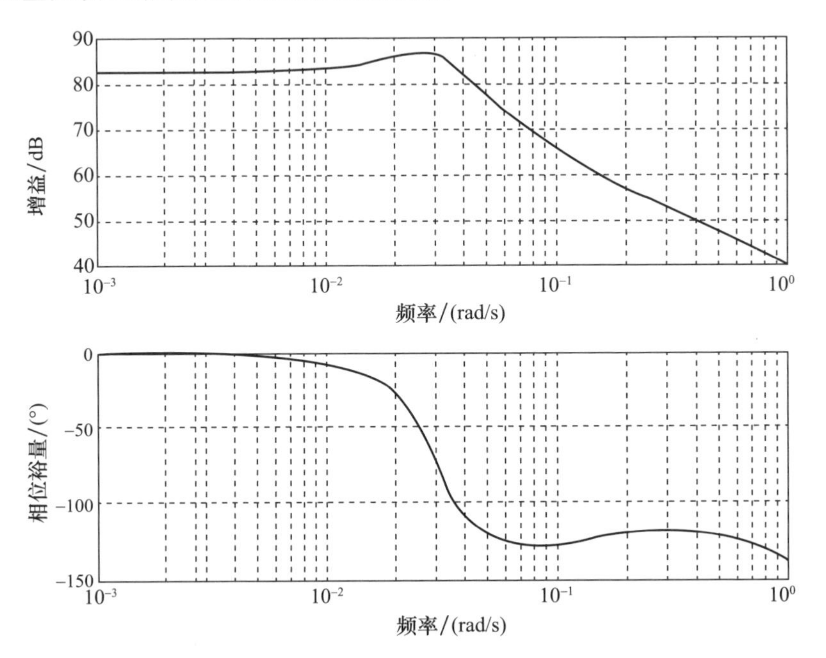

图 9.8 温度对反应性变化的频率响应

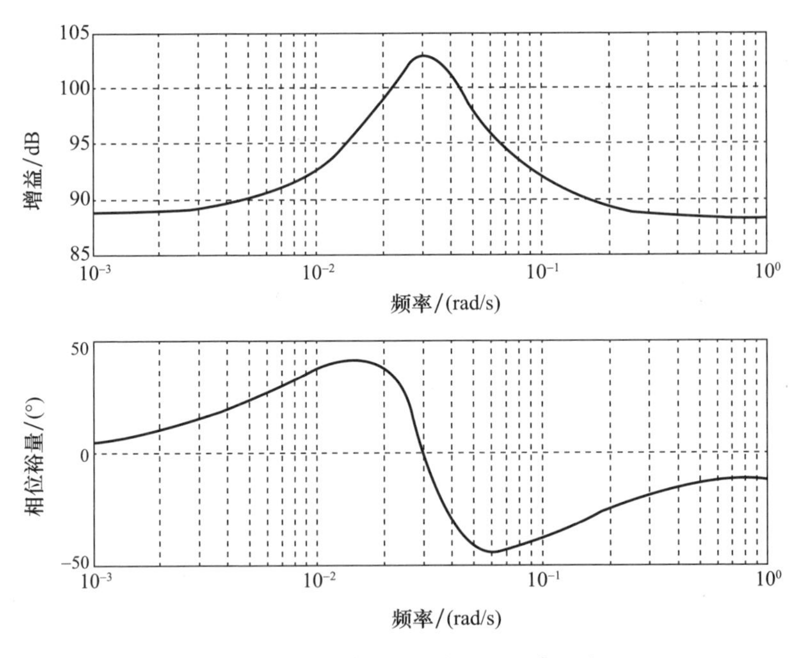

图 9.9 通量对反应性变化的频率响应

在设计反应堆的反馈控制回路时,可以考虑用线性传递函数来近似控制回路的响应。对这种非线性仿真模型,linmod 函数并不能产生正确的结果。解决这个问题的一种方法是进行阶跃响应试验,并建立一个可以"调整"以匹配反应堆响应的线性模型。

9.4.1 低通量下的启动试验

现在考虑启动核电站时的情况。如果堆芯是冷的,其反应性会增加,可能需要插入控制棒来抵消温度效应。假设反应堆运行在 10% MCR 的功率水平。由于希望用所产生的核能来加热堆芯,一回路冷却剂流量会很低。图 9.10 给出反应堆对控制棒快速提升(从而使反应性增加了 0.01%)的响应。燃料温度上升约 1.5℃,瞬态振荡以极低的阻尼衰减,振荡频率很低,因此在极低的频率处产生了较大的共振峰。这就限制了反馈控制回路的增益交越频率。

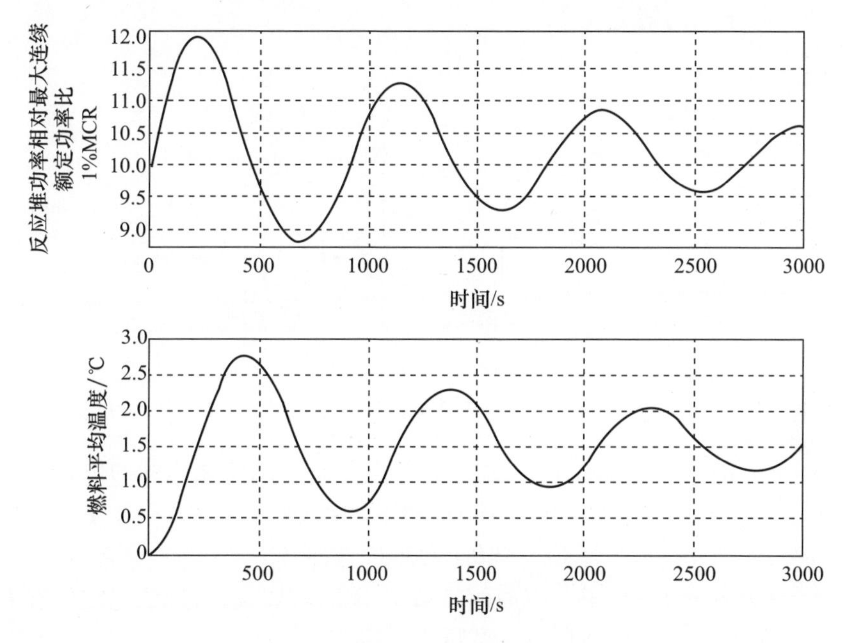

图 9.10 对低通量时反应性增加的响应

9.5 氙引起的反应性损耗

铀-235 的裂变产生同位素,这种同位素具有很强的中子吸收能力,并维持链式反应继续下去。这种同位素浓度的过度增长会大幅降低堆芯的反应性，从而“毒化”链式反应。其中一个裂变产物是同位素氙－135。这种同位素是碲－135和碘－135等的衰变过程的产物。碲的衰变非常快，对衰变过程动力学的影响可以忽略不计。图9.11为简化了的衰变过程动态学模型，其中：

F = 产生铀－235裂变的中子通量；

I = 铀－235裂变产生的碘－135的浓度；

K_i = 裂变过程碘－135的相对产量；

T_i = 碘－135的衰变时间常数；

X = 碘－135衰变产生的氙－135的浓度；

T_x = 氙－135的衰变时间常数。

氙－135吸收单个中子后产生的同位素的中子吸收能力可以忽略不计，因此这种中子通量可有效耗灭“毒化”。图9.11包括了这种效应，图中 B_x 是氙－135吸收中子的能力。

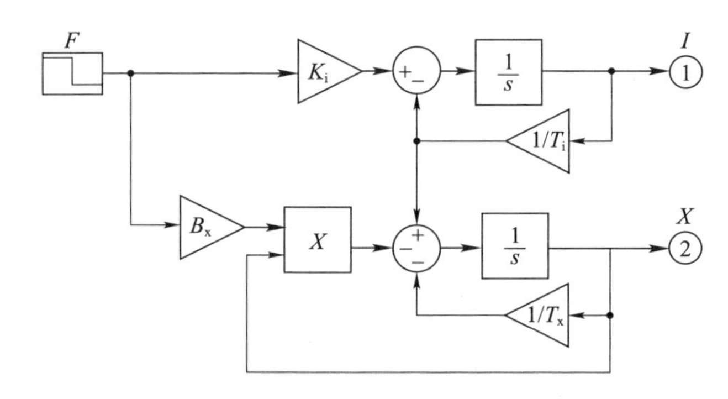

图9.11 氙产生的动力学模型

图9.12给出了 $I(t)$ 和 $X(t)$ 对应下列输入 $F(t)$ 的变化历程的仿真结果：

$$F(t) = 100\%\ \mathrm{MCR}(t < 20\mathrm{h})$$

$$F(t) = 0 = 停堆(t > 20\mathrm{h})$$

当反应堆满功率运行时，碘会以时间常数 T_i 逐渐增加，最后达到稳定状态 I_s。

氙由碘的衰变产生，所以它的浓度 $X(t)$ 滞后于 $I(t)$。同样，氙的浓度会达到稳定状态 X_s。有如下关系：

$$I_s/T_i = X_s/T_x + X_s F B_x$$

图中的这些曲线已经相对于稳定状态为100%进行了归一化处理。

在设计核芯时，通常保留其足够的过量反应性，以便在正常温度和100%氙的工作条件下，可以按规定插入一部分控制棒，还允许提升一部分控制棒来补偿反应性损失，也能在需要停堆时插入控制棒。

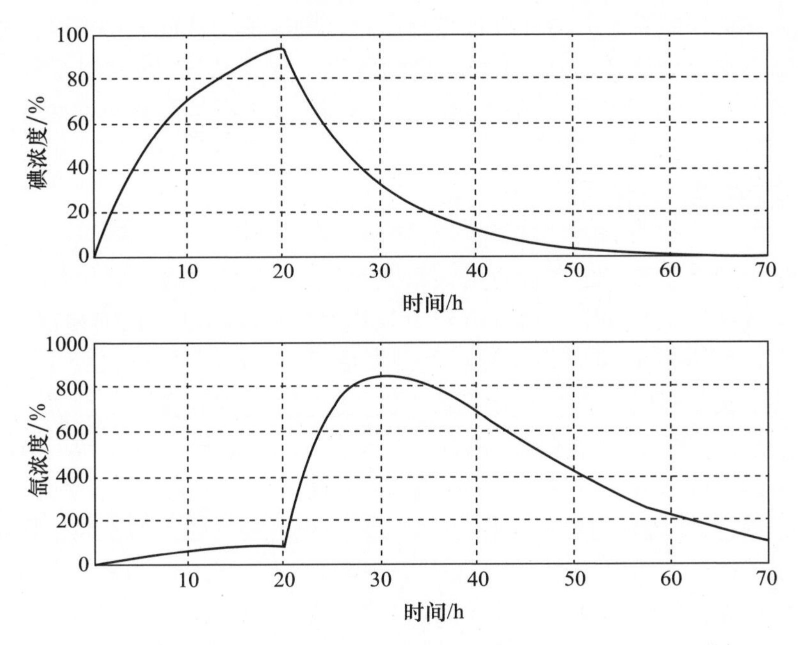

图 9.12　氙浓度变化历程的仿真结果

在 20h 后停堆时，碘以时间常数 T_i 衰减至零。因为在发电期间产生了高浓度碘，所以产生了大量的氙。因为反应堆中没有了中子通量，氙不再被消耗，所以氙浓度增加到 100% 以上。并且只有在碘浓度下降到较低水平时，氙浓度才会回到零。这个回零过程所需时间很大程度上取决于时间常数 T_x。

这种特性可能对核电站的运行产生严重影响。假设图 9.12 表示在第 20h 时有异常报警导致安全系统使电站停堆的情况。如果操作人员不能快速确认这是一个虚警而重新启动反应堆（如 0.5h 内），那么可能需要很长的时间（如 40h）才能再次启动核电站。控制系统减少这种麻烦的唯一方法可能是降低产生虚警的风险。

在负载产生损失时，可能会罕见地出现图 9.12 所示的情况，这时要求操作人员降低反应堆功率（如降至 50% MCR）。在这种情况下，通量降低至 50%，导致氙上升到 100% 以上。如果控制棒的被使用量无法提供足够的补偿，就需要控制工程师研究用其他措施来确保链式反应持续进行。一种可能用到的方法是降低堆芯内的工作温度。

虽然我们不再研究使用控制器来实现这一目标，但我们还是介绍了这个问题，目的是向读者说明对于被控制的装置还有许多别的特性，对这些特性的控制需要的是比我们讨论过的反馈回路要复杂得多的控制器。工业自动化带来的难点超出大多数控制系统分析和设计教材所讨论的经典的性能和稳定性问题。

必须再次提醒读者,如果对被控制装置没有深入认识,则控制工程就徒劳无益。

9.6 过程自动化系统

过程控制工业越来越多地使用分布式系统,将高级别的自动化和低级别的控制器集成在一个系统中。这是由采用 IEC 现场总线标准装置的通信网络(如以太网 I/P 和 Profibus PA)取得的巨大进展带来的。控制硬件包括 CPU、I/O 模块、传感器、执行器以及类似电动机驱动装置中的单回路设备。各种级别的端口和通信网络使 CPU 能够获得实时数据、历史数据、报警和事件数据。不同的控制器和单回路设备可通过局域网(现场总线)连接。过程自动化系统可以在商业平台上运行,使得承担装置运行、工程、绘图室、管理等任务的不同工作站相互共享控制功能。还可以使用这些工作站在 Windows IDE 中创立控制系统,使工程师们可以先行构建和试验软件控制器,然后再将之下载到硬件上。本书所讨论的低级别控制器可以在更高级别的控制场景下运行,通过给控制器设置各种运行状态,如待机、启动、低功率、满功率、故障状态、正常停堆、事故停堆等,实现被控制装置的完全自动化运行。第 10 章将讨论运行核电站的过程自动化系统内部各个级别的设计。

9.6.1 仪器

自动化工业装置需要用传感器来测量工作状态。这些仪器告诉我们如何使装置运行在性能最佳工作点。

反应堆内的裂变率是根据中子通量的测量值算出来的。许多通量检测器是依靠观测脉冲速度或电离粒子产生的平均电流工作的。反应堆堆芯的温度可以通过测量出口冷却剂的温度来计算。整个反应堆装置可以布满温度传感器。

各种温度传感器采用不同的技术。传统温度计利用液体膨胀原理。恒温器用于控制家用烤箱的温度,高级热电偶可用于测量许多工业装置内部的温度,热电偶产生的电信号可以被电子线路放大后用于温度控制系统。第 10 章将描述一个使用温度反馈来改变核电站反应速度的系统。

发电站的仪器包括压力、温度、流量测量仪。各种压力传感器采用不同的技术,比如应变仪或压电器件。传感器的实际安装可能需要专门的技术。例如,汽轮机装置周围的管道必须经过专门设计,以确保传感器配件不会将过量非定常流诱发的噪声引入测量值,传感器安装位置也必须选择在可以测量管道中均匀流场的点上。热电偶有时可以直接插入到蒸汽中,但为了测量过热蒸汽的极端温度,通常需要用保护套包围探头。还需要用引压线来保护压力传感器免受极端蒸汽温度的影响。脉冲管线会给测量值带来传输滞后。压力传感器的惯性和温度探头的热容也会带来测量值滞后的问题。流量传感器同样采用不同的技术。一种常用的流量传感器测量孔板上的压降,因为不想让孔板产生不可接受的压降,其配件的设计也进行了折中。

9.6.2 执行器

同传感器一样,人们开出许多涉及不同专业技术的不同执行器来控制各种工业装置。例如,汽轮机需要控制阀来管理其启动时的饱和蒸汽,并在汽轮机接近工作温度时,要用不同阀门来控制过热蒸汽。阀塞要专门设计,以形成流量与执行器运动之间的特殊的曲线关系。阀门设计师可能会使用复杂的计算机程序来仿真阀体内的流场。实际流量由阀门和管道本身决定,还可以使用液压或气动执行器。执行器还可以是第 2 章中介绍的由微控制器驱动的电动机,因而可以参考校准过的表格定位阀杆来提供所需的流量。反应堆控制棒可用类似的电动机驱动装置来定位。

9.7 讨论

本章介绍了如何构建仿真核反应堆堆芯特性的模型。这个模型限制用于反应堆临界并开始发电阶段。我们并没有考虑其他运行阶段,例如,反应堆停堆后产生衰变热量的情况。虽然所讨论的模型是高度非线性的,但还是成功地得到了描述其工作点特性的频率响应结果。这个响应是振荡的,当模型以较高功率运行时,振荡阻尼加大。

下一章将使用这个仿真模型来讨论中子通量控制器的设计,还将讨论在工业自动化系统中常遇到的其他方面的问题。这些内容与本书第Ⅰ、Ⅱ部分讨论的主题非常不同①。

9.8 练习

如果你正在核电站工作,请构建图 9.2 所示的点动力学模型。

延迟中子通常根据不同的延迟时间常数被分为几组。请确定如何修改点动

① 原文在若干地方有“本书第×部分”的表述,但全书并没有“部分”划分,译本尊重原文的表述。

力学模型来仿真这些缓发中子组的影响。研究它们对堆芯特性的影响。

如有可能,推导出你工作的核电站的反应堆近似热模型,并研究仿真结果。

与你看到的其他模型进行比较。

参考文献

Lamarsh, J. R. , and A. J. Baratta, *Introduction to Nuclear Engineering*, Upper Saddle River, NJ: Prentice - Hall, 2001.

Ordys, A. W. , et al. , *Modelling and Simulation of Power Generation Plants*, London: Springer - Verlag, 1994.

Schultz, M. A. , *Control of Nuclear Reactors and Power Plants*, New York: McGraw - Hill, 1955. Stacey, W. M. , *Nuclear Reactor Physics*, New York: Wiley Interscience, 2007.

第10章　反应堆控制项目

10.1　引言

本章我们将考虑一个为核电站研发控制系统的项目。第9章图9.2给出高温气冷反应堆的基本布局。这个装置比本书第Ⅰ部分[①]介绍的电动机驱动装置复杂得多,它的组成部分更多,控制器更多,它们之间反作用更多。因此,我们不可能用两章的篇幅覆盖整个系统或整个研发周期。

第9章简要概述了一些技术和概念,以告诉读者反应堆是如何工作的。其中推导出一个非常浅显的堆芯仿真模型,没有构建反应堆其他部分的模型。构建整个反应堆真实的仿真模型是一项巨大的任务。

我们并不打算对这个研发项目进行全面阐述,只是想介绍其他地方没有涵盖的方法和概念。其中一些与许多大型工业装置的控制有关。

首先讨论过程自动化系统监督控制器的概念。这类系统使用大型通信和控制网络来协调各组成部分的运行。监督控制器是一个进行逻辑决策的有限状态机,它生成操作指令,然后由下级控制器执行。这个过程通过程序性仿真来验证,而非用装置的物理原理验证。

然后再看如何构建操作装置的低级别控制回路。所给出的论点立足于经验和逻辑,此处给出的数据并非来自仿真结果。

本章旨在为读者研发适应特定应用需求的系统提供启发。

10.2　问题说明

与所有控制系统项目一样,首先要做的是找出客户需求。在许多大型工业装置中,由于控制系统涉及整个运行的多个阶段,因此寻找客户需求十分复杂。首先是必须启动反应堆,它涉及反应堆达到规定运行条件前要经历的多个阶段。其次是要使反应堆在负载发生突然变化的各种条件下运

---

① 原文在若干地方有“本书第×部分”的表述,但全书并没有“部分”划分,译本尊重原文的表述。

行。还必须考虑当一些控制硬件不可用时是否仍然可以使反应堆继续运行,其中一个典型问题是当一根或多根控制棒不能动作时,是否仍然可以让反应堆运行。

还要遵守特定程序来关停反应堆,以便维护或待机。有时还会遇到这样的情况,即为防止损坏继续扩大进行必要的保护性停堆。通过完全插入控制棒来停堆,将停止铀裂变,但是由于裂变产物还在持续衰减,堆芯还会继续产生热量。因此,控制系统不得不继续操作有关设备,排出反应堆中的热量。在核电站中,控制系统在安全系统的保护下运行,当运行条件超过规定的包络线时,安全系统将简单地进行事故停堆。其中一个控制要求便是防止在运行条件有可能突破包络线的情况下,发生保护性事故停堆。

通常情况下,装置设计师最关心的是装置稳态运行的效率,而控制工程师更多的是考虑瞬态情况,例如启动和关闭。控制工程师无法独立解决瞬态问题,需要与装置设计师进行团队式合作来解决问题。本章将描述整个运行过程中的一个瞬态阶段。

10.2.1 控制执行器

图 9.2 所示的发电站包括四个控制机制,它们对反应堆的运行状态有或多或少的影响。控制裂变过程最明显的机制是移动控制棒来改变堆芯的反应性。大型反应堆有数排控制棒,可用于实现各种功能,为了简化问题,我们考虑的是控制棒一致动作的情况。部分控制棒可能用第 2 章中阐述的电动机驱动,传动机构按照安全要求专门设计。例如,要求所有控制棒在应急事故停堆情况下快速插入反应堆,在供电中断时就会发生这种情况。反应堆设计师还必须决定在单个驱动机构发生电源故障时必须采取的措施。一些反应堆可能包括这样一种降低堆芯反应性的应急机制——向冷却剂中添加中子吸收材料,危机结束后必须从冷却剂中过滤出这种材料。

第二个控制机制是改变冷却剂的流量,从而影响反应堆的温度。如 9.3 节中所述,改变流量会改变堆芯的反应性。不同制造商生产出多种调节泵或风机速度的驱动装置,包括电动机和汽轮机。我们不再详细讨论这些驱动装置自身的控制问题。

也可以通过改变流经蒸汽装置的流量来改变从冷却剂中提取的热量。开启或关闭给汽轮机供汽的主蒸汽阀,可以控制蒸汽发生器的蒸汽流出量,也会改变电站产生的电力。改变给水泵的速度,可以控制蒸汽发生器的流入量。一些制造商也用控制阀来改变流量。

10.2.2 仪器

有五种测量设备可供控制系统使用：

(1) 中子通量探测器。

(2) 温度传感器(热电偶)。

(3) 压力传感器。

(4) 流量计。

(5) 电功率计(瓦特表)。

通量检测器探测穿过反应堆壁泄漏的自由中子。通量密度由燃料裂变率决定,所以通量检测器可以通过校准来推算出核反应产生的功率。其中涉及专门的试验和大量计算。让我们略微细致地看一个可能用到的校准程序。首先,反应堆装置长时间以恒定功率运行,堆内的热梯度和通量分布处于平稳状态。控制工程师测量产出的电功率,用它来校准对应的通量信号。上述过程是用电功率来校准通量检测器;请注意,控制工程师也可能需要用反应堆功率来校准。可以设想这样一个程序,在反应堆内的多个点位测取量值,由此校准热流量。选择哪一种校准方法,取决于控制系统如何使用通量信号。

一些反应堆的堆芯较长,裂变率沿着长度变化。因此可能需要沿着侧壁长度安装通量检测器,测量反应堆通量的分布。这样做可以向控制系统提供更多可用信息。

一些反应堆有可在运行期间更换乏燃料组件的设备。在这种情况下,可以在燃料罐上安装测量堆芯内部温度的热电偶。但这不一定适用于高温气冷反应堆,高温气冷反应堆控制系统设计师不得不利用冷却剂出口温度来实施反应堆的控制。

10.2.3 启动反应堆

我们将考虑如何启动反应堆的问题,以此作为过程控制工程师可能会面临的瞬态问题的一个例子。启动过程在很大程度上取决于反应堆的初始条件,而初始条件会受到此前发生的事件的严重影响。

假设反应堆因为虚惊警报而事故停堆,我们能够在堆芯氙中毒之前重起反应堆。此时,堆芯仍接近其工作温度,但氙浓度增加,所以堆芯的固有反应性降低。这样就需要将控制棒提升到略高于正常工作水平,以达到临界值。如果发生故障,我们应当有较大权力快速停堆。

如果启动的是一个新反应堆,没有氙气、冷堆芯,情况截然不同。此时堆芯的固有反应性处在最大值。在控制棒提升到正常工作水平之前较长一段时间,反应堆就已经达到临界状态。我们基本没有权力快速停堆。反应堆设计师必须确保堆芯的固有反应性足够低,以便能够快速停堆。冷堆条件下启动反应堆会导致另一个问题,即我们希望尽可能快地将堆芯温度升高到工作温度。可以保存内部裂变热能来达到此目的。然而,我们还必须要保证有合理的冷却液流量,以避免堆芯出现热点。对于高温冷气反应堆,唯一可靠的温度指标值是出口气体温度的测量值,因此需要有合理的冷却剂流量。对此我们不再进一步详述,有鉴于此,需要简单接受这样的事实:冷堆启动期间,冷却剂将大部分热量带出了反应堆。因此,我们希望通过再循环让反应堆入口的冷却剂尽可能多地将这些热量带回反应堆。在启动运行的初始阶段,反应堆会带辅助冷却回路运行,后者类似于图 9.2 中的二回路。蒸汽发生器被热交换器取代,热交换器将保持辅助冷却水温度低于沸点。辅助循环泵比主给水泵要小得多。辅助冷却回路中没有汽轮机,冷凝机被环境散热器替代。如果在带辅助冷却回路的条件下启动反应堆,并大幅度降低被这个回路带走的热量,则一回路冷却剂中的大部分热量将被再循环回反应堆中。使辅助冷却回路流量最小化的主要限制是存在这样一种风险,即这个回路的部件可能因过热而损坏,因此会限制再循环至反应堆的热量。

还必须在堆芯温度和氙浓度介于上述条件之间启动反应堆。

反应堆启动时最大的问题可能是初始通量水平很低,以至于通量检测器工作在低于其预期范围外,很难决定如何对这种控制情况进行仿真。或许可以通过在测量值添加低频噪声或通过添加死区来应对。可以确定的是,操作人员将手动控制启动的初始阶段。在决定进入下一阶段之前,要通过及时科学的校验,确保堆芯与预期一致。在某些阶段,操作人员可以决定切换到自动控制。

10.2.4 启动蒸汽装置

抛开细节而言,蒸汽装置的启动过程的步骤为,将水加热至沸腾,随后提高蒸汽压力;对于高温装置,将蒸汽加热到所要求的过热状态;在运行汽轮机之前管道由循环蒸汽进行调制;一旦汽轮机运行稳定,发电机可以与电网同步,即可关闭断路器。

10.2.5 发电调度

典型的发电站通常连接到电网,电网由多家电站供电并供更多用户用电。如果电网上的发电量低于消耗的功率,则汽轮机上将附加额外负荷,使汽轮机减速并降低电网的频率。我们抛开用来补偿这个缺点的各种控制方案的细节,只简单假设电站需要增加电力生产。如果电网负荷下降,则要求电站降低电力生产。我们将在 10.4 节中给出有可能实现上述要求的控制方案。

10.3 发电装置的运行控制

大型装置从启动到关停可能涉及许多不同运行阶段。通常需要一个高级别的监督控制器在不同运行阶段安排低级别监督控制器驱动装置。下面将说明如何用 Simulink 中库的“状态流程”模块(Stateflow®)来设计监督控制器,还将说明如何编写控制图 9.2 一类发电站的“状态流程”模块程序。

图 10.1 是一个可在监督控制器中运行的简化了的状态流程(Stateflow)图。图中包括了启动、运行、关停发电装置的程序,矩形块代表控制器的不同状况,连接线代表从一种状况到另一种状况的转换,连接线上的标签表示令控制器实施状况转换的条件。开始时系统处于“待机”(STANDBY)状态。只要进入 STANDBY 状态,指令 entry:mode = 0 就将模式 mode 信号置零。mode 信号被发送到操作人员显控台以显示系统状态,并且发送到低级别的装置控制器,作为其外部指令。在监督控制器处于 STANDBY 状态期间,表格化的编程指令 during:…将被定期执行。这些表格化的编程指令将生成对低级别控制器的特定指令。这样就要求监督控制器在接收来自传感器的输入信号的同时发送附加输出信号。

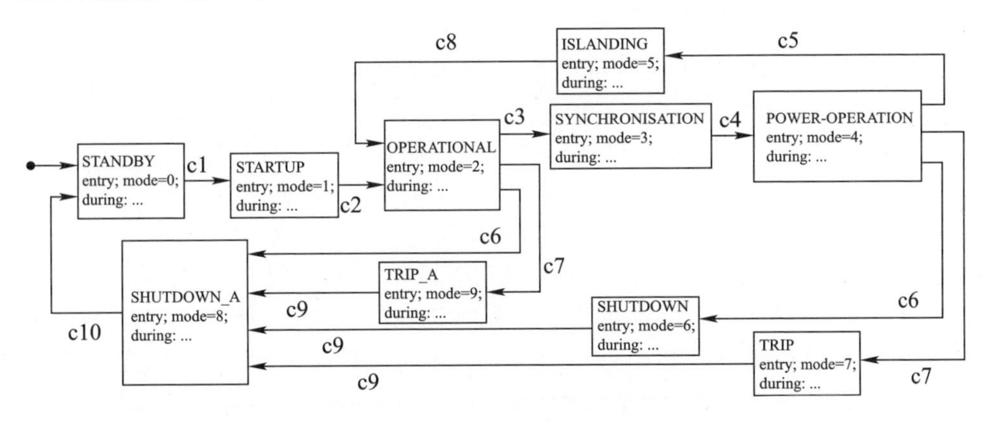

图 10.1 监督控制器示意图

操作人员启动发电装置的指令将使条件 c1 转变为“成立”true。然后监督控制器进入 STARTUP 状态并设置输出 mode 为 1。下一节中我们会看到监督控制器将再次使用程序指令 during:…来控制启动程序。

当满足条件 c2 时,监督控制器将进入 OPERATIONAL 状态 mode = 2。现在汽轮机在正确条件下运行,但尚未连接网络。当操作人员的指令启用了条件 c3 时,监督控制器利用自动同步器将发电机的频率和相位与电网相匹配,随后闭合主断路器。发电装置将处于 POWER – OPERATION 状态 mode = 4。

如果主断路器跳闸，发电机将失去负载，导致汽轮机迅速增速。这样条件 c5 就"成立"，系统将快速关闭主蒸汽阀并尝试隔离（回到 OPERATIONAL 状态）。

如果操作人员启动条件 c6，则监督控制器将执行既定的停堆程序。如果系统检测到危险故障，将触发条件 c7，立即插入控制棒，迅速关闭电站运行。

在核反应堆停止运行，堆芯由辅助冷却回路调整的情况下，系统也可能呈现为 SHUTDOWN 状态。

监督控制器可采用级别较低的控制器。其中一些低级别控制器执行简单操作，诸如开启与关闭阀门或接通与关断电动机，还有低级别 PID 控制器。它们通常具备"无扰切换"性能，即当监督控制器从一个 PID 控制器切换至另一个 PID 控制器时，不在这些 PID 控制器产生扰动效应。低级别 PID 控制器还允许操作人员接替它们对执行器进行手动控制，由它们来跟踪执行器的位置，以便当操作人员切换至自动控制时实现"无扰切换"。

IEC 61131 – 3 标准定义的顺序功能图可以用来实现类似图 10.1 的监督控制系统，为控制工业装置的大型过程自动化系统所使用。2.6 节列出了 IEC 61131 – 3 中定义的设计可编程逻辑控制器的语言。

10.3.1 发电装置的启动

监督控制器处于 STARTUP 状况时，发电装置启动。这个状况示于图 10.1 中的一个矩形块。

图 10.2 含有一个状态流程模块（监督控制器），我们将编写它执行启动过程（简化了的）的程序。状态流程模块驱动发电装置的 Simulink 模型。我们用一个很简单的模型来仿真这样一个过程中发电装置的特性——蒸汽温度 T_s 超过 400℃后，随着蒸汽温度 T_s 的上升汽轮机转速（r/m）增加。这个模型不是出于物理方程，而是用时间滞后量与代数函数构建的。我们假设操作人员在发电装置处于待机状态时启动反应堆，这时反应堆带辅助冷却回路运行。还假设堆芯温度已经适合启动发电装置，操作人员已将冷却回路切换至主蒸汽发生器所在回路。

监督控制器有三个输入：

（1）时钟，以 s 为单位发送时间（t）。

（2）操作人员的指令 c1，要求开始启动。

（3）温度信号 T_s，代表主蒸汽温度量值。

产生两个输出：

（1）模式信号（mode），上一节定义过。

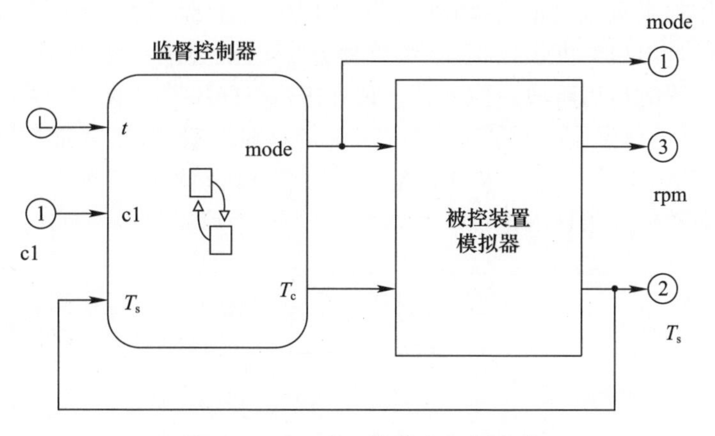

图 10.2 Stateflow 模块的仿真模型

（2）温度设定值信号 T_c，用于控制反应堆出口温度 ROT 值。
所有温度都是相对于启动开始时的数值确定的。

图 10.3 给出由监督控制器运行的状态流程图。当监督控制器退出 STANDBY 状态时，指令 exit：$t_o = t$ 使它把当时的时间保存为局部变量 t_o。之后的启动过程被分解为三个阶段。首先是监督控制器进入 STARTUP1 状态（mode = 1）。

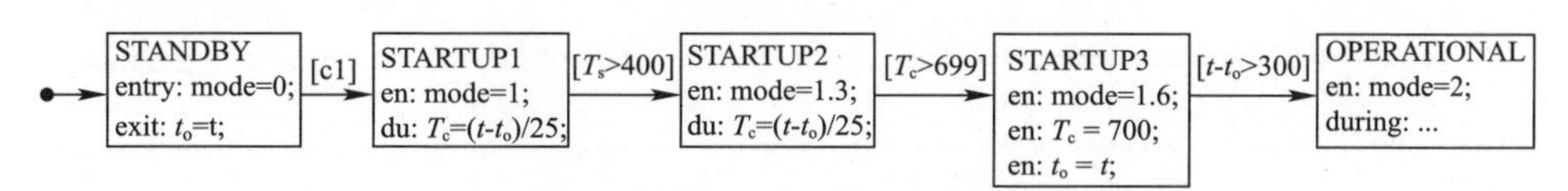

图 10.3 监督控制器启动图

指令 du：$Tc = (t - t_o)25$ 使它向反应堆控制器发送以 0.04℃/s(2.4℃/min) 的速度提升反应堆出口温度设定值 T_c 的指令。这个过程将加热堆芯和反应堆冷却剂。图 10.4 给出在将热量传递给蒸汽发生器次级侧的同时，主蒸汽温度 T_s 开始上升的情况。注意，开始时蒸汽发生器尚未产生蒸汽，因此传感器最初测量的是热水的温度。这种情况持续至水温度达到沸点，此后传感器测量饱和蒸汽的温度。这种情况持续至蒸汽发生器进入过热状态，此后蒸汽温度开始再次升高。由于汽轮机尚未启动，大部分蒸汽流经旁路，一部分蒸汽流经主蒸汽阀来调制汽轮机回路。图 10.4 还给出了模式信号从 mode0 跳转到 mode1，这个模式信号用于提示低级别的装置控制器来操控控制棒、风机电动机、泵电动机、流量控制阀，驱动发电装置按不同时间点的设定值运行。

当主蒸汽温度 T_s 超过 400℃ 时，控制系统将进入 STARTUP2 状态，这个状态的转换由 mode 从 1 变化到 1.3 来指示。模式信号的这一变化用于提示低级别控制器增加主蒸汽流量，启动汽轮机。图 10.4 给出汽轮机转速(r/m)的增加情况。反应堆出口温度设定值 T_c 继续提升，当主蒸汽温度达到接近 700℃时，到达启动过程的最后阶段。控制系统现在进入 STARTUP3 阶段，模式信号发生变化，反应堆出口温度设定值为常数，5min 的计时器启动，之后监督控制器进入 OPERATIONAL 状态。操作人员显控台上的状态指示器此时进入 mode2。发电装置完成启动但尚未连入电网。

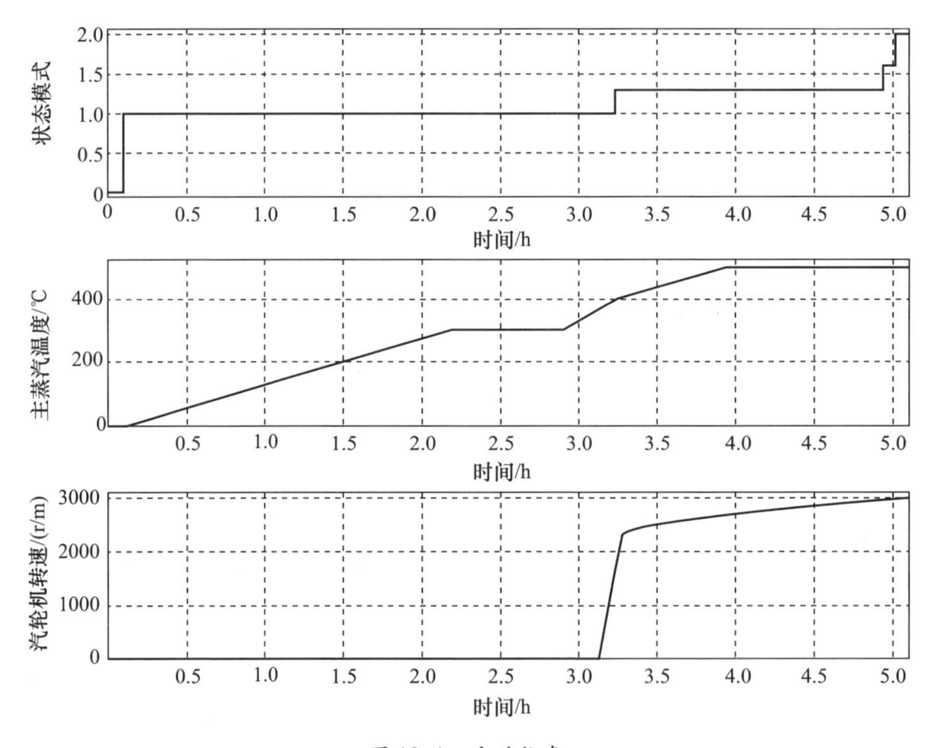

图 10.4　启动仿真

主蒸汽温度选择在提高热力效率与部件极限值之间折中的结果。升温速度的选择也是一种折中，既要尽可能快地启动装置，还要避免装置内出现过度热应力。在产生饱和蒸汽的同时，还需要降低反应堆出口温度的提升速度，以减小蒸汽发生器管道内的热应力。至此我们已经说明了启动的概念，但在发展过程还会发生进一步变化。

10.4　发电装置在电力调度期间的控制

现在来讨论接入电网后控制核电站运行的低级别控制器。图 10.5 为一种可能的控制器配置。发电机由未在图中显示的励磁系统独立控制。图中,实体组成单元(反应堆、蒸汽发生器等)为用实线连接的模块,它们代表图 9.2 中相应的实体单元。控制器被表示一些可以接收传感器信号与发送控制指令的模块用虚线连接。

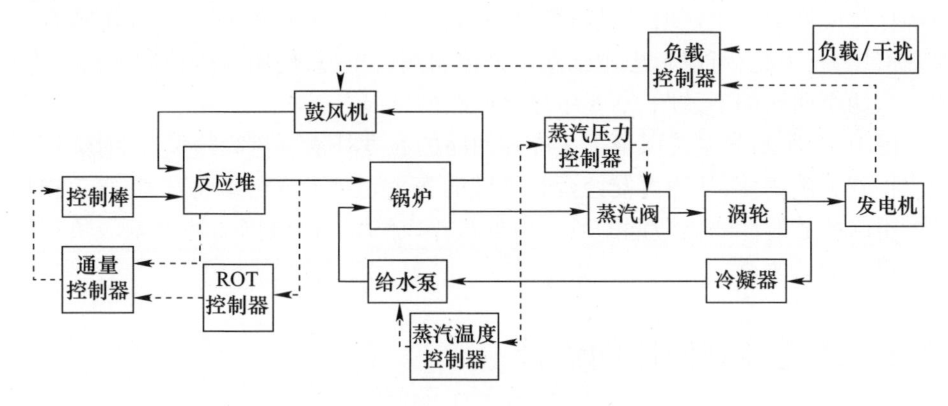

图 10.5　电力控制示意图

系统由四个独立的控制回路组成,使用以下执行器:

(1) 反应堆控制棒。

(2) 冷却风机。

(3) 蒸汽控制阀。

(4) 给水泵。

给水泵驱动单元通常包含典型的带孔板的局部流量控制回路。风机单元也包含几个流量控制回路。

我们已经在 10.2.1 节中指出,所有的控制执行器都对反应堆的输出功率有影响。它们同样也会对发电机的输出功率及其内部的温度与压力产生影响。整个核电站是一个典型的交叉耦合的多输入多输出(MIMO)系统。附录 A 第 A.8 节阐述的设计工具就是用于帮助设计 MIMO 控制器的。不过,许多用非耦合控制回路的工业过程控制系统的性能也能被接受。

图 10.5 仅仅是可能的控制器配置中的一种,它更多的是用于讨论而非作为推荐配置。控制回路配置的实际选择取决于控制的重点所在。图中的蒸汽压力回路具有卓越的性能。例如,一旦出现过压,立即从蒸汽发生器中排出大量蒸汽予以校正。

反应堆出口温度回路表现出良好的性能。降低堆芯的反应性可以立即校正温度升高。如果可以在堆芯安装传感器,则还可以获得更好的性能。

蒸汽温度回路也是一个不错的选择。将水泵送到蒸汽发生器便可以立即校正过高的温度。

还可以改进负载控制回路。操纵蒸汽控制阀来调节涡轮功率可以获得更好的控制结果。快速打开蒸汽阀将蒸汽发生器内的潜热接出来可以实现功率的突然增长。用从负载参考到通量控制器的前馈回路替代反应堆出口温度回路,可以确保反应堆功率快速增长供给急需负载。还有一个问题,即风机并不适合控制蒸汽压力,为此,可以考虑用给水泵来控制蒸汽压力,使用风机控制蒸汽温度,但是这两个回路都不及图 10.5 中控制回路的性能。

图 10.5 所示的系统保证了主冷却回路的温度补偿胜过高峰值,同时蒸汽压力也得到有效调节,从而可能会延长硬件的寿命。对于核电站而言,将管道损坏可能引起的放射性物质泄漏的风险降到最小,比为支持电网而快速响应负载变化来得更加重要。

10.5 通量控制回路的设计

决定系统整体配置后,再来研究各个控制回路的设计。

反应堆启动时,堆芯产生的功率很小,冷却剂流量非常低。因此反应堆出口温度不能很好地指示反应堆内产生的热量。图 9.10 说明反应堆此时对控制棒任何移动的响应都是高度振荡的。可以使用通量反馈来抑制反应堆的这个特性。

随着反应堆功率的上升和冷却剂流量的增加,可以运行反应堆的出口温度控制回路。图 9.7 说明反应堆此时对控制棒的任何移动的响应的振荡性仍然较高。

图 10.6 为通量反馈回路,可以用于抑制反应堆的振荡特性。通量控制器 $C_f(z)$将外部指令 F_c 与来自通量检测器的反馈信号 F_d 进行比较,产生传送至控制棒驱动机构的指令 c。项目团队无疑会花费很大的精力研究控制棒驱动机构的设计以及它们如何响应控制指令。可以测量控制棒的位置,但有些靠不住,所以我们使用响应速度指令的驱动机构。在数字控制器控制下,控制棒两个接续指令的间隔时间内移动给定距离。目前已有许多使用硬件来执行控制器指令的方法。其中一种方法是使用第 4 章中介绍的类似配置,但是在电动机轴上使用转速表来生成速度反馈信号。我们将忽略使设计复杂化的安全性要求,用控制指令的积分简单仿真控制棒的运动 x:

$$X(s)/C(s)=1/s$$

将增益 R_x 定义为控制棒位置 x 每单位变化对应的反应性 R_c 变化。在项目早期,我们不得不依赖核物理学家的计算分析。在反应堆调试的每个阶段,我们都将通过试验和校准来完善估算。将增益 D_f 定义为堆芯内通量 F 每单位变化引起的通量检测器输出 F_d 的变化。这个变化还是由核物理学家来计算。前面说过,来自通量检测器的信号校准后将用于间接指示核反应产生的功率,但只有当反应堆实现带功率运行后才能如此。因此,在仿真模型中使用的增益会有很大的容差。在这个阶段,我们绕过这个问题,将增益 R_x 和 D_f 设置为1,将它们的影响并入控制器 $C_f(z)$ 的比例增益项中。

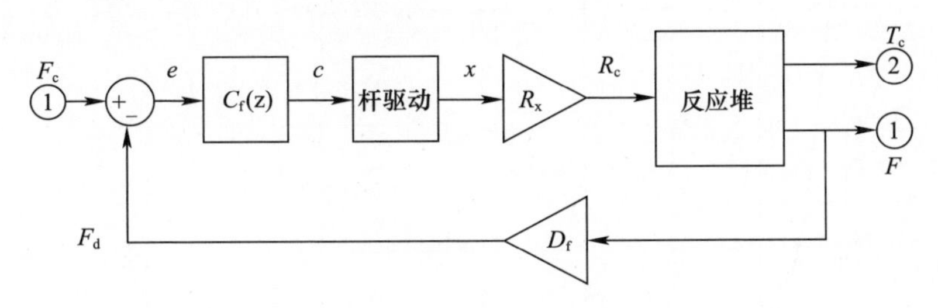

图 10.6 通量反馈回路仿真模型

图9.9曾给出反应堆满功率运行时中子通量 F 对反应性 R_c 变化的频率响应,增加控制棒驱动机构的频率响应后就得到图10.7,它表明可以使用纯比例控制器且依然获得足够的相位裕量。

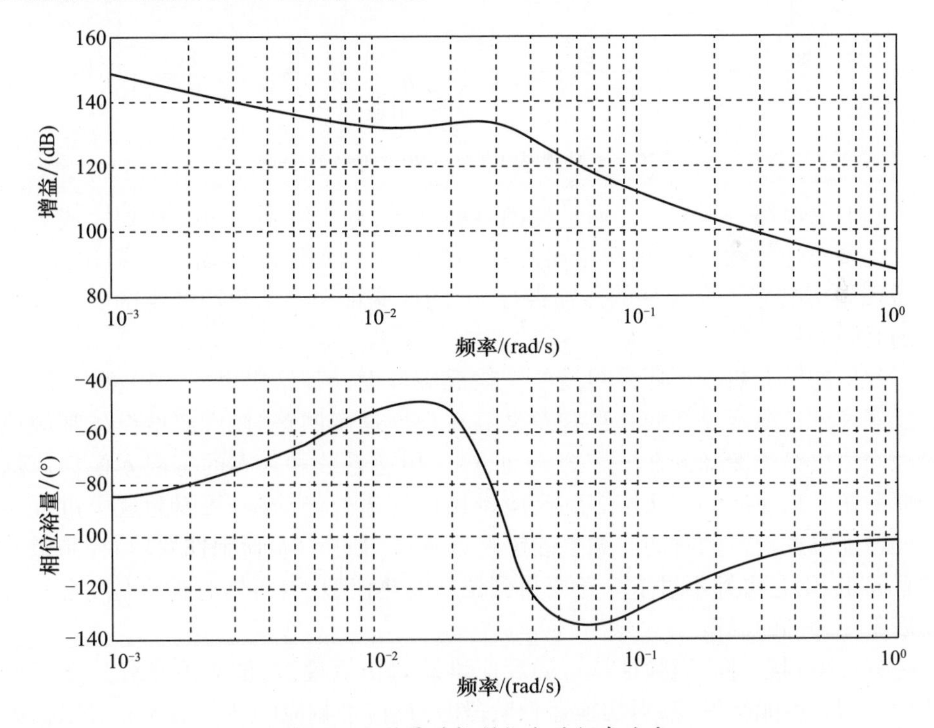

图 10.7 通量对控制指令的频率响应

控制器增益为 3×10^{-5}（-90dB）时，回路的增益交叉频率约为 1rad/s。图 10.8为闭环回路的阶跃响应，它对应于约 1s 的时间常数且没有明显的振荡。

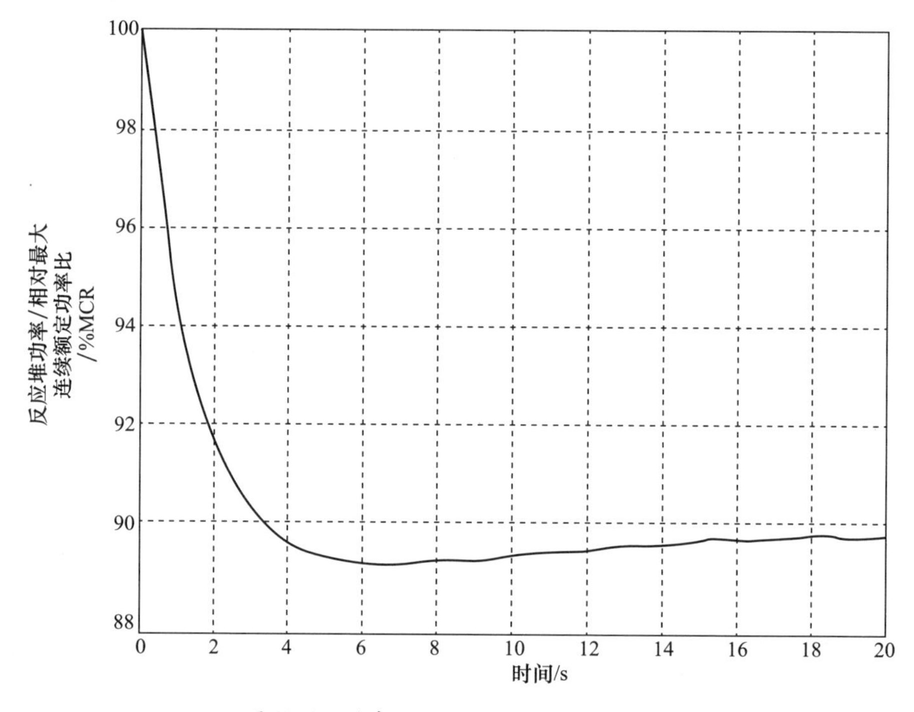

图 10.8　功率从 100% ~90% 阶跃的响应

我们已经简要地叙述了通量控制器的设计，并了解到在研发计划完成之前还有许多工作要做。图 10.9 给出冷却剂温度 T_c 下降的仿真结果，图 10.10 为其闭环频率响应。反应堆的热惯性使 T_c 随反应堆功率变化而产生的变化有很大的时间滞后。

我们的堆芯热模型还是粗浅的。在反应堆设计师给出更好的模型之前，设计反应堆出口温度反馈回路没有意义。在设计这个回路时，反应堆设计师应该已经构建出描述冷却剂在堆芯的流动、热量传递系数和热容的有限元模型。这个模型还应描述冷却剂从堆芯到反应堆出口管道的流动路径，因为这个过程会额外增加温度响应的时间。如果能够将这种详细的反应堆仿真模型与控制系统联系起来，则是再好不过了。还要得到仪器的热模型，因为热电偶的温度会显著滞后于冷却剂的温度。

一旦得到经过恰当验证认可的反应堆装置仿真模型，就应该研究其全工况特性。例如可能会发现，当切换运行阶段时，反应堆响应的变化很大。可以据此执行增益调度程序，其中将控制参数 K_p、T_i 等作为运行功率水平的函数，或作为质量流率和其他变量的函数。应当小心谨慎地避免由于不恰当切换控制器增益而引起不可接受的扰动。

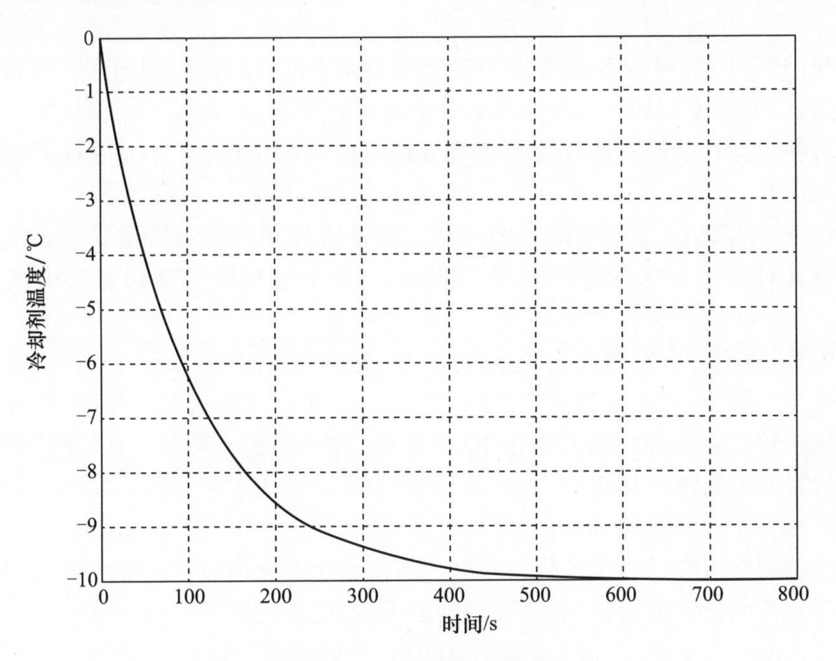

图 10.9　冷却剂温度曲线

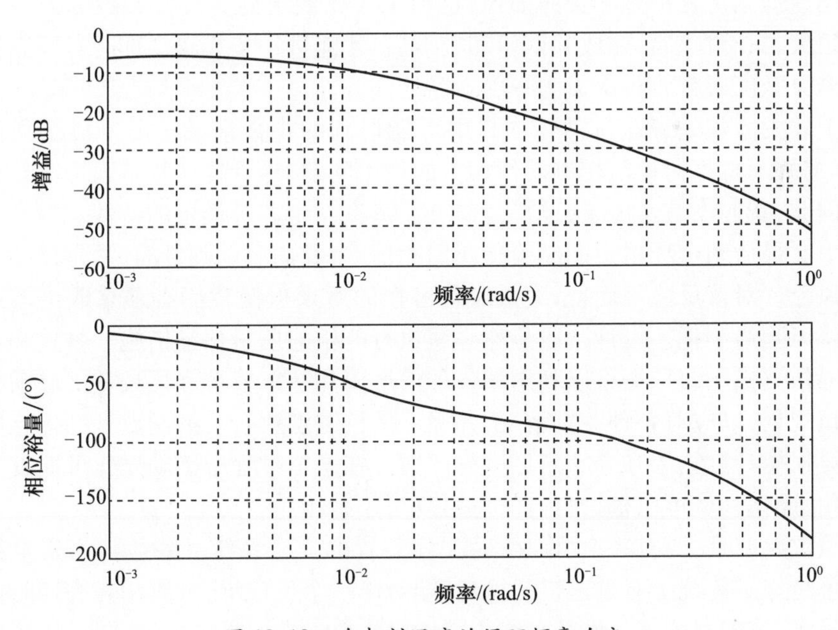

图 10.10　冷却剂温度的闭环频率响应

10.6 讨论

我们探讨了一个典型的工业自动化项目中不同级别的控制问题。在最高级别上,我们说明了如何让一个系统监督装置级控制器,来操控一个高度复杂的装置经历各个运行阶段。通过它驱动装置仿真模型的情况,大体上展现了这个系统如何运行。

在下一级别上,我们考虑了如何利用装置级控制器满足特定要求。定性分析了装置对控制执行器动作的反应,给出了在决定利用控制回路时应遵循的思路。

但是,我们并没有考虑用较高级别控制器来优化装置运行的问题。现在考虑这样一个例子:水通过蒸汽发生器管路,在转变为过热蒸汽之前,经历多种状态。热水阶段有多种状态:不同温度的沸腾,不同温度的蒸汽,然后才达到满足汽轮机需要的蒸汽过热状态。也可以用适应不同状态下温度的不同等级的钢来制造蒸汽发生器的管路,但这会增加复杂性,因为这样一来,向过热状态过渡的过程就必须在由合适等级的钢材制造的蒸汽发生器管内分区完成。可以利用自动处理系统的计算能力,计算出锅炉内的焓,据此优化锅炉的内部状态。

在最低控制级别上,我们选择了其中一个特定回路进行了详细设计。由于缺乏构建详细仿真模型必备的知识,这项工作受到阻碍。装置参数的公差范围依然很大,只有在装置建成并试验和校准后,才能进一步完善。那时对控制器设计的全灵敏度研究将再次成为一项艰巨的任务。

上述内容仅是工业自动化项目中可能遇到的少数活动。需要再次强调的是,本书并不打算讨论与控制硬件相关的技术问题,尽管这些技术强力主导着工程。因此,我们没有考虑泵、风机、汽轮机、蒸汽发生器等设备的特性。

上文最后两个项目中的经验让我们相信,当我们启动硬件时,总是伴随着失败的风险。对核反应堆而言,失败风险潜在的后果迫使我们必须采取更多预防措施将风险最小化。设计阶段显然必须执行严格的质量保证措施。装置和控制系统的仿真模型要依据可以利用的各种信息源和基准校核和再校核。启动程序要谨慎规划,以应对各种突发情况,并逐一按控制点执行。控制点处的传感器测量值要根据计算结果和专家意见进行评估。在这个过程中手动操作可能发挥很大作用,操作人员可以根据自己的意愿改写控制器。

最重要的是,要有一个可以随时关停装置的安全系统。一般认为安全系统越简单越好。传统上有过这样的做法,即对第一个反应堆,打算用斧头切断控制棒的吊索,使控制棒落入堆芯来终止核反应。今天普遍接受的做法是,切断控制棒驱动机构的电源使控制棒在重力作用下插入堆芯。如果计算机程序被认为不太可靠,可以使用非常简单标准的硬件线路来实现安全系统。例如,如果认为堆芯温度是关键的安全因素,可以这样来做:一旦温度测量值超过安全极限,立即停堆。

本章内容如果让读者对类似项目获得成功必须遵循的思路有所启发,就算达到了全部目的。

10.7 练习

1. 尝试得到一个反应堆仿真模型。记录它对控制棒位置阶跃变化的响应。尝试用一个传递函数(或二阶传递函数)的阶跃响应来近似反应堆对控制棒位置阶跃变化的响应。计算得出这个传递函数的频率响应。记录反应堆仿真模型对控制棒正弦运动的响应。比较这些响应与传递函数的增益和相位。特别要注意解决相位模糊问题。

2. 在频域中设计一个通量控制器。尝试将你的仿真控制器与反应堆仿真模型连接,并评估控制器模型的性能。

3. 考虑你熟悉的一个装置。尝试确定一个使装置经历不同运行阶段的运行过程。设计一个可用于在监督控制器上管理上述运行过程的程序。

第 11 章　后　　记

良好的工程判断源于经验，
经验源于糟糕的工程判断！
——匿名

11.1　几点思考

上面这句古老的名言常常被作为玩笑引用，但不幸的是，它经常一语成谶！

在本书中，我力图告诉仅受过基本培训的工程师们如何一步步成为控制工程师。在这个过程中，人们经常会犯错误，就像我一样！亲爱的读者，我要问你一个问题："你能从我的错误学到什么吗？"

在本书第Ⅰ部分，我阐述过要记录组织良好项目的研发过程，意图是创造一种"虚拟经历"，让读者可以在经验丰富的工程师带领下工作。首先要学到的是错误可以由循序渐进过程来避免。第 3 章阐述了用经过试验和交叉校验验证过的子系统来构筑整个系统。第Ⅰ部分描述的整个设计过程包括了在仿真结果和频率响应分析之间交叉校验。第二个要学到的是，错误可能是忽略了装置某些特性的结果。第 6 章描述了这类错误导致的结果，以及如何纠正错误。纠正错误的措施包括团队合作与循序渐进工作。如果在项目早期可以确定产生错误的原因，就能省去很多麻烦。但这类知识只能从经验中获取。

第三个要学到的是，控制回路的设计涉及折中问题，即要在满足性能要求和装备控制装置的物理限制条件之间权衡。大多数成功的设计是从一些简单易懂的控制策略开始的，这些控制策略在先前项目中取得成功，可以根据当前情况进行调整。研发过程中，常常会发现满足所有要求和限制是不可能的。这时，控制工程师要与项目团队的其他成员共同努力，达成合理的妥协。团队成员将不得不做出一系列相当主观的权衡。我们必须从经验中学会哪里可以让步，哪里必须拒绝忍让。

另一个需要学到的是，控制回路的稳定性裕量要能包容被控制装置参数的公差。第 6 章给出了一个敏感性研究的案例，利用的是假定容差。

本书的第Ⅱ部分描述了另一种“虚拟经历”，这要冒一定的计算风险，以及失败的风险。从这里我们体会到，要识别出风险，并做出恰当的补偿。

本书的第Ⅰ、Ⅱ、Ⅲ部分考虑的被控制装置越来越复杂，这是按合乎逻辑的展开。首先考虑了单控制回路的设计，其次考虑了级联控制器，并在其中考虑了两个交叉耦合回路，最后考虑了一个复杂多变量控制系统。

11.2 展望未来

我们考虑的设计示例都能得到基于装置第一原理模型的仿真支持，从而可以很方便地向读者说明如何设计控制系统。控制工程师需要理解这些设计的基本原则，以便应对很不明确的问题。

一个装置，当它存在我们前所未遇因而无法预测的特性，则这个装置可能就是不明确的。一架具有我们没有充分研究过的非线特性的飞机就是一个例子。尽管我们可能有一个相当完善的仿真模型，但我们却无法预测其超出我们知识范围的特性，就只能推断它超出我们已知范围的仿真结果。这种推断结果对于进行包含“最坏情况”的敏感性研究会有所帮助。除此之外，我们可以制订一项飞行试验计划，计划包括冒险进行其飞行包络线之内未知区域的飞行试验。这将是“起－停”循环的过程，我们通过这个过程持续交叉校验修正仿真模型。其中的座右铭是“谨慎”。

到现在为止，我们力图避而不谈最棘手的问题：如果没有可以间接描述装置特性的第一原则模型，那我们该怎么办？如果能够测量频率响应，那么设计有足够稳定裕量的控制回路就不会有太多问题。考虑以下两句话：

它们几乎没有交叉耦合。

它们的特性大致线性。

必须记住，频率响应是依据给定的输入信号幅值测量的，改变信号幅值频率响应会发生显著变化。在有些情况下，可以缓慢增加控制器的增益直到观察到振荡开始，然后降低增益以获得足够的增益裕量。

有时我们无法测量频率响应，但有一些阶跃响应的数据。这种情况在许多年前由齐格勒和尼柯尔斯等研究人员考虑过，他们对可用时间常数串联延迟（区间）来近似的被控制装置特别感兴趣。

如果没有仿真模型、频率响应或阶跃响应，那么可以做什么？这听起来像玩扑克，既没有扑克牌也没有筹码。我们尽量克制不要涉及系统识别这一主题。许多会议与书籍都专注于讨论这一主题，它与统计分析以及建模与控制属于同一领域。我们仅限于讨论合乎逻辑的工程过程,假如我们使用了以下的恰当控制策略,一般可以通过这个过程给出合理的设计。

· 考虑控制规格值及其深层原因。
· 考虑装置运行环境造成的问题。
· 考虑控制选项,包括执行器、传感器。
· 通过讨论获得试验性设计方案,在运行条件范围内进行仿真评估。
· 任何设计缺陷都可以被轻松识别。
· 研究修改控制器,纠正不足之处。
· 如果不能解决问题,考虑修改被控制装置或操作程序。

参考文献

Franklin, G. F. , D. M. Powell, and A. Emami – Naeini, *Feedback Control of Dynamic Systems*, Reading, MA: Addison – Wesley, 1991.

附录 A　设计工具与计算

A.1　频率检测仪

装置的频率响应可以按图 A.1 检测。信号发生器向装置发送正弦输入电压 $p(t)$：

$$p(t)=V\sin(\omega t)$$

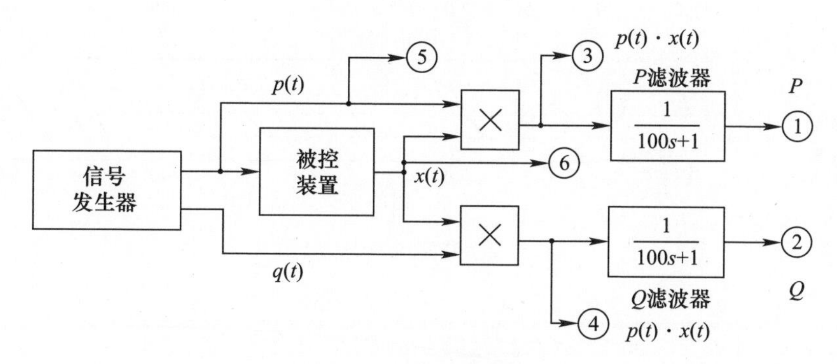

图 A.1　频率检测仪

图 A.2 给出装置的输出 $x(t)$ 与输入电压同频率(ω)的正弦振荡：

$$x(t)=X\sin(\omega t-\Phi)$$

其中：Φ 接近 80°。

振荡器产生与 $p(t)$ 正交的信号 $q(t)$：

$$q(t)=V\sin(\omega t-\pi/2)$$

图 A.2 还显示了叉积 $p(t)\cdot x(t)$ 和 $q(t)\cdot x(t)$[①]。因为装置的输出 $x(t)$ 滞后输入 $p(t)$ 近 80°，叉积 $p(t)\cdot x(t)$ 平均值较小，而 $q(t)x(t)$ 的平均值较大。如果将这些叉积信号输入至滤波器，输出 $P(t)$ 和 $Q(t)$ 将收敛于图 A.3 所示的

① $p(t)$ 与 $x(t)$ 是两个标量函数，不存在叉乘运算。作者实际上是认为 $p(t)$ 与 $x(t)$ 是复平面内两个有固定相位差的相量，然后借用矢量叉乘方法，构筑出两个幅值不同的倍频（相对于 $p(t)$ 与 $x(t)$ 的频率）正弦函数（同频率），然后通过它们的幅值关系，得出有用信息（例如计算 $p(t)$ 与 $x(t)$ 的相位差，见本段末尾）。

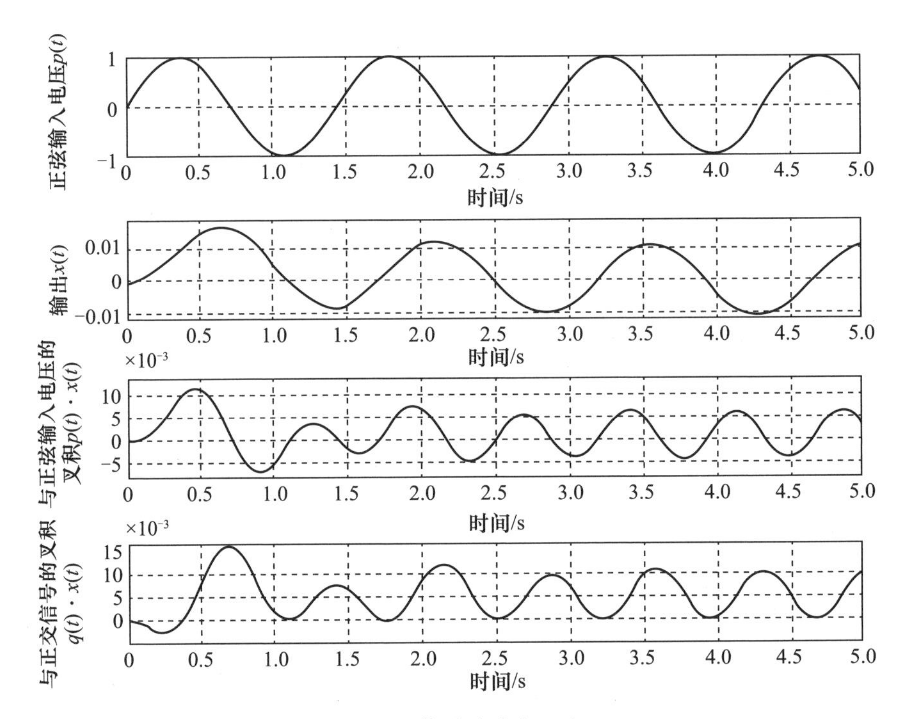

图 A.2　装置响应与叉积

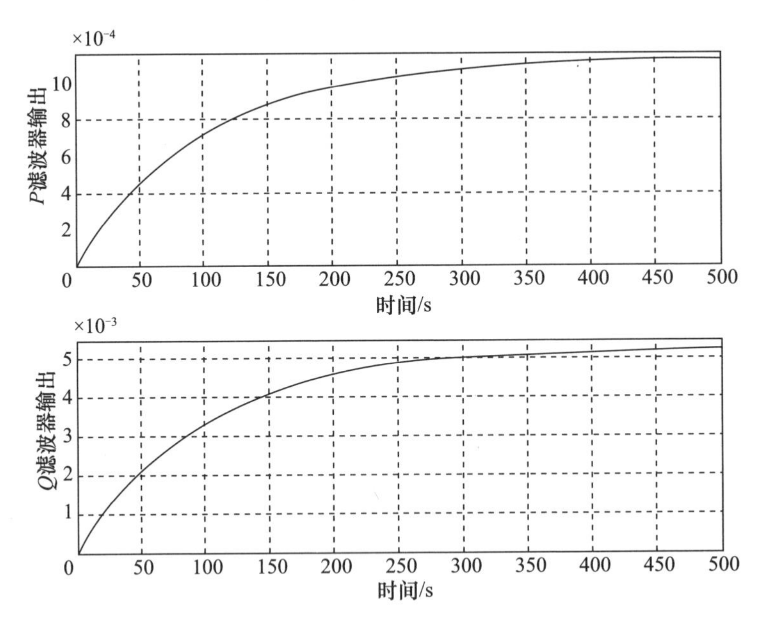

图 A.3　过滤后的叉积

值。我们可以根据 P 和 Q 的最终值计算装置的增益和相位：

$$|H| = (2/V^2)\cdot \mathrm{sqrt}(P^2(\omega) + Q^2(\omega))$$

$$(\tan)(\Phi) = Q(\omega)/P(\omega)$$

计算得到相位滞后为78°。

有些商业仪器用上述原理来检测装置的频率响应。滤波器可以抑制测量值的噪声消除装置的非线性响应值。

对装置在整个工作频域范围内检测后，还需要解决相位模糊问题。例如，必须确定 Φ 代表的是滞后相位值，还是领先 $360° - \Phi$ 的相位值。

A.2 复平面中的相量

正弦函数的相量表示常常被通信工程师用来描述载波系统的调制，并在电力系统中描述交流发电动机与输电线路的特性。用来设计控制系统的频率响应技术也源于相量分析。例如，表示频率响应的奈奎斯特图就是相量图的扩展。本附录力争通过复数为读者提供另一种解释频率响应的角度。

首先，我们使用下面的表达式来定义复指数函数：

$$\begin{aligned} u(t) &= \exp(\mathrm{j}\omega t) = 1 + \mathrm{j}\omega t/1! - \omega^2 t^2/2! - \mathrm{j}\omega^3 t^3/3! \cdots \\ &= \cos(\omega t) + \mathrm{j}\sin(\omega t) \end{aligned}$$

其中

$\mathrm{j} = \mathrm{sqrt}(-1) =$ 虚数

$\cos(\omega t) = 1 - \omega^2 t^2/2! \cdots = \mathrm{real}(u) = u(t)$ 的实部

$\sin(\omega t) = \omega\cdot t/1! - \omega^3 t^3/3! \cdots = \mathrm{imag}(u) = u(t)$ 的虚部。

复数 $u(t)$ 可以绘制成图 A.4 所示的复平面中二维矢量。这个矢量绕原点以角速度 ω(rad/s)逆时针旋转。它的长度保持不变，因为

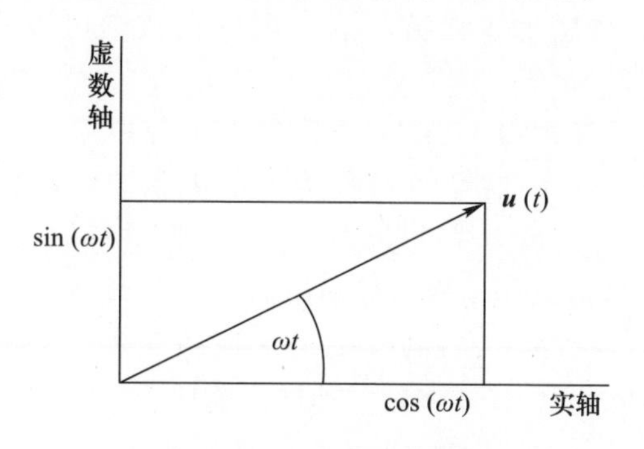

图 A.4 复平面的相量图

$$|u(t)|^2=\cos^2(\omega t)+\sin^2(\omega t)=1$$

正弦函数 $\cos(\omega t)$ 是 $\boldsymbol{u}(t)$ 在实轴上的投影：

$$\cos(\omega t)=\mathrm{Re}[\boldsymbol{u}]$$

矢量 $\boldsymbol{u}(t)$（图 A.4）被称为正弦函数 $\cos(\omega t)$ 的相量表示。

现在考虑表达虚常数的指数函数：

$$\exp(\mathrm{j}\pi/2)=\cos(\pi/2)+\mathrm{j}\sin(\pi/2)=\mathrm{j}$$

用它乘以 $\boldsymbol{u}(t)$，可得

$$\mathrm{j}\boldsymbol{u}(t)=\exp(\mathrm{j}\omega t)\cdot\exp(\mathrm{j}\pi/2)=\exp(\mathrm{j}\omega t+\mathrm{j}\pi/2)$$

将矢量 $\mathrm{j}\boldsymbol{u}(t)$ 绘制在复平面上，它同样绕原点以角速度 ω(rad/s) 逆时针旋转。矢量 $\boldsymbol{u}(0)$ 位于实轴，矢量 $\mathrm{j}\boldsymbol{u}(0)$ 位于虚轴。这样相量 $\mathrm{j}\boldsymbol{u}(t)$ 就领先于相量 $\boldsymbol{u}(t)$ 90°。

将 $\boldsymbol{u}(t)$ 的实部和虚部微分，得到：

$$\mathrm{d}\cos(\omega t)/\mathrm{d}t=-\omega\sin(\omega t)$$

$$\mathrm{j}\mathrm{d}\sin(\omega t)/\mathrm{d}t=\mathrm{j}\omega\cos(\omega t)$$

这样 $\boldsymbol{u}(t)$ 的微分 $\mathrm{d}(t)$ 为以下函数：

$$\begin{aligned}\mathrm{d}(t)=\mathrm{d}u/\mathrm{d}t&=-\omega\sin(\omega t)+\mathrm{j}\omega\cos(\omega t)\\&=\mathrm{j}\omega\boldsymbol{u}(t)=\omega\exp(\mathrm{j}\omega t+\mathrm{j}\pi/2)\end{aligned}$$

正弦函数 $-\omega\sin(\omega t)$ 是 $\mathrm{d}(t)$ 在实轴上的投影。

对相量 $\boldsymbol{u}(t)$ 的微分相当于执行 $\boldsymbol{u}(t)$ 乘以 $(\mathrm{j}\omega)$ 的运算。

A.3 傅里叶级数

我们经常需要分析系统对非纯正弦波信号的响应。例如，第 2 章中的电动机驱动电压是脉宽调制（PWM）信号。假设该信号是基频为 Ω 的周期性信号。PWM 给这个基频信号增加了谐波。这个现象在数学可以用以下傅里叶级数描述：

$$v(t)=\Sigma v_{\mathrm{i}}(t)=\Sigma V_{\mathrm{i}}\cdot\sin(i\Omega t)$$

其中 $i=1,2,3,4,5,\cdots$。把信号 $v(t)$ 作为电动机驱动装置的输入信号，将引发初始瞬态响应。此后，大致为线性装置的电动机将进行周期运动。定子电流和转速等响应信号 $x(t)$ 可以用传递函数建模为

$$X(s)=H(s)\cdot V(s)$$

输入信号的每个频率分量 $v_{\mathrm{i}}(t)$ 将独立地产生响应：

$$x_{\mathrm{i}}(t)=X_{\mathrm{i}}\cdot\sin(i\Omega t-\Phi_i)$$

$$X_i=H_i\cdot V_i$$

其中

$$H(\mathrm{j}i\Omega)=H_i\cdot\exp(-\mathrm{j}\Phi_i)$$

响应 $x(t)$ 是这些分量的总和：

$$x(t)=\Sigma x_i(t)=\Sigma X_i\cdot\sin(i\Omega t-\Phi_i)$$

驱动电压的 PWM 频率 Ω_P 的带宽远大于硬件的带宽。这意味着 $H(\mathrm{j}\Omega_P)$ 很小，因此电动机在平均驱动电流上会叠加一个很小的波纹电流，角速度的波纹则更小。

信号分析的实际应用通常涉及采样信号 $x(kT_s)$，其中 T_s 是采样周期，$k=1,2,3,\cdots$

可观测到的最高谐波分量频率被限制在 $1/(2T_s)$ 以下。通常会在一段时间 NT_s 内收集一定批次的数据，这样，可观测到的最低谐波分量频率被限制在 $1/(2NT_s)$ 之上。

信号 $x(kT_s)$ 的傅里叶系数可以通过类似图 A.1 所示的检测来确定。在这种情况下，将使用基准值和正交正弦函数信号 $\sin(i\Omega t)$ 于 $-\cos(i\Omega t)$。滤波器可以批次数据之和代替：

$$P_i=(1/N)\Sigma x(kT_s)\cdot\sin(i\Omega kT_s)$$

$$Q_i=-(1/N)\Sigma x(kT_s)\cdot\cos(i\Omega kT_s)$$

这样，谐波的振幅和 X_i 相位 ψ_i 可以计算如下：

$$X_i^2=P_i^2+Q_i^2$$

$$\tan(\psi_i)=Q_i/P_i$$

注意，商用频谱分析仪可能将结果显示为(V^2/Hz)或(V/sqrt(Hz))。

许多应用软件都有计算这类傅里叶系数的功能。例如，可以将一批记录数据 $x(kT_s)$ 矢量形式输入到 MATLAB 的工作区，矢量形式为

$$X=[x(0),\quad x(T_s),\quad x(2T_s),\quad x(3T_s),\quad \cdots]$$

然后可以用下面的 MATLAB 指令计算该信号的傅里叶频谱 $F(i\Omega)$：

$$\boldsymbol{F}=\mathrm{fft}(x);$$

其中 F 为有复数成分的矢量：

$$F=[F_1,\quad F_2,\quad F_3,\quad F_4,\quad \cdots]$$

$$P_i=\mathrm{real}(F_i)$$

$$Q_i=\mathrm{imag}(F_i)$$

傅里叶变换用于计算连续非周期信号 $x(t)$ 的频谱。上述求和过程可以用全时间段的 $x(t)\cdot\sin(\omega t)$ 和 $x(t)\cdot\cos(\omega t)$ 积分来代替。

A.4 功率谱

考虑车辆在崎岖地面行驶的随机加速度，也可以是海上船只和穿过湍流飞

机的随机运动。可以使用功率谱描述信号 $u(t)$，其中忽略了其傅里叶频谱中的相位信息。这意味着各个频率分量 $u_i(t)$ 的相位角可以随意改变，生成具有相同频谱的各种时间信号。如果只知道信号的功率谱，无法预测信号随时间的变化。

定义信号 $u(t)$ 的功率为

$$\boldsymbol{\Phi}_{\mathrm{uu}} = \mathrm{mean}(u^2)$$

现在假设 $u(t)$ 由多个正弦分量组成：

$$u(t) = \Sigma u_i(t)$$

$$u_i(t) = U_i \cos(\omega_i t + \psi_i)$$

我们将 $u(t)$ 的功率谱定义为频率 ω_i 的函数：

$$\boldsymbol{\Phi}_{\mathrm{uu}}(\omega_i) = \mathrm{mean}(u_i^2) = U_i^2/2$$

这个值与信号分量的相位角无关。

可以用基本三角函数来表示，在不同频率上的两个正弦分量乘积的平均值为零，因此信号 $u(t)$ 的总功率降低至

$$\mathrm{mean}(u^2) = \mathrm{mean}[(\Sigma u_i)^2] = \Sigma \boldsymbol{\Phi}_{\mathrm{uu}}(\omega_i)$$

现在假设 $u(t)$ 是可以用一阶时间常数建模的装置的输入：

$$H(s) = K/[1 + sT]$$

$$H(\mathrm{j}\omega_i) = K/[1 + \mathrm{j}\omega_i T] = H_i \exp(-\mathrm{j}\boldsymbol{\Phi}_i)$$

$$H_i^2 = K^2/[1 + \omega_i^2 T^2]$$

则输出的被扰动量具有以下形式：

$$y(t) = \Sigma y_i(t)$$

$$y_i(t) = H_i U_i \cos(\omega_i t - \boldsymbol{\Phi}_i)$$

它具有以下功率谱：

$$\boldsymbol{\Phi}_{\mathrm{yy}}(\omega_i) = \mathrm{mean}(y_i^2) = H_i^2 U_i^2/2 = H_i^2 \boldsymbol{\Phi}_{\mathrm{uu}}(\omega_i)$$

$$\boldsymbol{\Phi}_{\mathrm{yy}}(\omega_i) = K^2 \boldsymbol{\Phi}_{\mathrm{uu}}(\omega_i)/[1 + \omega_i^2 T^2]$$

这种关系可以推广到高阶传递函数。

可以使用 MATLAB 指令来计算随机扰动的傅里叶频谱：

$$F = [F_1,\quad F_2,\quad F_3,\quad F_4,\quad \cdots]$$

然后用下述指令计算相应的功率谱：

$$W = 2\mathrm{abs}(F)$$

结果得到带实数部分的矢量：

$$W = [W_1,\quad W_2,\quad W_3,\quad W_4,\quad \cdots]$$

$$W_i = \mathrm{sqrt}[\mathrm{real}(F_i)^2 + \mathrm{imag}(F_i)^2]^{\frac{1}{2}}$$

其他函数诸如 pwelch 和 pyulear 也可以用于频谱分析。

备注：电压增益 $|H_i|$ 分贝计算值为 $20 \cdot \log10(|H_i|)$，对应于功率增益 $|H_i|^2$ 分贝计算值为 $10 \cdot \log10(|H_i|^2)$。

备注：尽管需要相位信息来设计控制回路，但在确定了控制回路的闭环回路响应后，不再需要用相位信息来计算扰动抑制。

A.5 状态方程

重复性是计算机程序运行的本质属性，这一属性使它成为执行矩阵运算的理想工具。借助这个工具，人们越来越多地使用状态方程来建立动态系统模型。例如，许多 MATLAB 函数的基础就是矩阵状态方程。现在我们假设第 3 章中图 3.9 的电动机驱动装置仿真模型是保存在 Sim. mdl 文件中的 Simulink 模型，这样就可以用下述 MATLAB 函数确定矩阵状态方程模型的参数：

$$[A,\ B,\ C,\ D] = \text{linmod}(\text{'Sim'});$$

现在来讨论输出变量组 $[A,\ B,\ C,\ D]$ 的含义。

从第 3 章可以看到电动机驱动装置由两个一阶微分方程建模：

$$\mathrm{d}w/\mathrm{d}t = (K/J)i - (F/J)w$$

$$\mathrm{d}i/\mathrm{d}t = (1/L)v - (K/L)w - (R/L)i$$

这个状态方程始终遵从如下定义：

$$w(t) = \text{负载角速度}$$

$$i(t) = \text{定子的电流}$$

可以将这两个状态变量及其导数分组构成两个列矢量：

$$\boldsymbol{X} = [w;\quad i]$$

$$\mathrm{d}\boldsymbol{X}/\mathrm{d}t = [\mathrm{d}w/\mathrm{d}t;\quad \mathrm{d}i/\mathrm{d}t]$$

还可以将两个一阶微分方程的系数分组构成两个行矢量：

$$A_1 = [(-F/J),\quad (K/J)]$$

$$A_2 = [(-K/L),\quad (-R/L)]$$

由此可以将上述方程以更紧凑的形式表示：

$$\mathrm{d}w/\mathrm{d}t = \boldsymbol{A}_1\boldsymbol{X}$$

$$\mathrm{d}i/\mathrm{d}t = \boldsymbol{A}_2\boldsymbol{X} + (1/L)v$$

如果将 $\boldsymbol{A}_1$ 和 $\boldsymbol{A}_2$ 组合成矩阵 $\boldsymbol{A}$，则可以将两个微分方程写成单个矩阵状态方程：

$$\underline{\boldsymbol{A}} = [\boldsymbol{A}_1;\quad \boldsymbol{A}_2]$$

$$\mathrm{d}\boldsymbol{X}/\mathrm{d}t = \underline{\boldsymbol{A}} \cdot \boldsymbol{X} + \boldsymbol{B} \cdot v$$

$$\boldsymbol{B} = [0;\quad 1/L]$$

函数 linmod('Sim')的输出[A，B]对应于 $\boldsymbol{A}$ 和 $\boldsymbol{B}$。它将模型的输入端口 v 与

组分积分器的状态 w 和 i 相链接。

图 3.9 所示的模型有一个输出端口 w,对应于状态变量:

$$\boldsymbol{w}(t)=\boldsymbol{C}_1\cdot\boldsymbol{X}(t)$$

$$\boldsymbol{C}_1=[1,\quad 0]$$

第二个输出端口 i 可由下式给出:

$$i(t)=\boldsymbol{C}_2\cdot\boldsymbol{X}(t)$$

$$\boldsymbol{C}_2=[0,\quad 1]$$

这些输出可以组成一个列矢量 $\boldsymbol{Y}(t)$。linmod 函数的输出[C,D]对应于下述矩阵方程中的 $\boldsymbol{C}$ 和 $\boldsymbol{D}$:

$$\boldsymbol{Y}(t)=\underline{\boldsymbol{C}}\cdot\boldsymbol{X}(t)+\boldsymbol{D}\cdot v(t)$$

$$\underline{\boldsymbol{C}}=[\boldsymbol{C}_1;\boldsymbol{C}_2]$$

因为输入端口 v 没有直接反馈至任何一个输出端口,$\boldsymbol{D}$ 由零元素组成。

A.6 频率响应图

在整本书中,我们考虑了用开环频率响应的波特图来设计控制回路。波特图有一个优点,即通过简单地增加增益(分贝)和相位角(度),就能直观地看到添加与装置串联的控制器的效果,因而使我们能够根据需求使用不同控制器件设计回路形成直观感受。波特图可以让我们看到如何设计 PI 控制器来提高回路的低频增益,且不会在其他频率上增加不适当的相位滞后。波特图还可以让我们看到如何通过增加 PID 控制器中的微分项来改善回路的相位裕量,以及这个过程是如何放大高频噪声的。

A.5 节展现了如何确定描述装置的 Simulink 模型的线性化状态方程的参数[A, B, C, D]。这些参数可以用来计算装置的频率响应。首先要确定感兴趣的频段。人们通常倾向于使用下述 MATLAB 函数在频段内以对数形式对频率点进行空间分割:

```
frequency = logspace(log10(fo), log10(fn), frN);
```

这个函数将生成 frN 点处的一个行矢量,frN 点在频率最低值 f_o 和最高值 f_n 之间。然后用下述 MATLAB 函数来计算频率响应的幅度和相位:

```
SYS = ss(A, B, C, D);
[mg, ps] = bode(SYS,frequency);
```

如果不希望给装置添加控制器带的增益(dB)和相位(°),就需要访问结果[mg,ps]。用以下指令可以提取结果信息:

```
zz = size(mg);
```

```
mag = ones(zz(1), zz(3));
phs = mag;
mag(:, 1:frN) = mg(:, :, 1:frN);
phs(:, 1:frN) = ps(:, :, 1:frN);
magdB = 20 * log10(mag);
```

上述指令将构建描述装置在整个频段上响应的矢量 magdB 和 phs。然后添加控制器的响应,以获得开环频率响应 magL 和 phsL,此后再用如下 MATLAB 函数绘制波特图:

```
semilogx(frequency, magL);
semilogx(frequency, phsL);
```

波特图还有一个优点,即频率由一根坐标轴表示,从而能清楚地区分出在哪个频率处需要实现给定扰动抑制,哪个频率处出现控制回路的增益交越。我们主要关注的是某个频率处的回路增益和其他频率处的相位裕量。它们清楚地显示出在需要进行扰动抑制的频率处增加回路增益与保持回路相位裕量之间的设计矛盾。这样,波特图就能让我们直观地看到特定应用场合对控制系统性能的限制。例如,波特图可以以图形的方式展现装置的结构共振如何在很低的频率处限制着控制回路的性能。

诸如 MATLAB 和 Scilab 等的设计平台给用户提供了许多绘图工具。它们在许多教材中都有介绍了,因此读者应当熟悉这些绘图工具。

可以用下述 MATLAB 指令构建开环传递函数模型的尼柯尔斯图:

```
[num, den] = ss2tf(A, B, C, D, 1);
P = nicholsoptions;
P·PhaseUnits = ‘deg’;
P·Grid = ‘on’;
nicholsplot(tf(num(1, :), den), P);
```

这些指令将绘出增益与相位的关系图。还有一种图形工具,能用数据游标读取曲线中的频率。一些用户可能更喜欢使用尼柯尔斯图作为设计工具,因为尼柯尔斯图有等高线,可用于指示图上各点闭环增益。例如,通过设计,让控制回路的开环尼柯尔斯图避开 3dB 的等高线,就可以确保回路的闭环共振少于 3dB。

可以用下述 MATLAB 指令构建开环传递函数的奈奎斯特图:

```
nyquistplot(tf(num(1, :), den));
```

奈奎斯特图是定义开环频率响应的相量轨迹,频率作为参数发生变化。这里等高线同样用来指示相应的闭环响应。

尼柯尔斯图和奈奎斯特图的缺点是很难看出回路中添加控制器产生的影响。

A.6.1 传递函数

可以利用拉普拉斯变换的性质来确定系统的传递函数并计算频率响应。拉普拉斯变换理论的详细介绍见诸许多教材。

信号 $x(t)$ 的拉普拉斯变换被定义为 $x(t)\exp(-st)$ 在 $t>0$ 上的积分，其中 s 等于 $\sigma+\mathrm{j}\omega$。它是 A.3 节中介绍的傅里叶变换的推广。用传递函数描述动态系统的基本假设为

若 $X(s)$ 是 $x(t)$ 的拉普拉斯变换，则 $sX(s)$ 是 $x(t)$ 的导数($\mathrm{d}x/\mathrm{d}t$)的拉普拉斯变换。

考虑矩阵状态方程：

$$\mathrm{d}\boldsymbol{X}/\mathrm{d}t=\underline{\boldsymbol{A}}\cdot\boldsymbol{X}+\boldsymbol{B}\cdot\boldsymbol{v}$$

对状态变量及其导数进行拉普拉斯变换，可得代数方程：

$$s\cdot\boldsymbol{X}(s)=\underline{\boldsymbol{A}}\cdot\boldsymbol{X}(s)+\boldsymbol{B}\cdot\boldsymbol{V}(s)$$

整理后得到

$$\boldsymbol{X}(s)=\boldsymbol{F}(s)\cdot v(s)$$

其中，$F(s)=[s\cdot\underline{\boldsymbol{I}}-\underline{\boldsymbol{A}}]^{-1}\cdot\boldsymbol{B}$ = 输入(v)和状态 $\boldsymbol{X}$ 之间的传递函数。有两个状态变量时，$\underline{\boldsymbol{I}}$ 是 2×2 单位矩阵，由以下两个行矢量组成：

$$\boldsymbol{I}_1=[1,\quad 0]$$

$$\boldsymbol{I}_2=[0,\quad 1]$$

亦即

$$\underline{\boldsymbol{I}}=[\boldsymbol{I}_1;\quad \boldsymbol{I}_2]$$

可以看到：

$$\underline{\boldsymbol{I}}\cdot\boldsymbol{X}=\boldsymbol{X}$$

矩阵 $[s\cdot\underline{\boldsymbol{I}}-\underline{\boldsymbol{A}}]^{-1}$ 由具有传递函数形式的标量元素组成：

$$M_{ij}(s)=E_{ij}(s)/D(s)$$

$$D(s)=d_2s^2+d_1s+d_0$$

$$E_{ij}(s)=e_{ij2}\cdot s^2+e_{ij1}\cdot s+e_{ij0}$$

对第 3 章图 3.9 中的电动机驱动装置模型而言，状态由下面的矢量定义：

$$\boldsymbol{X}=[w;\quad i]$$

$\underline{\boldsymbol{B}}=[0;\quad 1/L]$ = 将输入 v 与状态方程变量相关联的矢量，因此，矢量 $\boldsymbol{F}(s)$ 有以下标量元素：

$F_1(s)=(1/L)E_{12}(s)/D(s)$ = 输入 v 与状态 w 之间的传递函数

$F_2(s)=(1/L)E_{22}(s)/D(s)=$输入 v 与状态 i 之间的传递函数

A.5 节给出了如何用输出矩阵 $\underline{\boldsymbol{C}}$ 与状态变量 $\boldsymbol{X}$ 给出输出 $\boldsymbol{Y}$。

输入 v 与输出 $\boldsymbol{Y}$ 之间的传递函数可以表示为

$$\boldsymbol{Y}(s)=\boldsymbol{H}(s)\cdot v(s)$$

$$\boldsymbol{H}(s)=\underline{\boldsymbol{C}}\cdot\boldsymbol{F}(s)$$

传递函数系数由下述 MATLAB 函数计算并显示为矢量：

```
[num,  den] = ss2tf(A,  B,  C,  D,  1)
```

系数的数值显示为

$$\text{den}=[d_2,\quad d_1,\quad d_0]$$

$$\text{num}=[e_{122},\quad e_{121},\quad e_{120}]$$

在某些情况下，频率响应图不足以确保控制回路的稳定性，还需要通过附加分析进行补充。其中一种是绘制闭环极点轨迹，在 MATLAB 中可用如下指令完成：

```
rlocusplot(tf(num(1,  :),  den));
```

A.7 MIMO 控制系统

考虑一个由 m 个执行器控制、n 个传感器观测的装置，执行器由输入矢量 $\boldsymbol{U}$ 表示，传感器由输出矢量 $\boldsymbol{Y}$ 定义。线性装置可以由矩阵传递函数 $\underline{\boldsymbol{P}}(s)$ 描述，即

$$\boldsymbol{Y}(s)=\underline{\boldsymbol{P}}(s)\cdot\boldsymbol{U}(s)$$

如果在 MATLAB 工作区用矩阵(A, B, C, D)定义装置的状态方程，则可以用下述指令来计算 $\boldsymbol{P}(s)$ 元素构成的行矢量传递函数 $P_i(s)$：

```
[num1,  den] = ss2tf(A,  B,  C,  D,  1);
[num2,  den] = ss2tf(A,  B,  C,  D,  2);
...
```

den 是形式为 $[d_q,\ \cdots,\ d_2,\ d_1,\ d_0]$ 的矢量；

num1 是矩阵，其中第 j 行是形式为 $[n_{1jq},\ \cdots,\ n_{1j2},\ n_{1j1},\ n_{1j0}]$ 的矢量；

num2 是矩阵，其中第 j 行是形式为 $[n_{2jq},\ \cdots,\ n_{2j2},\ n_{2j1},\ n_{2j0}]$ 的矢量；

…

它们对应于以下标量传递函数：

$P_{ij}(s)=N_{ij}(s)/D(s)=$从第 i 个输入 U_i 到第 j 个输出 V_j 的传递函数

$D(s)=\Sigma d_k\cdot s^k(k=0,\ 1,\ 2,\ \cdots,\ q)$

$N_{ij}(s)=\Sigma n_{ijk}\cdot s^k$

可以用这些元素构建$\underline{\boldsymbol{P}}(s)$：

$$\boldsymbol{V}(s)=\boldsymbol{P}_i(s)\cdot U_i(s)$$

$\boldsymbol{P}_i(s)=[P_{i1}(s),P_{i2}(s),\cdots,P_{in}(s)]=$从第 i 个输入 U_i到第 j 个输出 V 的传递函数矢量；

$\underline{\boldsymbol{P}}(s)=[\boldsymbol{P}_1(s);\boldsymbol{P}_2(s);\cdots,\boldsymbol{P}_m(s)]=$从 $\boldsymbol{U}$ 到 $\boldsymbol{V}$ 的传递函数矩阵；

可以将多输入多输出(MIMO)装置的反馈控制回路描述为

$$\boldsymbol{U}(s)=\underline{\boldsymbol{C}}(s)\cdot\boldsymbol{Y}(s)$$

其中:$\underline{\boldsymbol{C}}(s)$是 MIMO 控制器的传递函数矩阵。控制器用来自传感器的输入 $\boldsymbol{V}$ 产生控制执行器的输出 $\boldsymbol{U}$。

如果在控制器输入端断开反馈控制回路,则得到的开环回路传递函数将为以下 $n\times n$ 矩阵,其中 n 等于反馈至控制器的传感器信号的数量:

$$\underline{\boldsymbol{L}}(s)=\underline{\boldsymbol{P}}(s)\cdot\underline{\boldsymbol{C}}(s)$$

必须懂得,MIMO 装置的反馈不是由唯一的传递函数来描述。例如,如果在装置输入端断开回路,则得到:

$$\underline{\text{\L}}(s)=\underline{C}(s)\cdot\underline{P}(s)$$

其中 $\underline{\text{\L}}(s)$通常与$\underline{\boldsymbol{L}}(s)$不同,因为 n 现在为控制执行器的数量。

考虑装置从单个输入 $U_1(s)$到输出 $Y(s)$的传递函数。可以用下述 MATLAB 指令得到相应的状态方程:

$$[A,\quad B,\quad C,\quad D]=\mathrm{tf\,2ss(num1,\quad den1)};$$

A.7.1 MIMO 图

为了设计由 $n\times n$ 个频率响应矩阵$\underline{\boldsymbol{L}}(\mathrm{j}\omega)$描述的控制回路,可能会考虑用一个由增益-相位图组成的 $n\times n$ 矩阵。由于这个矩阵涉及数据量过大,促使研究人员寻找方法来减少设计 MIMO 控制回路所需的增益相位图。其中一种方法是频率响应矩阵的奇异值分解。下面的 MATLAB 指令用于生成 $n\times n$ 矩阵$\underline{\boldsymbol{L}}(s)$的 n 个奇异值的波特图:

$$\mathrm{sigma}(L,\mathrm{frq});$$

其中:frq 是频率范围。首先计算出复共轭转置 $\boldsymbol{L}*(\mathrm{j}\omega)$。然后找到 $\boldsymbol{L}*(\mathrm{j}\omega)\cdot\underline{\boldsymbol{L}}(\mathrm{j}\omega)$的特征值 $\lambda_i(\mathrm{j}\omega)$。奇异值 $\sigma_i(\mathrm{j}\omega)$是 $\lambda_i(\mathrm{j}\omega)$的正平方根。遗憾的是所得到的奇异值并不给出关于$\underline{\boldsymbol{L}}(\mathrm{j}\omega)$的相位角信息。

如果将所有 $\sigma_i(\mathrm{j}\omega)$绘制成频率的函数图,它们将位于一个增益带之内。将增益带的上限和下限分别定义为 $L_{\mathrm{MAX}}(\mathrm{j}\omega)$和 $L_{\min}(\mathrm{j}\omega)$。这两个上下奇异值将为 A.8.2 节所描述的鲁棒控制设计工具所用。

A.8 自动设计工具

我们将把 MATLAB 作为商用产品的一个例子,简要介绍它的设计工具,也可参阅 www. mathworks. com 网站。读者可能想用这些工具来分析第 5 章、第 6 章、第 8 章、第 10 章中讨论的控制器设计。更详细的信息,请参阅 MATLAB 的用户文件。

A.8.1 LQG 控制设计工具

有几种商用工具可用于设计控制线性装置、二次成本函数、高斯扰动的控制器。在项目的方案研究阶段,装置和控制系统还没有完全确定,可以用这些工具快速得到初步结果。LQG 设计工具主要用于将降低装置被扰动量降至可接受水平与避免过度使用执行器之间寻找适当的折中点。装置由下面的状态方程描述:

$$\text{Plant} = \text{ss}(A,\quad B,\quad C,\quad D);$$

定义用来规定赋予装置剩余被扰动 x 量和执行器指令 u 的相对权重矩阵 $\boldsymbol{Q}_{xu}$,还定义另一个规定装置被扰动 w 功率和传感器噪声 v 的矩阵 $\boldsymbol{Q}_{wv}$。

然后用下面的 MATLAB 函数设计一个反馈控制器,由它在扰动 x 和指令 u 之间进行折中:

$$\text{C} = \text{lqg}(\text{Plant},\quad \boldsymbol{Q}_{xu},\quad \boldsymbol{Q}_{wv});$$

注意:Ca,Cb,Cc,Cd 是控制器的状态方程的系数,用来确定控制器的传递函数矩阵:

$$[\boldsymbol{Nc},\quad \boldsymbol{Dc}] = \text{ss2tf}(Ca,\quad Cb,\quad Cc,\quad Cd);$$

更详细的信息请参阅 MATLAB 用户文件。

我们在设计研究中用这个方法确定满足性能要求、闭环特性适当的控制器。使用 LQG 方法,必须先确定满足性能要求的矩阵 $\boldsymbol{Q}_{xu}$,然后用设计工具确定所要设计的控制器。

A.8.2 鲁棒控制设计工具

假设要为 MIMO 装置$\underline{\boldsymbol{P}}(s)$设计一个反馈控制器$\underline{\boldsymbol{C}}(s)$,以便$\underline{\boldsymbol{P}}(s)\cdot\underline{\boldsymbol{C}}(s)$内的开环频率响应接近所期望的开环增益函数$|\text{Ld}(j\omega)|$,其中

$$\text{Ld} = \text{tf}(\text{num},\quad \text{den});$$

有利用$\underline{\boldsymbol{P}}(s)\cdot\underline{\boldsymbol{C}}(s)$的上、下奇异值 $L_{\text{MAX}}(j\omega)$和 $L_{\text{MIN}}(j\omega)$ 的现成设计工具。A.7.1 节对奇异值进行了描述。

用下面的 MATLAB 指令计算这种控制器：

[Ctrl, CLoop, gamma] = loopsyn(Plant, Ld)

用下面的指令给出 $L(j\omega)$ 的 n 个奇异值的波特图：

sigma(Plant * Ctrl);

波特图将给出所有开环频率响应的幅度范围，它们与 $|Ld(j\omega)|$ 的偏差不超过 γdB。设计工作的难点是给出满足特定性能要求的 $|Ld(\omega)|$ 的规格值。设计工具 loopsyn 可作为一种近似方法辅助 MIMO 系统的设计。最终的闭环响应由 CLoop 给出。

可用于计算控制器的类似函数还有

[Ctrl, CLoop, gamma] = hinfsyn(…)

其中，输入参数定义装置、要求的扰动衰减、控制信号限值、鲁棒性要求。更详细的信息，请参阅 MATLAB 用户文件。

我们知道，装置无法预料的相位滞后会降低控制回路的相位裕量，从而使回路高度振荡。我们还发现意想不到的装置共振有相似的影响。反馈回路的振荡通常会发生在增益交越频率附近的特定频率处或装置的共振频率处。这样的频率往往会远高于扰动的频率。避免这类振荡的方法之一是规定一条鲁棒性要求，允许在这些关键频率处降低控制器的增益。

A.8.3 模型预测控制器

Simulink 库中的模型预测控制器模块可以用来控制装置。它的输入包括一个设定点指令和装置输出的反馈信号。要想用它，需先激活一个设计工具，使模块的内部模型与装置相匹配。模型预测控制器模块可能会搜索一种控制策略，以恰当的方式使装置模型到达设定点。搜索过程可能是以很快的速度迭代完成的，其中模型被初始化为装置有输出的状态，然后用初始控制指令控制装置。

A.9 非线性装置

MATLAB 指令 linmod 将仿真模型线性化，从而使我们能够通过频率分析进行设计计算。如果非线性对装置影响是次要的，则近似值是可接受的。有时我们对模型线性化的原因是对模型的了解不够准确，无法恰当进行详细描述。当遇到装置无法通过线性逼近恰当建模时，建议读者在非线性控制系统文献中查询合适的方法。

A.9.1 脉宽调制与相关近似

我们已经给出了一个高度非线性装置的例子，它能用脉宽调制（PWM）来线性化。第2章中描述的无刷直流电动机就属于这种情况，它由开关元件驱动，通过满额正、负电流来加速或减速负载。由PWM引起的高频开关纹波被机械惯量滤除，使负载对叠加在载波频率上的低频控制指令作出线性响应。本书使用的仿真模型假设电动机驱动装置已经被这种方式线性化了。

有些装置的运行可能伴随环境振荡，环境振荡以类似PWM的方式将装置的特性线性化。作为例子，考虑一个由下面的正弦输入驱动的开关：

$$u(t) = U\sin(\omega t)$$

假设输出 $v(t)$ 是在 +V 和 -V 之间切换方波，方波可以表示为傅里叶级数：

$$v(t) = \Sigma v_i(t)$$

$$v_i(t) = [V/i!]\sin(i\omega t)$$

如果输出信号的高次谐波已经被装置滤除，则可以用正弦波来近似它：

$$v(t) = v_1(t)$$

然后开关的“有效”增益作为输入振幅的函数来计算：

$$K(U) = v_1(t)/u(t) = V/U$$

这就是所谓的等效频率传输函数。

假设这个开关位于反馈回路，在频率 ω_x 处的开环相位滞后大约180°，且扰动引起振荡。如果输入的振幅 U 很小，开关的“有效”增益 $K(U)$ 将非常大。回路在频率 ω_x 处的增益将大于0dB，则系统是不稳定的。随着振荡增加，$K(U)$ 将减小。因此，在频率 ω_x 处系统将收敛于回路增益为0dB持续振荡。这种自激振荡被称为“极限循环”，振荡频率和振幅可以通过线性分析来确定。已经出版的一些教材列出了各种非线性情况的等效频率传输函数，展示了如何用这种函数来分析控制回路。

其他装置的运行可能伴随随机环境振荡的扰动，可以用类似的方式线性化其特性。有些教材给了用统计方法来确定由随机输入驱动的非线装置的等效增益。作为例子，考虑下面由随机输入 $u(t)$ 驱动的非线性函数：

$$v = f(u)$$

假设 $u(t)$ 的平均值为零，均方根值为 σ。这个函数可以通过线性增益来近似：

$$v(t) \approx K(\sigma)u(t)$$

它使 $f(u) - K(\sigma)u$ 的均方值最小化。

参考文献

de Stephano, J. J. , Ⅲ, A. R. Stubberud, and I. J. Williams, *Feedback and Control Systems* (Schaum's Outlines series), New York: McGraw – Hill, 1967.

Doyle, J. C. , B. A. Francis, and A. Tannenbaum, *Feedback Control Theory*, New York: Dover, 2009.

Franklin, G. F. , D. M. Powell, and A. Emami – Naeini, *Feedback Control of Dynamic Systems*, Reading, MA: Addison – Wesley, 1991.

Ogata, K. , *Modern Control Engineering*, 5th ed. , Upper Saddle River, NJ: Prentice Hall, 2009.

West, J. C. , *Analytical Techniques for Non – Linear Control Systems*, London: English Universities Press, 1960.

附录 B　控制器设计

B.1　PID 控制器

我们常常想通过修改控制器的开环频率响应来改善它的性能，这个过程通常由比例积分微分（PID）控制器（类似于图 B.1 所示的数字 PID）来完成。Simulink 模型有一个零阶保持器（Zero - Order Hold）模块，可在下面的时刻 t 采集控制误差 $e(t)$ 样本：

$$t = iT_s$$

其中

$i = 0, 1, 2, \cdots$；

T_s = 采样周期；

$e_i = e(iT_s) = e(t)$ 的离散样值级数。

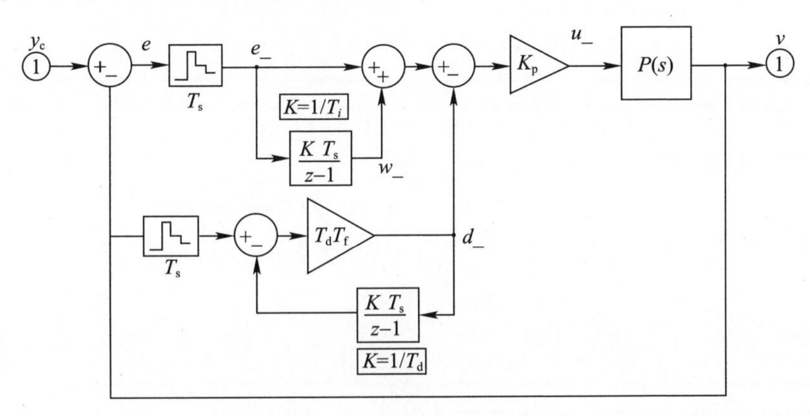

图 B.1　数字 PID 控制器

本书 4.3 节描述了这个模块的运行。它的输出 $e\_(t)$ 是一个连续阶跃信号，类似于图 4.10。这样在第 i 个采样间隔内有

$$e\_(t) = e_i$$

$$iT_s \leqslant t < (i+1)T_s$$

这个信号进入离散积分器模块（$KT_s/(z-1)$）中。离散积分器模块的增益 K 等

于$(1/T_i)$，它产生了另一个连续阶跃信号。在第 i 个采样间隔上有：

$$w\_(t) = w_i$$

由下面差分方程生成其离散值 w_i：

$$w_{i+1} = w_i + K \cdot T_s e_i$$

$w_(t)$的阶跃变化发生在时刻 t：

$$t = (i+1)T_s$$

等于 $e_(t)$在第 i 个采样间隔内的积分。

可以在可编程逻辑控制器(PLC)或微控制器上进行这样的运算。8.9.1 节给出了类似的例子。PID 控制器的内部变量($e\_$,$w\_$,$d\_$)在计算周期内的不同时刻生成。输出($u\_$)被发送至数模转换器，生成连续阶跃信号。

Simulink 模块上的标签($KT_s/(z-1)$)是指其等价的 Z 传递函数。我们可以定义 Z 传递函数的变量 z 为

$$z = \exp(sT_s)$$

它与时间延迟算子相反。这里不深入讨论有关数字系统 Z 变换分析的数学问题。

可以用变量 z 的下列级数来描述离散信号：

$$W(z) = \Sigma z^{-i} W_i (i=0,\ 1,\ 2,\ \cdots)$$

现在假设

$$W(z) = E(z) \cdot T_s/(z-1)$$

从而有

$$zW(z) - W(z) - T_s E(z) = 0$$

将 $W(z)$和 $E(z)$的级数展开式代入，得到

$$zw_0 + \Sigma z^{-i}(w_{i+1} - w_i) - \Sigma z^{-i} e_i = 0$$

令幂项 z^{-i}的系数相等，会生成一个差分方程，例如：

$$z^{-i}(w_{i+1} - w_i - e_i) = 0$$

现在考虑一个连续积分器：

$$1/s = N(s)/D(s)$$

可以在 MATLAB 工作区进行如下定义：

```
N = 1;
D = [1, 0];
SYS = tf(N, D);
```

其中 SYS 是连续积分器的传递函数。

可以用下面的 MATLAB 指令确定其 Z 变换：

```
Ts = 0.0002; % [seconds] sample period
```

$$\text{SYSd} = \text{c2d}(\text{SYS},\quad \text{Ts});$$
$$[\text{Nd},\text{Dd}] = \text{tfdata}(\text{SYSd});$$

指令运行结果为

$$\text{Dd} = [1,\quad -1]$$
$$\text{Nd} = [0,\quad 2e-4]$$

通过这个运算,导出一个数字积分器的 Z 传递函数:

$$N_d(z)/D_d(z) = 0.0002/[z-1]$$

可以用下面的 MATLAB 指令计算其频率响应:

$$[\text{magd},\quad \text{phsd}] = \text{dbode}(\text{Nd},\quad \text{Dd},\quad \text{Ts},\quad \text{frequency});$$

图 B.2 是这个积分器的相位滞后波特图。采样频率 5kHz(31.4krad/s)。在 1000rad/s 处,数字积分器的相位滞后为 96°,而连续积分器的相位滞后为 90°。

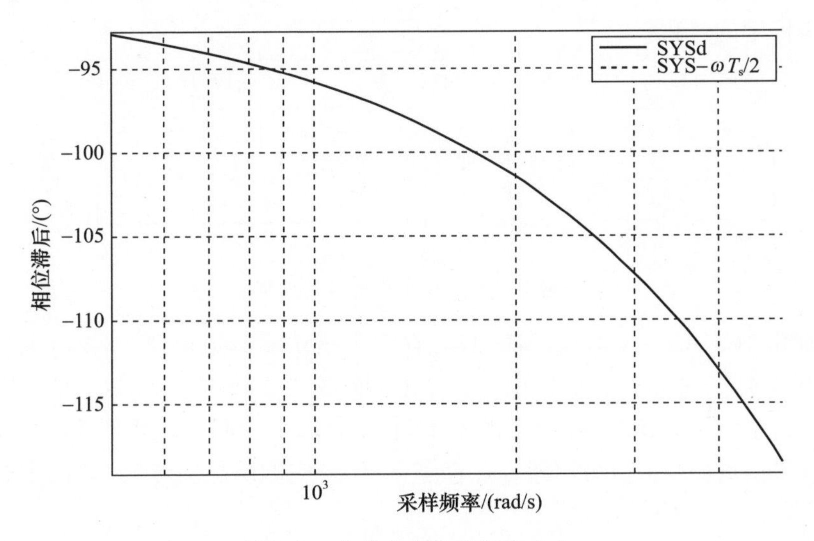

图 B.2　采样积分器的频率响应

B.1.1　采样保持的近似

可以在频域中找到离散积分器的简单近似,用来建立采样效果模型。我们从离散积分器的 Z 传递函数频率响应的解析表达式开始:

$$T_s/(\exp(j\omega T_s)-1) = T_s\exp(-j\omega T_s/2)/D(j\omega)$$

其中

$$D(j\omega) = \exp(j\omega T_s/2) - \exp(-j\omega T_s/2)$$

它可以展开为

$$D(j\omega)=1+j\omega T_s/2-\omega^2T_s^2/8-j\omega^3T_s^3/48\cdots$$

$$-1+j\omega T_s/2+\omega^2T_s^2/8-j\omega^3T_s^3/48\cdots$$

$$D(j\omega)=j\omega T_s-j\omega^3T_s^3/24\cdots$$

$$=j\omega T_s(1-\omega^2T_s^2/24\cdots)$$

我们用 $j\omega T_s$ 来近似 $D(j\omega)$。在频率 $0.5/T_s$ rad/s 处,误差不超过 1% 。

可以通过给连续积分器添加延迟 $T_s/2$ 来近似离散积分器的频率响应:

$$T_s/(\exp(j\omega T_s)-1)\approx\exp(-j\omega T_s/2)/j\omega$$

这个近似的相位滞后如图 B.2 所示。近似值非常准确以致无法与 Z 传递函数的相位滞后(SYSd)区分开来。

还可以通过仿真来检验这个近似。图 B.3(a)给出与采样器和零阶保持器串联的积分器 $1/s$ 的反馈回路。图 B.4(a)显示了它的输出 $x(t)$ 如何由初始条件逐步稳定的过程。

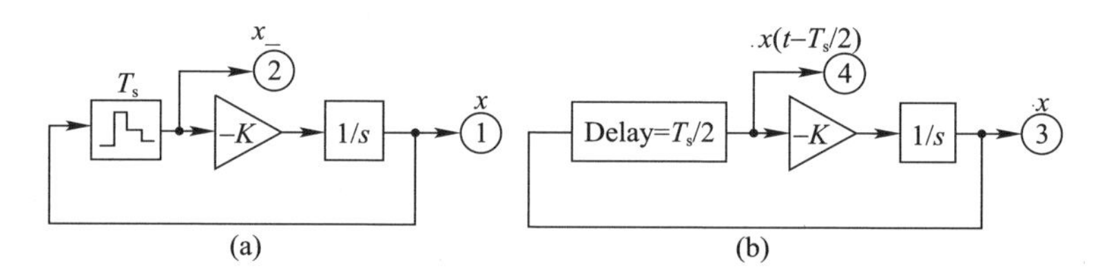

图 B.3 采样反馈回路的近似

图 B.3(b)是一个对比反馈回路,它将一个传输延迟模块 $T_s/2$ 与积分器串联。图 B.4(b)显示了它的输出。$x(t)$ 由同样的初始条件然后逐步趋于稳定的过程。这个结果与图 B.4(a)中的 $x(t)$ 十分类似。我们还发现图 B.4(b)中的延迟信号。$x(t-T_s/2)$ 可以通过连接图 B.4(a)中的阶跃信号 $x\_(t)$ 的中心点来粗略近似。

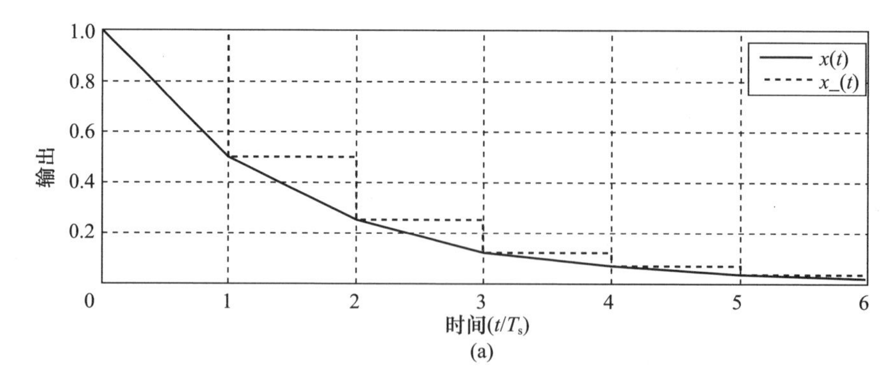

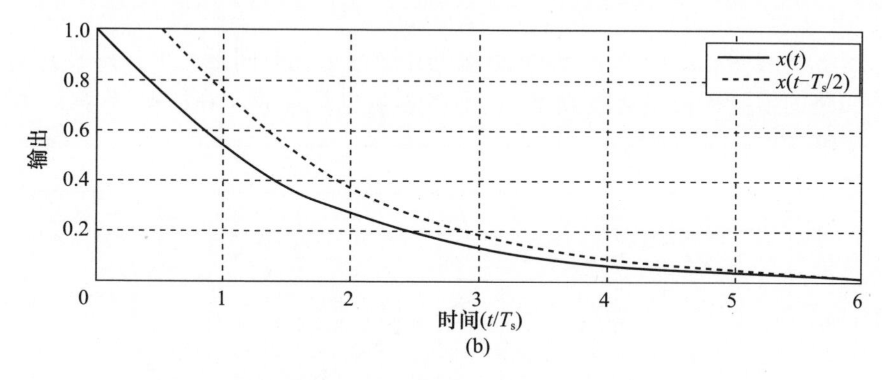

(b)

图 B.4　采样瞬态与延迟对比

B.1.2　时间延迟的近似

前文说明了采样效果可以通过一个延迟来近似。数字系统会进一步引起回路的延迟,管道和输送带之类的实体系统也会这样。Simulink 有一个用于传输延迟模块,用来存储管道中 $x(t)$的历史值。这个模块通常需要相对较小的仿真步长,能够显著减缓系统。许多执行器由数字控制器采用各种方案驱动,如开关逆变器用脉宽调制方案、晶闸管用触发方案。各种驱动方案与零阶保持器有很大的不同。我们对仅仅逼近实际情况的采样方案的精确仿真的优势提出质疑。

现在来看一个传递函数相对简单的延迟近似。用一个信号 $y(t)$来代表被延迟了时间 T_D的信号 $u(t)$:

$$y(t) = u(t - T_D)$$

对等式进行拉普拉斯变换:

$$Y(s) = \exp(-sT_D)X(s)$$

由此,时间延迟的频率响应表达为

$$Y(j\omega) = \exp(-j\omega T_D)X(j\omega) = \exp(-j\phi)X(j\omega)$$

相位滞后 ϕ 与频率成正比,并如图 B.5 所示:

$$\phi = \omega T_D$$

也可以将延迟的频率响应写为

$$\begin{aligned} D(j\omega) &= \exp(-j\omega T_D/2)/\exp(j\omega T_D/2) \\ &= (\Sigma(-j\omega T_D/2)^i/i!)/(\Sigma(j\omega T_D/2)^i/i!) \end{aligned}$$

截短分子和分母级数,得到 $D(j\omega)$的一阶 Padé 逼近:

$$D_P(j\omega) = [1 - (j\omega T_D/2)]/[1 + (j\omega T_D/2)]$$

其相位滞后为

$$\tan(\phi/2) = \omega T_D/2$$

图 B.5 表明在高频率下，Padé 逼近的相位滞后比时间延迟小。只要 $1/T_D$ 远大于回路的增益和相位交越频率，就不会影响设计计算。在所有频率上，增益 $D(j\omega)$ 和 $D_P(j\omega)$ 都为常数。

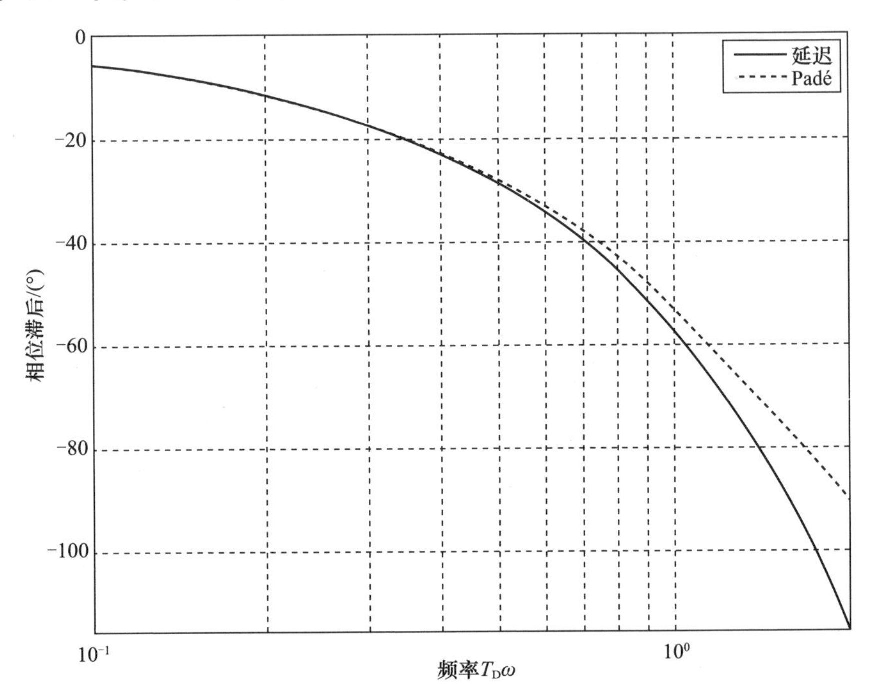

图 B.5　时间延迟的 Padé 近似

B.1.3　连续 PID 控制器

在第 5 章中，我们展示了如何设计能形成具有特定开环频率响应的控制回路的 PID 控制器。实际中可以通过这样一种方法来大幅简化设计计算，并使计算更加直观，即设计一个连续控制器，然后在数字平台上运行它。

图 B.6 给出了一个连续 PID 控制器。$D(s)$ 模块为时间延迟模型，包括采样器和零阶保持器的时间延迟。我们将稍后讨论这个问题。信号 $u(t)$ 由下式给出：

$$U(s) = K_p V(s) + K_p D(s)$$

信号 $K_p v(t)$ 由下式给出：

$$K_p V(s) = C_i(s) E(s) = C_i(s) Y_c(s) - C_i(s) Y(s)$$

其中：$C_i(s)$ 是比例积分(PI)控制器：

$$C_i(s) = K_p + K_p/(sT_i)$$

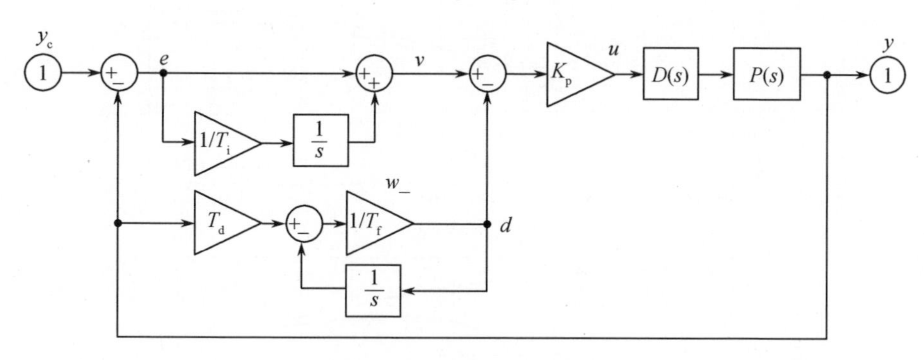

图 B.6　连续 PID 控制器

微分信号 d(t)由具有以下闭环响应的反馈系统产生：

$$D(s)/Y(s) = sT_d/(1 + sT_f)$$

因此信号 $u(t)$ 可表示为

$$U(s) = C_i(s)Y_c(s) - C_i(s)Y(s) - K_pD(s) = C_i(s)Y_c(s) - C(s)Y(s)$$

$$C(s) = C_i(s) + C_d(s)$$

$$C_d(s) = K_p sT_d/(1 + sT_f)$$

图 B.7 显示了具有以下参数的 $C_i(s)$、$C_d(s)$ 和 $C(s)$ 的频率响应：

$K_p = 100$ = 比例增益；

$1/T_i = 6\text{rad/s}$ = 积分增益；

$T_d = 0.2\text{s}$ = 微分增益；

$T_f = 0.05\text{s}$ = 滤波时间常数。

PID 控制器的传递函数还可以改写为如下形式：

$$C(s) = K_p + K_p/(sT_i) + K_p sT_d/(1 + sT_f)$$

在较低频率下，$C_i(s)$的积分增益占主导。它增加了控制器中可用来抵消系统内扰动的低频增益。然而，低频增益也增加了控制器的总体相位滞后，从而降低了回路的相位裕量。微分项 $C_d(s)$ 在较低频率处添加了超前相位，并增加回路的相位裕量。然而，微分相增加了控制器的高频增益，从而放大了反馈信号中的高频噪声。高频噪声可能导致控制器输出抖动，饱和控制电子元件，增加热效应，导致机械磨损等问题。滤波时间常数 T_f 减少了高频增益，从而抑制了噪声。将微分项置于反馈路径中可以避免由突然的控制指令引起的跳跃。

这种特殊的 PID 控制器在第 5 章的 5.3 节中用来调整速度反馈回路的增益和相位。对 K_p、T_i、T_d、T_f 的值进行调整，以便控制器在需要时将增益增加至

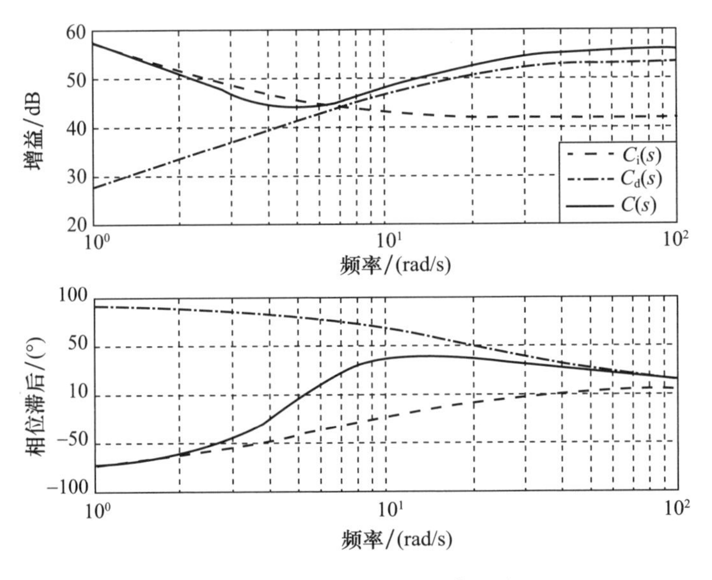

图 B.7 PID 控制器的频率响应

控制回路中,超前相位也是以相似的方法添加到回路中。可以在频域中使用波特图完成这项设计。这有助于我们在很少的试错下实现所需的开环频率响应。

如果在数字平台上运行控制器,要在控制器中添加一个相位滞后,以容许 B.1.2 节中讨论的延迟。

B.1.4 离散 PID 控制器

连续 PID 控制器设计完成后,将在数字平台上运行。为此,对积分器进行离散等价替代。对比图 B.6 与图 B.1,可以发现两者具有相同结构,其中积分模块 $1/s$ 都被替换为离散模块 $KT_s/(z-1)$。

图 B.8 为过程控制工业中使用控制器的改进。其中,有一个积分器对三个项的和进行运算,对应的连续等价积分器的传递函数为

$$C(s) = (K_p/s)(C_p(s) + K_i + C_d(s))$$

其中

$$C_p(s) = s$$

$$K_i = 1/T_i$$

$$C_d(s) = s^2 T_d/(1+sT_f)^2$$

这种配置的优点是操作人员可以直接设置输出积分器的状态 u,执行对控制器的手动控制。系统稍后可以在不对装置造成不必要扰动的情况下切换回自

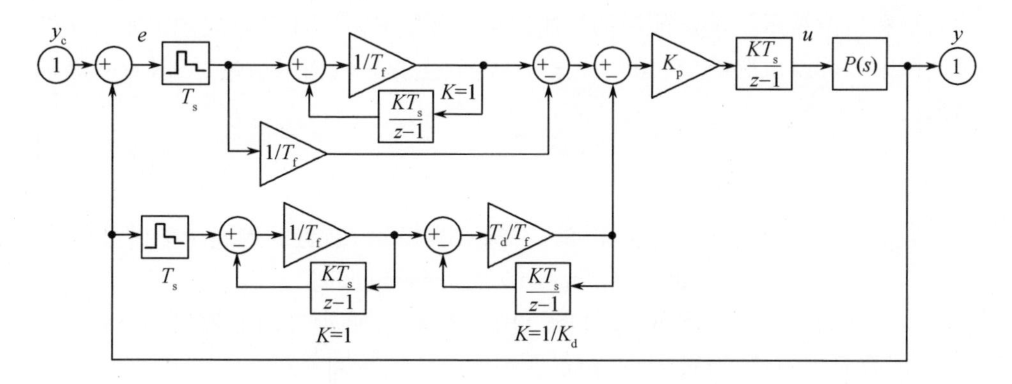

图 B.8 PID 控制器的另一种实现方案

动控制。这种操作称为“无扰切换”。无扰切换也用于根据运行条件的变化,在不同控制器之间切换的系统。

假设图 B.8 中装置的输出 $y(t)$ 饱和。现在考虑指令 $y_c(t)$ 超过 $y(t)$ 的最大值,导致存在持续控制误差 $e(t)$ 的情况。这会导致 PID 控制器出现“积分器饱和”问题。当这种情况持续存在时,误差 $e(t)$ 会导致控制指令 $u(t)$ 持续增长(饱和化),而后者对 $y(t)$ 不产生任何影响。如果现在将外部指令 $y_c(t)$ 降至低于 $y(t)$,在控制指令 $u(t)$ 使装置脱离饱和状态前,控制器要经历一段“去饱和”时间。图 B.8 的 PID 控制器给出了一个简便的抗饱和方案,即简单地采用这样的逻辑:当积分器模块的输出 $u(t)$ 达到规定值时,禁止它继续增长。还有一种抗饱和方案是检测控制指令,当它超过执行器输出时,禁止误差信号进一步积分。

B.2 自动设计工具

除了计算、仿真、绘图工具以外,MATLAB 和 Simulink 还有各种自动设计工具,这里作简要介绍(可参阅网站 www.mathworks.com.)。读者可能愿意用这些工具来分析第 5 章、第 6 章、第 8 章、第 10 章中控制器设计。其他平台也会有类似的设计工具。

B.2.1 PID 优化算法

Simulink 库中的连续和离散 PID 控制器模块具有自动调整功能。更详细的信息,请参阅 MATLAB 用户文件。

利用线性化 Simulink 装置的开环频率响应设计回路,旨在使它有足够的增益裕量和相位裕量。整定前后的控制器增益伴随开环与闭环响应图显示在一个对话框中。可以试验响应时间、带宽(增益交越频率)、相位裕量,同时查看新的结果。

B.2.2 SISO 设计工具

假设我们已经构建了一个单输入/单输出(SISO)装置的传递函数模型:

```
Plant = tf( numerator,    denominator);
```

可以用下面的指令打开 SISO 设计图形用户界面,在这个界面上为装置设计补偿器,同时查看根轨迹、波特图、尼柯尔斯图或奈奎斯特图:

```
sisotool(Plant)
```

可以通过添加实数或复数的极点与零点来编辑补偿器。还可以选择各种工具自动设计补偿器。自动设计包括优化方法、内部模型控制(IMC)和回路成形设计。

过程控制工业中的许多装置可以用时间常数和时间延迟(死区时间)的串联来近似。设计工具包含用于调节此类系统的齐格勒-尼柯尔斯公式。更详细的信息,请参阅 MATLAB 用户文件。

B.3 性能与稳定性

图 B.7 用图形说明了用控制器实现的系统设计特点。首先,PID 控制器可以提高较低频率段上反馈控制回路的增益,抵消系统内部的扰动。其次,PID 控制器可以增加回路的相位裕量。

现在来讨论为什么这些功能对控制工程师很重要。我们用图 B.9 所示的基本反馈回路来简化问题。它可以表示更复杂的配置,如图 5.7 所示的电流回路,图 5.13、图 6.11 所示的速度回路和图 10.6 所示的通量回路。控制部分与装置部分相结合,形成一个开环传递函数 $L(s)$。装置的输出 $y(t)$ 和外部指令 $y_c(t)$ 相比较,由此确定控制器给反馈信号带来的控制误差 $e(t)$。

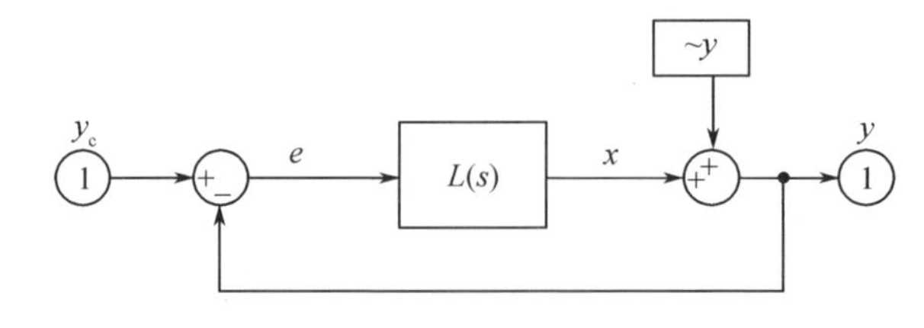

图 B.9 通用反馈回路

给输出添加一个信号 $\sim y$ 来模拟装置的扰动：

$$y(t)=x(t)+\sim y(t)$$

信号 $\sim y(t)$ 代表由装置内部所有扰动引起的开环扰动。例如，在第 6 章图 6.1 所示的车辆的加速度产生了扰动力矩 $U_z(t)$（图 6.5），扰动力矩反过来引起如图 6.10 所示的开环扰动（无速度反馈）。在这种情况下，信号 $\sim y(t)$ 可由图 6.10 所示的信号 $w(t)$ 表示。当速度反馈回路闭合时，扰动减小至图 6.14 所示的值。我们将忽略测量 $y(t)$ 的传感器中的所有误差或噪声。

为了验证反馈的效果，我们假设可以设计这样一个控制器，它与装置相结合形成图 B.10 所示的开环频率响应。增益曲线与 0dB 线的交点是增益交叉频率 ω_c 点，对应于单位增益。

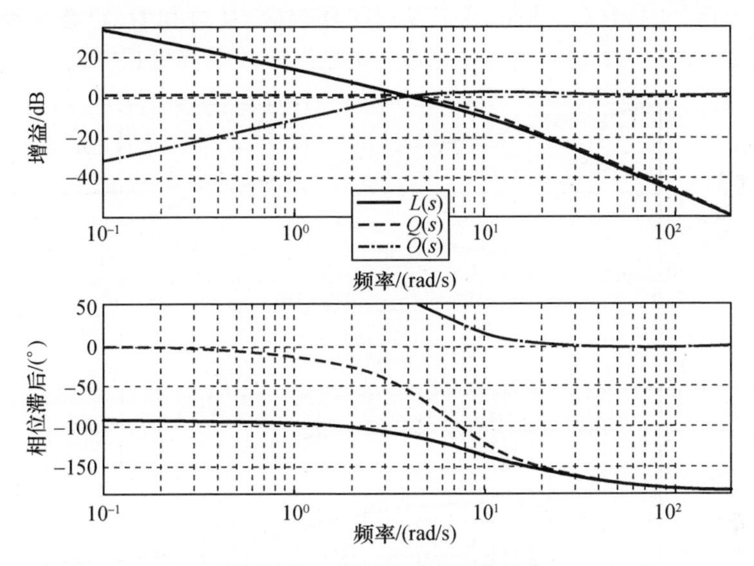

图 B.10　开环和闭环频率响应

首先，我们假设外部指令 $y_c(t)$ 为零。对来自模块 $\sim y$ 的输入信号 $-y(t)$ 的闭环回路对输入的响应满足下列等式：

$$Y(s)=\sim Y(s)+X(s)=\sim Y(s)+L(s)E(s)=\sim Y(s)-L(s)Y(s)$$

上式可表达为下面的闭环传递函数：

$$Y(s)=\sim Y(s)/(1+L(s))=\sim Y(s)O(s)$$

$$O(s)=1/(1+L(s))$$

图 B.10 表明，当频率稍低于 ω_c 时，$O(s)$①的频率响应可以近似为 $L(s)$ 的

① 许多教材将 $O(s)$ 作为系统的灵敏度函数 $S(s)$，将 $Q(s)$ 作为系统的互补灵敏度函数 $T(s)$。为了避免与其他符号混淆，我们使用符号 $O(s)$ 和 $Q(s)$。

倒数。

现在假设扰动 $\sim y$ 为零。外部指令 $y_c(t)$ 的闭环响应满足下列等式：

$$Y(s)=L(s)E(s)=L(s)(Y_c(s)-Y(s))$$

上式可表达为下面的闭环传递函数：

$$Y(s)=Y_c(s)L(s)/(1+L(s))=Y_c(s)Q(s)$$

$$Q(s)=L(s)/(1+L(s))$$

图 B.10 表明，当频率稍低于 ω_c 时，频率响应 $Q(s)$ 的增益接近 0dB，相位滞后为 0°。

假设试图通过增长控制器的比例增益来改善较低频率下的扰动抑制，这样可能会得到图 B.11 所示的开环频率响应 $L(s)$。图 B.11 还表明这样做加快了系统对外部指令的响应。然而，我们发现闭环响应 $O(s)$ 和 $Q(s)$ 在交越点附近出现共振峰。图 B.12 表明较高增益系统的阶跃响应是高度振荡的。

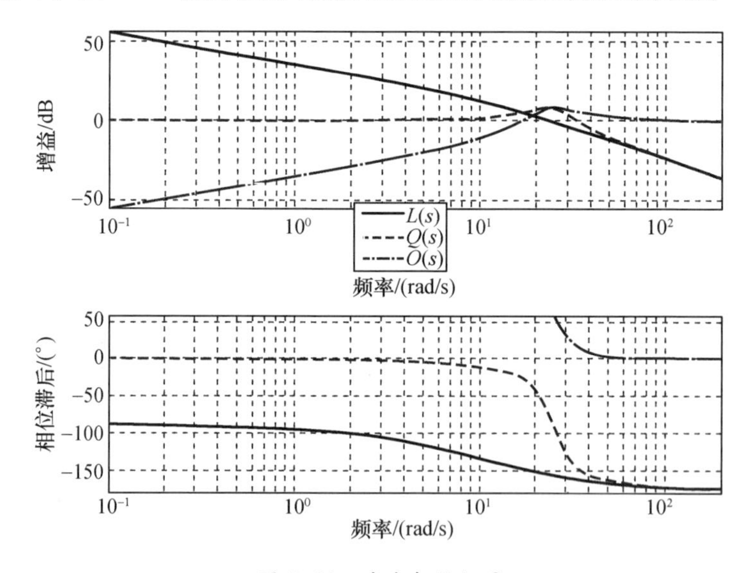

图 B.11 减少相位裕量

对系统的这种共振特性可以做如下解释。考虑在增益交越频率处的正弦指令：

$$y_c(t) = Y_c\sin(\omega_c t)=Y_c\mathrm{Re}(\exp(\mathrm{j}\omega_c t-\pi/2))$$

假设在该频率处 $Q(\mathrm{j}\omega)$ 具有相位滞后 ψ，且扰动 $\sim y$ 为零。负载的角速度将变为以下形式的振荡：

$$y(t)=Y\sin(\omega_c t-\psi)=Y\mathrm{Re}[\exp(\mathrm{j}\omega_c t-\psi-\pi/2)]$$

控制误差 $e(t)$ 由下式给出：

$$e(t)=y_c(t)-y(t) = Y_c\mathrm{Re}(\exp(\mathrm{j}\omega_c t-\pi/2))-Y\,\mathrm{Re}(\exp(\mathrm{j}\omega_c t-\psi-\pi/2))$$

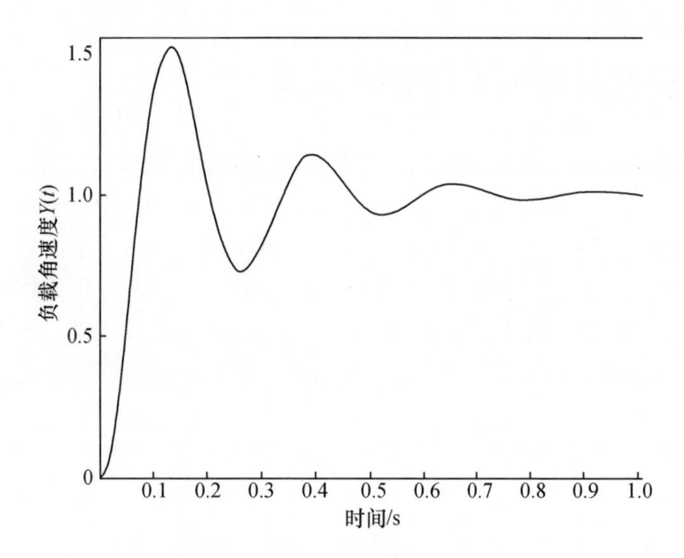

图 B.12　反馈回路的振荡阶跃响应

在增益交越频率 ω_c 处，增益 $L(j\omega_c)$ 为1，而相位滞后 $-\phi_c$ 接近18°。必定会有

$$e(t)=Y\sin(\omega_c t-\psi+\phi_c)=Y\ \mathrm{Re}(\exp(j\omega_c t-\psi+\phi_c-\pi/2))$$

这样，代表 $y_c(t)$、$y(t)$、$e(t)$ 的相量可以排列成一个等腰三角形，如图 B.13 所示。e 和 $-y$ 之间的角度 ϕ_m 称为回路的相位裕量，可以表示为

$$\phi_m=\phi_c+180°$$

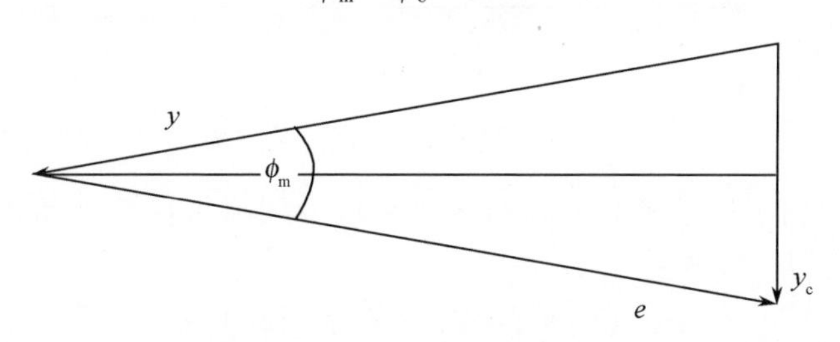

图 B.13　反馈回路的相量三角形

我们看到，当 ϕ_m 很小时，y 和 e 比 y_c 大得多。反馈回路放大负载的正弦运动，这种现象称为共振。相位裕量通常给出系统共振或不稳定的合理迹象，但并非总是如此。读者应该参考其他关于试验验证回路稳定性的教材。

在任何情况下，设计都应进行仿真评估，并通过硬件试验确认。

第6章的案例说明，在某些情况下，回路增益裕量可以更好地表现系统的共振。

B.4 对控制回路设计权衡的概括

控制回路需要满足不同的性能要求,而这些性能要求又分布在图 B.14 所示的不同频带上。叠加频率响应代表以下形式的典型 PID 控制器:

$$C(s) = K_p(1 + 1/(sT_i) + sT_d/(1 + sT_F))$$

增大时间常数(T_i,T_d,T_F)可以降低频率($1/T_i$,$1/T_d$,$1/T_F$)。积分将提高 $1/T_i$ 以下频段的增益,但同时增加了相位滞后。微分加滤波将在 $1/T_d$ 和 $1/T_F$ 之间增加超前相位,但同时提高了高频增益。K_p(dB)增加所有频率的增益。

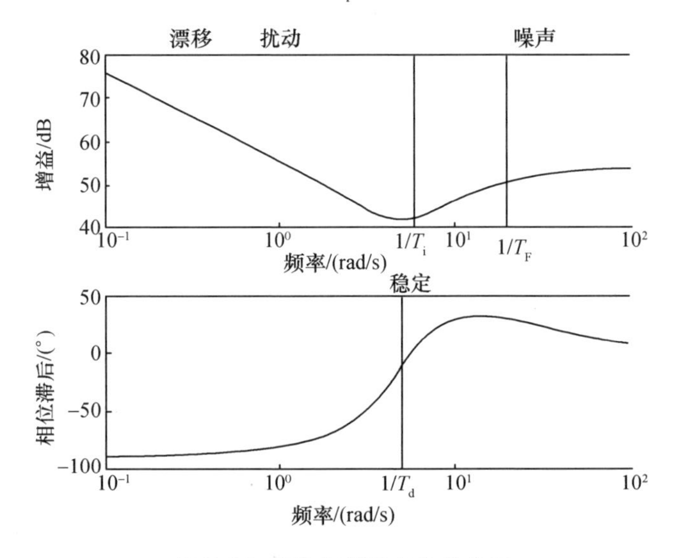

图 B.14 PID 控制器与设计准则

表 B.1 给出了通过调节控制器参数来减少回路特性相关问题的准则。每个交叉点包含以下元素:

(问题;参数;校正 - 行动)

表 B.1 控制器调节检查表

参数	漂移	扰动	稳定性	噪声
T_i	-	-		
K_p	+	+	-	
T_d			+	
T_d/T_F			+	-

对角线上的项是解决回路相关问题的最可能的措施：

[漂移;T_i; -]表明,增加积分控制器增益 $1/T_i$ 可以减少频率 Ω_δ 处的漂移。当 Ω_δ 远小于 $1/T_i$ 时,减少量大约为 $\Omega_\delta T_i$。

[扰动;K_p; +]表明,增加 K_p,可以减少操作扰动,减少量约为 $1/K_p$。

[扰动;T_i; -]表明,只要 Ω_δ 低于 $1/T_i$,降低 T_i 可以减少频率 Ω_δ 处的扰动。

[漂移;K_p; +]表明,增加 K_p,不需要积分控制器就可能充分降低漂移。

[稳定性;T_d; +]表明,增加微分项,同时增加增益交越频率处 T_d 来增加超前相位,可以减少阶跃响应中的过冲,从而提高了控制回路的稳定性。

[噪声;T_d/T_F; -]表明,降低传感器放大倍数,可以降低在频率 Ω_v 处传感器噪声的影响。当 Ω_v 大于 $1/T_F$ 时,Ω_v 大约近似为 T_d/T_F。在某些情况下,不得不降低 K_p 或 T_d 来避免噪声问题。

[稳定性;T_d/T_F; +]表明,增加 T_d/T_F 比例也可以提高控制回路的稳定性。比例可以通过增加 T_d 或降低 T_F 来实现。

[稳定性;K_p; -]表明,可能不得不通过限制 K_p 来避免稳定性问题。这样就不得不权衡互相冲突的性能要求:是要增加 K_p 来改善扰动抑制还是限制 K_p 来避免稳定性问题?

其他因素

对于高度共振装置,共振峰值处的增益裕量必须大于 12dB 才能避免引起振荡。这对回路的增益交越频率施加了绝对的限制,仍然可以通过限制积分控值来实现某些扰动抑制。

增加 K_p 来抗扰动加快了系统对外部指令的响应。添加对外部指令的预补偿器,或将外部指令作为直接指令前馈至执行器,都可以加快系统对外部指令的响应。

前馈可用于辅助抵消扰动。设计目标应当仅限于考虑以下不确定性：

· 对扰动特性描述的不确定性。

· 前馈信号有效性的不确定性。

· 控制执行器功能的不确定性。

高度调谐的控制器有时可用于抑制执行器指令中的噪声。设计目标应当仅限于考虑对噪声特性描述的不确定性。

有几项指导原则：

· 保持系统尽可能简单。

· 试验所有功能。

· 考虑意外情况。

参考文献

Astrom, K. J. , and T. Hagglund, *PID Controllers: Theory, Design, and Tuning*, 2nd ed. , Research Triangle Park, NC: Instrumentation, Systems, and Automation Society, 1995.

Buckley, P. S. , *Techniques of Process Control*, New York: John Wiley & Sons, 1964.

Franklin, G. F. , D. M. Powell, and A. Emami - Naeini, *Feedback Control of Dynamic Systems*, Reading, MA: Addison - Wesley, 1991.

Tou, J. T. , *Digital and Sampled - Data Control Systems*, New York: McGraw - Hill, 1959.

作者简介

为了电气工程,奥利斯·鲁宾(Olis Rubin)放弃了作为漫画家的职业生涯。从英格兰完成大学学业起,他就开始了与妻子、控制系统以及模拟器的终生恋爱。在法国,他开始涉足航空业,并将其作为终身事业。在南非,他继续深入参与解决飞行控制问题,并在许多研发项目中担任首席设计师(系统工程师)。作为公司的咨询工程师,奥利斯·鲁宾管理着包括空气动力学、仿真、控制系统以及控制工程在内的部门。作者在飞行试验中心工作多年,并总结出硬件与仿真预测不一致的原因。第一次退休后,作者加入了设计局,作为控制系统专家负责设计第三代核电站的运行系统。第二次退休后,他将自己的时间分配在写作、游泳、骑车、欣赏漫画、寻找咨询工作以及陪伴家人、狗和猫上。

在业余时间,作者致力于寻找改善现有控制系统性能的方法,他阅读并撰写了技术理论文献,并积极参加会议,以便增进与各个行业同事的交流。作者撰写的书籍已由 Artech House 出版,同时他还在为研究生和工程师授课。他的博士研究涉及一种将系统识别与非线性最优控制相结合的技术演示器。奥利斯·鲁宾现在的主要研究方向是寻找一种创造性的方法,以克服在现有装置运行中出现的问题或在现有装置的约束下取得更优的性能。作者的所有经验促成了本书出版。